智能传感器技术

主　编　宋爱国

副主编　梁金星　莫凌飞

东南大学出版社
SOUTHEAST UNIVERSITY PRESS
·南京·

内容简介

本教材在介绍传感器共性技术知识、经典传感器和新型传感器的基础上,还重点介绍了智能传感器的组成、特点、性能和应用,以及人工智能技术、网络技术、柔性电子技术与传感器结合而形成的传感器信息融合、可穿戴柔性传感器技术、传感器网络技术、传感器大数据的处理技术、云端融合的智能感知系统等内容。本教材不仅可以用作"智能感知工程"本科专业教材,还可以用作"测控技术与仪器""智能测控技术"等本科专业教材,以及"新型传感器"等课程的研究生教材。

图书在版编目(CIP)数据

智能传感器技术 / 宋爱国主编.—南京:东南大学
出版社,2023.9
　ISBN 978-7-5766-0520-4

　Ⅰ.①智… Ⅱ.①宋… Ⅲ.①智能传感器-高等
学校-教材 Ⅳ.①TP212.6

　中国版本图书馆 CIP 数据核字(2022)第 241694 号

责任编辑:张　煦　　责任校对:韩小亮　　封面设计:企图书装　　责任印制:周荣虎

智能传感器技术
Zhineng Chuanganqi Jishu

主　　编:宋爱国
出版发行:东南大学出版社
出 版 人:白云飞
社　　址:南京市四牌楼 2 号　邮编:210096
网　　址:http://www.seupress.com
电子邮件:press@seupress.com
经　　销:全国各地新华书店
印　　刷:江苏扬中印刷有限公司
开　　本:787mm×1092mm　1/16
印　　张:20.25
字　　数:456 千字
版　　次:2023 年 9 月第 1 版
印　　次:2023 年 9 月第 1 次印刷
书　　号:ISBN 978-7-5766-0520-4
定　　价:68.00 元

前　言

传感器技术作为信息获取的手段在现代科学技术中具有十分重要的地位,被称为现代信息技术的三大支柱(传感技术、通信技术、计算机技术)之一。传感器技术作为战略竞争制高点,是衡量一个国家科技水平的重要标志,已成为各国高度重视和竞相发展的基础核心技术之一。传感器产业被国际公认为是发展前景广阔的高技术产业,传感器技术也因此在近二十年来得到了蓬勃发展。

特别是随着高速无线网络技术、云计算和大数据技术、人工智能技术的飞速发展,新的技术革命对高校工科人才培养提出了新的要求与期待,新工科建设得到了蓬勃发展。2019年,东南大学、天津大学、哈尔滨工业大学等四所高校面向智能感知技术的高速发展,率先申请并被教育部批准设立"智能感知工程"新专业,随后的三年间有超过50余所高校申报设立"智能感知工程"新专业。而智能传感器技术则是"智能感知工程"新专业重要的专业基础课程。目前国内适用于智能传感器技术课程教学的本科教材还非常缺乏,鉴于此,我们组织编写了智能传感器技术教材,以满足"智能感知工程"新专业教学的迫切需求。本教材不仅可以用于"智能感知工程"专业教材,而且可以用作"测控技术与仪器""智能测控技术"等本科专业教材,以及相关专业研究生"新型传感器"课程的教材。

本教材由东南大学宋爱国教授作为主编,梁金星教授和莫凌飞副教授为副主编。宋爱国教授负责第1章、第2章、第3章、第6章,以及第13章第1,2两节的编写;梁金星教授负责第4章、第7章、第12章、第13章第3节的编写;莫凌飞副教授负责第8章、第10章、第11章的编写;阳媛副教授负责第5章、第14章第1,2两节的编写;祝雪芬教授负责第9章的编写;李会军教授负责第14章第3节的编写;陆清茹老师负责第13章第4节的编写。本教材在编写过程还得到教育部仪器类教学指导委员会主任曾周末教授的大力支持与帮助。

智能传感器技术教材在介绍传感器共性技术知识、经典传感器和新型传感器的基础上,还重点介绍智能传感器的组成、特点、性能和应用,以及人工智能技术、网络技术、柔性电子技术与传感器的结合形成的传感器信息融合、可穿戴柔性传感器技术、传感器网络技术、传感器总线接口技术、传感器大数据的处理技术、云端融合的智能感知系统等内容。同时注重结合编者团队的科研成果,将智能传感器领域的最新科研成果与科研进展有机地融入教材编写,形成智能传感器系统综合设计的教学案例。

智能传感器技术涉及的学科知识深广,而编著者的学识、水平有限,疏误与不当之处诚请广大读者指正。

编　者

2023 年 9 月

目　　录

第1章 绪 论

1.1 传感器基本概念与分类

1.1.1 传感器的概念

何谓传感器(transducer/sensor)？生物体的感官就是天然的传感器。如人的眼、耳、鼻、舌、皮肤分别具有视、听、嗅、味、触觉,人的大脑神经中枢通过其神经末梢(感受器)就能感知外界的信息。

在工程科学与技术领域里,可以认为传感器是人体眼、耳、鼻、舌、皮肤等的工程模拟物。国家标准(GB/T 33905.3—2017)把它定义为能感受被测量(包括物理量、化学量、生物量等)并按照一定的规律转换成可用输出信号的器件或装置,通常由敏感元件(sensing element)和转换元件(transduction element)组成。

这里所说的"可用输出信号"是指便于处理、传输的信号。当今电信号最易于处理和便于传输,因此,可把传感器狭义地定义为能把外界非电信息转换成电信号输出的器件或装置。由于光电技术的发展,当前光信息已成为更便于快速、高效地处理与传输的可用信号,因此,传感器的概念也随之发展成为能把外界信息或能量转换成电信号或光信号输出的器件或装置。

因此,传感器的广义定义为"凡是利用一定的物质(物理、化学、生物)法则、定理、定律、效应等进行能量转换与信息转换,并且输出与输入严格一一对应的器件或装置"。

传感器之所以具有能量信息转换的机能,在于它的工作机理是基于各种物理、化学和生物的效应,并受相应的定律和法则所支配。

依靠敏感元件材料本身物理性质的变化来实现信号变换的传感器,可统称为"物性型传感器",例如热敏传感器、光敏传感器。这是当代传感器技术领域中具有广阔发展前景的传感器。结构型传感器是传感器元件相对位置发生变化时输出信号的传感器,例如电阻式直线位移传感器、LVDT 位移传感器等。

传感器技术是一门涉及测量技术、功能材料、微电子技术、精密加工技术、信息处理技术和计算机技术等相互结合形成的密集型综合技术。随着信息科学与微电子技术,特别是微型计算机与通信技术的迅猛发展,传感器与微处理器和通信技术的结合方兴未艾,智能传感器技术成为传感器技术发展的重要趋势。

1.1.2 传感器的组成

由上述可知,当今的传感器是一种能把非电输入信息转换成电信号输出的器件或装置,通常由敏感元件和转换元件组成。其典型的组成及功能框图如图1-1所示。其中敏感元件是构成传感器的核心。传感器主要敏感元件见表1-1。

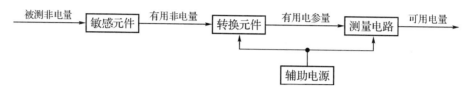

图 1-1 传感器典型组成及功能框图

表 1-1 传感器的主要敏感元件

功 能	主 要 敏 感 元 件
力(压)-位移转换	弹性元件(环式、梁式、圆柱式、膜片式、波纹膜片式、膜盒、波纹管、弹簧管)
位移敏	电位器、电感、电容、差动变压器、电涡流线圈、容栅、磁栅、感应同步器、霍尔元件、光栅、码盘、应变片、光纤、陀螺
力 敏	半导体压阻元件、压电陶瓷、石英晶体、压电半导体、高分子聚合物压电体、压磁元件
热 敏	金属热电阻、半导体热敏电阻、热电偶、PN结、热释电器件、热线探针、强磁性体、强电介质
光 敏	光电管、光电倍增管、光电池、光敏二极管、光敏三极管、色敏元件、光导纤维、CCD、热释电器件
磁 敏	霍尔元件、半导体磁阻元件、磁敏二极管、铁磁体金属薄膜磁阻元件(超导量子干涉器件 SQUID)
声 敏	压电振子
射线敏	闪烁计数管、电离室、盖格计数管、中子计数管、PN 二极管、表面障壁二极管、PIN 二极管、MIS 二极管、通道型光电倍增管
气 敏	MOS 气敏元件、热传导元件、半导体气敏电阻元件、浓差电池、红外吸收式气敏元件
湿 敏	MOS 湿敏元件、电解质(如 LiCl)湿敏元件、高分子电容式湿敏元件、高分子电阻式湿敏元件、热敏电阻式、CFT 湿敏元件
物质敏	固相化酶膜、固相化微生物膜、动植物组织膜、离子敏场效应晶体管(ISFET)

对物性型传感器而言,其敏感元件集敏感、转换功能于一身,即可实现"被测非电量→有用电量"的直接转换。

在工程系统的电气简图中,传感器的图形符号一般用正三角形(表示敏感元件)与正方形(表示转换元件)的组合图形来表示,如图1-2所示,x 为被测量的符号;＊代表传感器的转换原理;对角线表示能量转换;A、B 分别表示输入、输出信号。

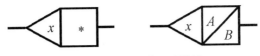

图 1-2 传感器的图形符号

1.1.3 传感器的分类

传感器种类繁多,同一种被测量可以用不同的传感器来测量,而同一原理的传感器通常又可分别测量多种被测量。因此,传感器的分类方法众多。了解传感器的分类,可以从总体上加深对传感器的理解,便于应用。表 1-2 列出了目前传感器一些常用的分类方法。

表 1-2 传感器的常用分类方法

分类法	型 式	说 明
按基本效应分	物理型、化学型、生物型等	分别以转换中的物理效应、化学效应等命名
按传感机理分	结构型(机械式、感应式、电参量式等)	以敏感元件结构参数变化实现信号转换
	物性型(压电、热电、光电、生物、化学等)	以敏感元件物性效应实现信号转换
按能量关系分	能量转换型(自源型)	传感器输出量直接由被测量能量转换而得
	能量控制型(外源型)	传感器输出量能量由外源供给,但受被测输入量控制
按作用原理分	应变式、电容式、压电式、热电式等	以传感器对信号转换的作用原理命名
按功能性质分	力敏、热敏、磁敏、光敏、气敏等	以对被测量的敏感性质命名
按功能材料分	固态(半导体、半导瓷、电介质)、光纤、膜、超导等	以敏感功能材料的名称或类别命名
按输入量分	位移、压力、温度、流量、气体等	以被测量命名(即按用途分类法)
按输出量分	模拟式、数字式	输出量为模拟信号或数字信号

除表 1-2 所列分类法外,还有按与某种高技术、新技术相结合而进行的分类,如集成传感器、智能传感器、机器人传感器、仿生传感器等,不胜枚举。

1.1.4 传感器的基本要求

无论何种传感器,作为测量与控制系统的首要环节,通常都必须满足快速、准确、可靠而又经济地实现信息转换的基本要求,即:

(1) 足够的容量——传感器的工作范围或量程足够大;具有一定过载能力。

(2) 灵敏度高,精度适当——要求其输出信号与被测输入信号成确定关系(通常为线性关系),且比值要大;传感器的静态响应与动态响应的准确度能满足要求。

(3) 响应速度快,工作稳定、可靠性好。

(4) 适用性和适应性强——体积小,重量轻,动作能量小,对被测对象的状态影响小;

内部噪声小而又不易受外界干扰的影响；其输出应采用通用或标准形式，以便与系统对接。

（5）使用经济——成本低，寿命长，且便于使用、维修和校准。

当然，能完全满足上述性能要求的传感器是很少有的。我们应根据应用的目的、使用环境、被测对象状况、精度要求和信息处理等具体条件做全面综合考虑。综合考虑的具体原则、方法、性能及指标要求，将在第 2 章中详细讨论。

1.2 智能传感器的构成与特点

所谓智能传感器就是一种以微处理器为核心单元的，具有检测、判断和信息处理等功能的传感器。

智能传感器包括传感器智能化和集成式智能传感器两种主要形式。前者是采用微处理器或微型计算机系统来扩展和提高传统传感器的功能，传感器与微处理器可为两个分立的功能单元，传感器的输出信号经放大调理和转换后由接口送入微处理器进行处理。后者是借助于半导体技术将传感器部分与信号放大调理电路、接口电路和微处理器等制作在同一块芯片上，即形成大规模集成电路的集成式智能传感器。集成式智能传感器具有多功能、一体化、集成度高、体积小、适宜大批量生产、使用方便等优点，它是传感器发展的必然趋势。目前广泛使用的智能式传感器，主要是通过传感器的智能化来实现的。

从构成上看，智能传感器是一个典型的以微处理器为核心的计算机检测系统。它一般由如图 1-3 所示的几个部分构成。

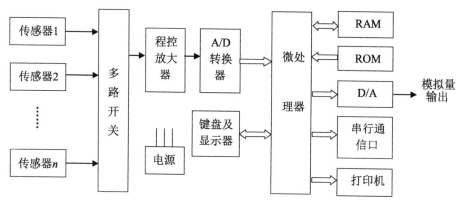

图 1-3 智能传感器的构成

智能传感器的显著特点是传感器硬件电路和数据处理分析软件的结合，因此智能传感器不仅能够有效实现自动校零、自动标定、自动校正、自动补偿等功能，而且可以对测量数据进行有效的预处理、存储、记忆，以及分析与目标特征提取和识别。例如，在生产过程自动化车间，智能传感器可以对运行流程进行自动化的检测，对于发生的故障也能够进行自动定位与识别故障种类。

1.3 智能传感器的发展趋势

智能传感器代表新一代的信息获取、传输与处理技术,是未来智能系统的关键元件,其发展受到物联网、智慧城市、智能制造、智慧农业、智慧医疗等强劲需求的拉动。智能传感器通过在芯片层次上的集成,以及与网络和云服务器的结合,将对社会发展和国民经济各个领域产生深刻影响。当前的智能传感器已呈现出如下发展趋势。

1）发现新效应,开发新材料、新功能

传感器的工作原理是基于各种物理、化学、生物的效应和现象;具有这些功能的材料谓之"功能材料"或"敏感材料"。显而易见,新的效应和现象的发现,是新的敏感材料开发的重要途径;而新的敏感材料的开发,是新型传感器问世的重要基础。

此外,探索已知材料的新功能与开发新功能材料,对研制智能传感器来说同样重要。有些已知材料,在特定的配料组方和制备工艺条件下,会呈现出全新的敏感功能特性。例如,用以研制湿敏传感器的 Al_2O_3 基湿敏陶瓷早已为人们所知;近年来,我国学者又成功地研制出以 Al_2O_3 为基材的氢气敏、酒精敏、甲烷敏三种类型的气敏元件。与同类型的 SnO_2、Fe_2O_3、ZnO 基气敏器件相比,具有更好的选择性、低工作温度和较强的抗温、抗湿能力。

由敏感材料的智能化也引出了智能材料与结构的概念。智能材料的概念首先由美国学者 C.A.Rogers 提出。1989 年,日本学者高木后直进而提出了"将信息科学融入材料的物性和功能"的智能材料构想。此后,世界各发达国家竞相开展这方面的研究工作。关于智能材料定义,我国材料科学家师昌绪院士则提出了如下表达式:Sensing＋Actuating＝Smart(灵巧),Smart＋ Controlling＝Intelligent;智能材料与结构一般包括以下三种功能:①感知功能——能自身探测和监控外界环境或条件变化;②处理功能——能评估已测信息,并利用已存储资料做出判断和协调反应;③执行功能——能依据上述结果提交驱动或调节器实施。目前,具有自监测、自诊断、自适应功能的智能材料与结构不仅大量应用于桥梁、隧道、大坝等土建结构的故障监测中,而且应用于航空、航天领域的飞机、火箭、发动机等的结构健康诊断中。

2）传感器的集成多功能化和微型化

所谓集成化,就是在同一芯片上,或将众多同类型的单个传感器件集成为一维、二维或三维阵列型传感器;或将传感器件与调理、补偿等处理电路集成一体化。前一种集成化使传感器的检测参数实现"点→线→面→体"多维图像化,甚至能加上时序控制等软件,变单参数检测为多参数检测,例如将多种气敏元件,用厚膜制造工艺集成制作在同一基片上,制成能检测氧、氨、乙醇、乙烯四种气体浓度的多功能气体传感器;后一种集成化使传感器由单一的信号转换功能,扩展为兼有放大、运算、补偿等多功能。高度集成化的传感器,将是两者有机融合以实现多信息与多功能集成一体化的智能传感器系统。

微米/纳米技术的问世,微机械加工技术的出现,使三维工艺日趋完善,这为微型传感器的研制铺平了道路。微型传感器的显著特征是体积微小、重量很轻(体积、重量仅为传统传感器的几十分之一甚至几百分之一)。其敏感元件的尺寸一般为微米级。它是由微加工技术(光刻、蚀刻、淀积、键合等工艺)制作而成。以微机械加工技术为基础,以仿真程序为工具的微结构设计,来研制各种敏感机理的集成化、阵列化、智能化的硅微传感器,也称为"专用集成微型传感器技术"(application specific integrated microtransducer,ASIM)。这种硅微传感器对众多高科技领域——特别是航空航天、遥感遥测、环境保护、生物医学和工业自动化领域有着重大的影响。

3) 智能传感器的网络化

传感器网络化技术是随着传感器、计算机和通信技术相结合而发展起来的新技术,进入21世纪以来已崭露头角。传感器网络是一种由众多随机分布的一组同类或异类传感器节点与网关节点构成的无线网络。每个微型化和智能化的传感器节点,都集成了传感器、处理器、通信模块、电源模块等功能模块,可实现目标数据与环境信息的采集和处理,并可在节点与节点之间、节点与外界之间进行无线通信。这种具有强大集散功能的无线传感器网络,可以根据需要密布于目标对象的监测部位,进行分散式巡视、测量和集中监视。

随着无线通信技术的发展,5G时代下的通信具有高速率、低时延、高密度等特点,5G技术能支持更高效的信息传输、更快速的信号响应。5G技术将所有的机器设备连接在一起,例如控制器、传感器、执行器,形成无线传感网。然后通过云服务器分析传感器上传的大量数据,实现智能综合感知。在5G时代,传感器每分每秒都在收集大量数据。可以说,随着5G的到来,云端融合的智能传感器可能会遍布在我们身边每个地方。

下一代智能传感器网络产品,将是传感器与无线宽带网、云服务器、人工智能技术的高度融合,以实现无所不在的测量和感知。

4) 研究生物感官,开发仿生智能传感器

大自然是生物传感器的优秀设计师。生物界进化到今天,我们人类凭借发达的智力,无须依靠强大的感官能力就能生存;而物竞天择的动物界,能拥有特殊的感应能力,即功能奇特、性能高超的生物传感器才是生存的本领。许多动物,因为具有非凡的感应次声波信号的能力,从而能够逃过诸如火山爆发、地震、海啸之类的灭顶之灾。许多动物还具有强大的嗅觉、视觉、听觉等,例如:狗的嗅觉(灵敏阈为人的 10^6 倍),鸟的视觉(视力为人的 $8\sim50$ 倍),蝙蝠、飞蛾、海豚的听觉(主动型生物雷达——超声波传感器),蛇的接近觉(分辨力达 $0.001℃$ 的红外测温传感器),等等。这些动物的感官性能,是当今传感器技术所要企及的目标。利用仿生学、生物遗传工程和生物电子学技术来研究它们的机理,研发仿生智能传感器,也是十分引人注目的方向。

5) 柔性可穿戴传感技术

随着3D打印与印刷电子工艺的发展,可穿戴式的柔性智能传感器应运而生。柔性可穿戴智能传感器满足了传感器的小型化、集成化、智能化发展趋势,同时还具有可穿戴、便于携带、使用舒适等特点。这些新型柔性传感器在电子皮肤、生物医药、可穿戴电子产品和航空航天中具有重要作用。未来,随着智能传感器技术的发展,以及柔性基质材料的发展,将会有更多种类的柔性智能传感器被开发出来,应用于不同领域。

习题与思考题

1-1　综述你所理解的传感器概念。

1-2　何谓智能传感器? 智能传感器有哪些特点?

1-3　传感器通常由哪几部分构成? 各部分的功用是什么? 试用框图表示出你所理解的传感器系统。

1-4　就智能传感器技术在未来社会中的地位、作用及其发展方向,综述你的见解。

参考文献

[1] 宋爱国,赵辉,贾伯年.传感器技术[M].4 版.南京:东南大学出版社,2021.

[2] 郑维炜,张弦.柔性可穿戴传感器的研究进展[J].合成纤维,2022,51(3):39-43.

[3] 李文胜,苏琳惠,师亮.传感器技术的应用及发展趋势[J].中国科技信息,2022(4).

第2章　传感器的一般工作特性及其校准

2.1　传感器的一般数学模型

传感器作为感受被测量信息的器件,希望它能按照一定的规律输出有用信号。因此,需要研究其输出—输入关系及特性,以便用理论指导其设计、制造、校准与使用。为此,有必要建立传感器的数学模型。由于传感器可能用来检测静态量(即输入量是不随时间变化的常量)、准静态量或动态量(即输入量是随时间而变的变量),应该以带随机变量的非线性微分方程作为数学模型。但这将在数学上造成困难。实际上,传感器在检测静态量时的静态特性与检测动态量时的动态特性通常可以分开来考虑。于是对应于输入信号的性质,传感器的数学模型通常有静态与动态之分。

2.1.1　静态模型

传感器的静态模型,是指在静态条件下(即输入量对时间 t 的各阶导数为零)得到的传感器数学模型。若不考虑滞后及蠕变,传感器的静态模型可用代数方程表示,即

$$y = a_0 + a_1 x + a_2 x^2 + \cdots + a_n x^n \tag{2-1}$$

式中　x,y——输入量,输出量;

　　　a_0——零位输出;

　　　a_1——传感器的灵敏度,常用 K 或 S 表示;

　　　a_2,a_3,$\cdots$,a_n——非线性项的待定常数。

这种多项式代数方程可能有四种情况,如图 2-1 所示。这种表示输出量与输入量之间的关系曲线称为特性曲线。通常希望传感器的输出—输入关系呈线性,并能正确无误地反映被测量的真值,即如图 2-1(a)所示。这时,传感器的数学模型为

$$y = a_1 x \tag{2-2}$$

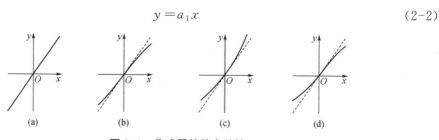

图 2-1　传感器的静态特性

当传感器特性出现如图 2-1 中(b)、(c)、(d)所示的非线性情况时,就必须采取线性化补偿措施。

2.1.2　动态模型

传感器的动态模型,是指传感器在动态(被测量随时间快速变化)条件下建立的数学模型。有的传感器即使静态特性非常好,但由于不能很好反映输入量随时间变化(尤其随时间快速变化)的状况而导致严重的动态误差。这就要求认真研究传感器的动态响应特性。

传感器动态模型一般有两种形式:微分方程和传递函数。

1) 微分方程

在研究传感器的动态响应特性时,一般都忽略传感器的非线性和随机变化等复杂的因素,将传感器作为线性定常系统考虑。因而其动态模型可以用线性常系数微分方程来表示:

$$a_n \frac{\mathrm{d}^n y}{\mathrm{d}t^n} + a_{n-1} \frac{\mathrm{d}^{n-1} y}{\mathrm{d}t^{n-1}} + \cdots + a_1 \frac{\mathrm{d}y}{\mathrm{d}t} + a_0 y$$
$$= b_m \frac{\mathrm{d}^m x}{\mathrm{d}t^m} + b_{m-1} \frac{\mathrm{d}^{m-1} x}{\mathrm{d}t^{m-1}} + \cdots + b_1 \frac{\mathrm{d}x}{\mathrm{d}t} + b_0 x \tag{2-3}$$

式中　a_0,a_1,$\cdots$,a_n;b_0,b_1,$\cdots$,b_m 为微分方程系数,其大小取决于传感器的参数。一般而言,常取 $b_1 = b_2 = \cdots = b_m = 0$,此时微分方程简化为:

$$a_n \frac{\mathrm{d}^n y}{\mathrm{d}t^n} + a_{n-1} \frac{\mathrm{d}^{n-1} y}{\mathrm{d}t^{n-1}} + \cdots + a_1 \frac{\mathrm{d}y}{\mathrm{d}t} + a_0 y = b_0 x \tag{2-4}$$

用微分方程作为传感器数学模型的好处是,通过求解微分方程容易分清暂态响应与稳态响应。因为其通解仅与传感器本身的特性及起始条件有关,而特解则不仅与传感器的特性有关,而且与输入量 x 有关。其缺点是求解微分方程很麻烦,尤其当需要通过增减环节来改变传感器的性能时显得很不方便。

2) 传递函数

如果运用拉普拉斯变换(简称拉氏变换)将时域的数学模型(微分方程)转换成复数域(s 域)的数学模型(传递函数),上述方法的缺点就得以克服。由控制理论知,对于用式(2-3)表示的传感器,其传递函数为

$$H(s) = \frac{Y(s)}{X(s)} = \frac{b_m s^m + b_{m-1} s^{m-1} + \cdots + b_1 s + b_0}{a_n s^n + a_{n-1} s^{n-1} + \cdots + a_1 s + a_0} \tag{2-5}$$

式中　$s = \sigma + \mathrm{j}\omega$,是个复数,称为拉氏变换的自变量。

传递函数是又一种以传感器参数来表示输出量与输入量之间关系的数学表达式,它表示了传感器本身的特性,而与输入量无关。采用传递函数法的另一个好处是:当传感器比较复杂或传感器的基本参数未知时,可以通过实验求得传递函数。

2.2 传感器系统的基本特性与指标

2.2.1 传感器的静态特性与指标

静态特性表示传感器在被测输入量各个值处于稳定状态时的输出—输入关系,其评价指标主要有线性度、回差、重复性、灵敏度、分辨力、阈值、稳定性、漂移、总静态误差等。

1) 线性度

线性度又称非线性,是表征传感器输出—输入校准曲线与拟合直线之间的吻合(或偏离)程度的指标,通常用相对误差来表示线性度或非线性误差,即

$$e_L = \pm \frac{\Delta L_{max}}{y_{FS}} \times 100\% \tag{2-6}$$

式中 ΔL_{max} ——输出平均值与拟合直线间的最大偏差;

        y_{FS} ——理论满量程输出值。

选定的拟合直线不同,计算所得的线性度数值也就不同。常用的拟合方法有:理论直线法、端点直线法、最佳直线法(如图 2-2 所示)和最小二乘法。

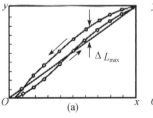 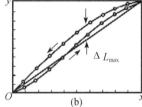 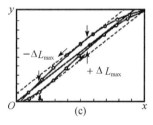

图 2-2 几种不同的拟合方法

图 2-2 中,(a)为理论直线法,它以传感器的理论特性作为拟合直线,与实际测试值无关,使用简单、方便,但通常 ΔL_{max} 很大;(b)为端点直线法,它以传感器校准曲线两端点间的连线作为拟合直线,方法简单,但 ΔL_{max} 也很大;(c)为最佳直线法,该方法能保证传感器输出—输入曲线相对于该直线的最大正偏差与最大负偏差的绝对值相等并且最小,在理论上能达到最高的拟合精度,但计算过程较为繁琐,一般只能通过计算机解算获得。

最小二乘法按最小二乘原理来求取拟合直线,该直线能保证传感器校准数据的残差平方和最小。若设实际校准测试点有 n 个,且拟合直线方程为:

$$y = b + kx \tag{2-7}$$

则按最小二乘法原理可得:

$$k = \frac{n\sum x_i y_i - \sum x_i \sum y_i}{n\sum x_i^2 - \left(\sum x_i\right)^2} \tag{2-8}$$

$$b = \frac{\sum x_i^2 \sum y_i - \sum x_i \sum x_i y_i}{n \sum x_i^2 - \left(\sum x_i\right)^2} \tag{2-9}$$

最小二乘法有严格的数学依据和统计学意义，尽管计算繁杂，但所得到的拟合直线精度较高，误差小。

2）回差（滞后）

回差是反映传感器在正（输入量增大）反（输入量减小）行程过程中输出—输入曲线的不重合程度的指标。通常用正反行程输出的最大差值 ΔH_{max} 计算，并以相对值表示：

$$e_H = \frac{\Delta H_{max}}{y_{FS}} \times 100\% \tag{2-10}$$

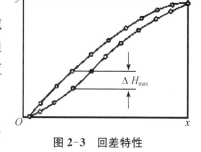

图 2-3　回差特性

3）重复性

重复性是衡量传感器在同一工作条件下，输入量按同一方向做全量程连续多次变动时，所得特性曲线间一致程度的指标。各条特性曲线越靠近，则重复性越好。

重复性误差反映的是校准数据的离散程度，属随机误差，因此应根据标准偏差计算，即

$$e_R = \pm \frac{a\sigma_{max}}{y_{FS}} \times 100\% \tag{2-11}$$

式中　σ_{max}——各校准点正行程与反行程输出值的标准偏差中的最大值；

　　　a——置信系数。

4）灵敏度

灵敏度是传感器输出量增量与被测输入量增量之比。线性传感器的灵敏度就是拟合直线的斜率，即

$$K = \Delta y / \Delta x \tag{2-12}$$

非线性传感器的灵敏度不是常数，应以 dy/dx 表示。

5）分辨力

分辨力是传感器在规定测量范围内所能检测出的被测输入量的最小变化量，它表征了传感器对被测量的分辨能力。分辨力用绝对值表示，而用该值与满量程的百分比表示时，称为分辨率。

6）阈值

阈值是能使传感器输出端产生可测变化量的最小被测输入量值，即零位附近的分辨力。有的传感器在零位附近有严重的非线性，形成所谓"死区"，则将死区的大小作为阈值；更多情况下阈值主要取决于传感器的噪声大小，因而有的传感器只给出噪声电平。

7）稳定性

稳定性又称长期稳定性，即传感器在相当长时间内仍保持其性能的能力。稳定性一般以室温条件下经过一规定的时间间隔后，传感器的输出与起始标定时的输出之间的差异来表示，有时也用标定的有效期来表示。

8）漂移

漂移指在一定时间间隔内，传感器输出量存在着与被测输入量无关的、不需要的变化。漂移包括零点漂移与灵敏度漂移。

零点漂移或灵敏度漂移又可分为时间漂移（时漂）和温度漂移（温漂）。时漂是指在规定条件下，零点或灵敏度随时间的缓慢变化；温漂为周围温度变化引起的零点或灵敏度漂移。

9）总静态误差

上述各项传感器静态特性参数都是相对独立的单项参数，实际上传感器的综合特性参数是由多个单项参数共同作用、综合形成的。因此，有必要对传感器的静态特性进行综合的评价。

总静态误差是指传感器在静态条件下满量程内任一点输出值相对其理论值的偏离程度，它表示采用该传感器进行静态测量时所得数值的不确定度。

总静态误差的计算方式国内外尚不统一，目前常用的方法是合成法，即重复性误差 e_R、非线性误差 e_L、回差误差 e_H 按照几何法或者代数法进行综合：

$$e_S = \pm \sqrt{e_L^2 + e_H^2 + e_R^2} \tag{2-13}$$

$$e_S = \pm (e_L + e_H + e_R) \tag{2-14}$$

公式(2-13)常被称为方根和法，公式(2-14)常被称为代数和法。

需要说明的是，在合成之前需要将各分项误差的形式协调一致，即统一为相对误差或极限误差。

2.2.2 传感器的动态特性与指标

动态特性是反映传感器对于随时间变化的输入量的响应特性。用传感器测试动态量时，希望它的输出量随时间变化的关系与输入量随时间变化的关系尽可能一致；但实际并不尽然，因此需要研究它的动态特性，分析其动态误差。

研究动态特性可以从时域和频域两个方面分别采用瞬态响应法和频率响应法来分析。由于实际测试时输入量是千变万化的，且往往事先并不知道，故工程上通常采用输入标准信号函数的方法进行分析，并据此确立若干动态特性的指标。

1）瞬态响应特性及指标

静止的传感器对所加激励信号的响应称为瞬态响应。常用的激励信号有阶跃函数、斜坡函数、脉冲函数等。下面以阶跃函数为例分析传感器的动态性能指标。

当给传感器输入一个单位阶跃函数信号时：

$$u(t) = \begin{cases} 0, & t < 0 \\ 1, & t \geqslant 0 \end{cases} \tag{2-15}$$

其输出信号称为阶跃响应。典型的阶跃响应特性曲线如图 2-4 所示。

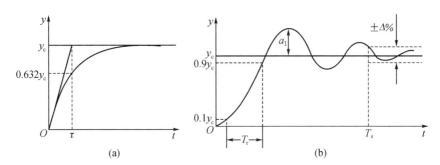

图 2-4　阶跃响应特性曲线

（a）一阶系统　（b）二阶系统

衡量阶跃响应的指标主要有：

（1）时间常数 τ：传感器输出值上升到稳态值 y_c 的 63.2% 所需的时间。

（2）上升时间 T_r：传感器输出值由稳态值的 10% 上升到 90% 所需的时间。

（3）响应时间 T_s：输出值达到允许误差范围 $\pm\Delta\%$ 所经历的时间。

（4）超调量 a_1：响应曲线第一次超过稳态值之峰高，即 $a_1 = y_{max} - y_c$，或用相对值 $[(y_{max} - y_c)/y_c] \times 100\%$ 表示。

（5）衰减率 ψ：指相邻两个波峰（或波谷）高度下降的百分数，$\psi = [(a_n - a_{n+2})/a_n] \times 100\%$。

（6）稳态误差 e_{ss}：指无限长时间后传感器的稳态输出值与目标值之间偏差 δ_{ss} 的相对值，$e_{ss} = (\delta_{ss}/y_c) \times 100\%$。

2）频率响应特性及指标

将各种频率不同而幅值相等的正弦信号输入传感器，其输出正弦信号的幅值、相位与频率之间的关系称为频率响应特性。对传感器频率响应特性的理论研究，通常是先建立传感器的数学模型，通过拉氏变换找出传递函数的表达式，再根据输入条件得到相应的频率特性。大部分传感器可以简化为单自由度一阶或者二阶系统，其传递函数可分别简化为：

$$H(j\omega) = \frac{1}{\tau(j\omega) + 1} \tag{2-16}$$

$$H(j\omega) = \frac{1}{1 - \left(\dfrac{\omega}{\omega_n}\right)^2 + 2j\xi\dfrac{\omega}{\omega_n}} \tag{2-17}$$

因此，可以应用自动控制理论中的分析方法和结论。研究传感器的频域特性时，由于相频特性与幅频特性之间有一定的内在关系,因此表示传感器的频响特性和频域性能指标时主要用幅频特性。传感器的频率响应特性指标主要如下:

(1) 频带:使传感器增益保持在一定范围内的频域范围称为传感器的频带或者通频带,对应有上、下截止频率。

(2) 时间常数 τ:用时间常数 τ 来表征一阶传感器的动态特性。τ 越小,则频带越宽。

(3) 固有频率 ω_n:二阶传感器的固有频率 ω_n 表征了其动态特性。

图 2-5 是典型的对数幅频特性曲线。图中 0 dB 水平线表示理想的幅频特性,工程上通常将 ± 3 dB 所对应的频率范围称为频响范围(又称频带)。对于传感器,则常根据所需要测量精度来确定正负分贝数,所对应的频率范围即为频响范围(或称工作频带)。对于一阶传感器,减小 τ 可改善传感器的频率特性。对于二阶传感器,提高传感器的固有频率 ω_n,可以减小动态误差和扩大频率响应范围。

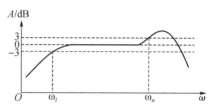

图 2-5　典型的对数幅频特性曲线

2.3　传感器的标定与校准

新研制或生产的传感器需对其技术性能进行全面的检定;经过一段时间储存或使用的传感器也需对其性能进行复测。通常,在明确输入—输出变换对应关系的前提下,利用某种标准量或标准器具对传感器的量值进行标度称之为标定。将传感器在使用中或储存后进行的性能复测称之为校准。由于标定与校准的本质相同,故本小节以标定进行叙述。

传感器的标定系统一般由被测非电量的标准发生器、被测非电量的标准测试系统、待标定传感器等组成。标定的基本方法是:利用标准设备产生已知的非电量(如标准力、压力、位移等)作为输入量,输入待标定的传感器,然后将传感器的输出量与输入的标准量做比较,获得一系列校准数据或曲线。有时输入的标准量是利用一标准传感器检测而得,这时的标定实质上是待标定传感器与标准传感器之间的比较。

对传感器进行标定,是根据实验数据确定传感器的各项性能指标,实际上也是确定传感器的测量精度。因此在标定传感器时,所用测量仪器的精度至少需要比被标定的传感器精度高一个等级,这样才能保证标定所得的性能指标是可靠的。

2.3.1　传感器的静态标定

静态标定主要用于检测、测试传感器(或传感器系统)的静态特性指标,如静态灵敏度、非线性、回差、重复性等。

进行静态标定首先要建立静态标定系统。图 2-6 为应变式测力传感器静态标定系统。图中测力机产生标准力,高精度稳压电源经精密电阻箱衰减后向传感器提供稳定的供桥电压,其值由数字电压表读取,传感器的输出电压由另一数字电压表指示。

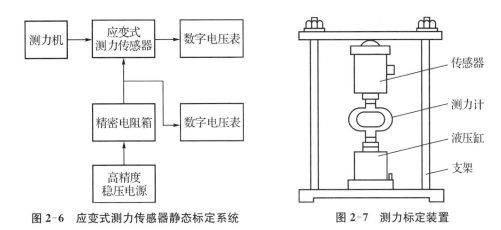

图 2-6　应变式测力传感器静态标定系统　　　图 2-7　测力标定装置

　　由上述系统可知,静态标定系统的关键在于被测非电量的标准发生器(即图 2-6 中的测力机)及标准测试系统。测力机可以是由砝码产生标准力的基准测力机、杠杆式测力机或液压式测力机。图 2-7 是由液压缸产生测力并由测力计或标准力传感器读取力值的标定装置。测力计读取力值的方式可用百分表读数、光学显微镜读数与激光干涉仪读数等。

　　如以位移传感器为例,其标准位移的发生器视位移大小与精度要求的不同,可以是量块、微动台架、测长仪等。对于微小位移的标定,国内已研制成利用压电制动器,通过激光干涉原理读数的微小位移标定系统,位移分辨力可达纳米级。

2.3.2　传感器的动态标定

　　动态标定主要用于检验、测试传感器(或传感器系统)的动态特性,如动态灵敏度、频率响应和固有频率等。

　　对传感器进行动态标定,需要对它输入一标准激励信号。常用的标准激励信号分为两类:一类是周期函数,如正弦波、三角波等,以正弦波最为常用;另一类是瞬变函数,如阶跃波、半正弦波等,以阶跃波最为常用。

　　图 2-8 为振幅测量法标定系统框图。振动台通常为电磁振动台,产生简谐振动作传感器的输入量,振动的振幅由读数显微镜读得,振动频率由频率计指示。若测得传感器的输出量,即可通过计算得到待标传感器(位移传感器、速度传感器、加速度传感器等)的动态灵敏度。若改变振动频率,设法保持振幅、速度或者加速度幅值不变,即可相应获得上述各种传感器的频率响应。

　　上述振幅测量法称为绝对标定法,精度较高,但所需设备复杂,标定不方便。故该方法常用于高精度传感器与标准传感器的标定。工程上通常采用比较法进行标定,俗称背靠背法。

　　图 2-9 示出了比较法的原理框图。灵敏度已知的标准传感器 1 与待标传感器 2 背靠背

安装在振动台台面的中心位置上,同时感受相同的振动信号。这种方法可以用来标定加速度、速度或位移传感器。利用该标定系统采用逐点比较法还可以标定待标测振传感器的频率响应。其方法是用手动调整使振动台输出的被测参量(如标定加速度传感器即为加速度)保持恒定,在整个频率范围内按对数等间隔或倍频程原则选取多个频率点,逐点进行灵敏度标定,然后画出频响曲线。

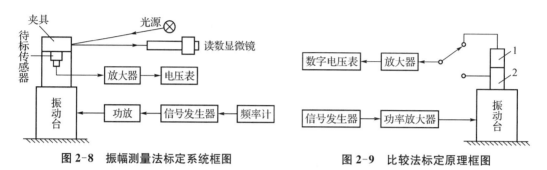

图 2-8　振幅测量法标定系统框图　　　　图 2-9　比较法标定原理框图

随着技术的进步,在上述方法的基础上,已发展成连续扫描法(如图 2-10)。其原理是将标准振动台与内装或外加的标准传感器组成闭环扫描系统,使待标传感器在连续扫描过程中承受一恒定被测量,并记下待标传感器的输出随频率变化的曲线。通常频响偏差以参考灵敏度为准,各点灵敏度相对于该灵敏度的偏差用分贝数给出。显然,这种方法操作简便,效率很高。如图 2-10 所示标定系统由被标传感器回路和振动台回路组成,保证电磁振动台产生恒定加速度,拍频振荡器可自动扫频,扫描速度与记录仪走纸速度相对应,于是记录仪即绘出被标传感器的频响曲线。

上述仅通过几种典型传感器介绍了静态与动态标定的基本概念和方法。由于传感器种类繁多,标定设备与方法各不相同,各种传感器的标定项目也远不止上述几项。此外,随着技术的不断进步,不仅标准发生器与标准测试系统在不断改进,利用微型计算机进行数据处理、自动绘制特性曲线以及自动控制标定过程的系统也已在各种传感器的标定中出现。

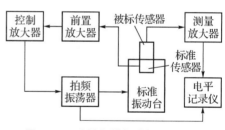

图 2-10　连续扫描频响标定系统

2.4　传感器性能改善措施与传感器的选用原则

2.4.1　传感器的性能改善措施

1) 信号耦合与传输

传感器种类繁多,各类传感器的结构、材料和参数选择的要求各不相同。但是有两个常被忽视的问题:被测信号的耦合和输出信号的传输。

对于被测信号的耦合,设计者和制造者应该考虑并提供合适的耦合方式,或对它做出规定,以保证传感器在耦合被测信号时不会产生误差或误差可以忽略。例如接触式位移传感器,输出信号代表的是敏感轴(测杆)的位置,而不是我们所需要的被测物体上某一点的位置。为了二者一致,需要合适的耦合形式和器件(包括回弹式测头),来保证耦合没有间隙、连接后不会产生错动(或在允许范围之内)。

对于输出信号的传输,应该按照信号的形式和大小选择电缆,以减少外界干扰的窜入或避免电缆噪声的产生;同时还必须重视电缆连接和固定的可靠,以及选择优良的连接插头。

2) 差动技术

在传感器的使用过程中,通常要求传感器输入—输出关系呈线性,但实际难以做到。通过分析可知,传感器特性曲线的非线性只存在高次项,且阶次越高,占比越小。为此,采用差动技术可以消除或减小高次项。其原理如下:

设有一传感器,其输出为

$$y_1 = a_0 + a_1 x + a_2 x^2 + a_3 x^3 + a_4 x^4 + \cdots \tag{2-18}$$

用另一相同的传感器,但使其输入量符号相反(例如位移传感器使之反向移动),则它的输出为

$$y_2 = a_0 - a_1 x + a_2 x^2 - a_3 x^3 + a_4 x^4 - \cdots \tag{2-19}$$

使二者输出相减,即

$$\Delta y = y_1 - y_2 = 2(a_1 x + a_3 x^3 + \cdots) \tag{2-20}$$

于是,总输出消除了零位输出和偶次非线性项,得到了对称于原点的相当宽的近似线性范围,减小了非线性,而且使灵敏度提高了一倍,同时抵消了共模误差(如电源波动、环境干扰等)。

3) 平均技术

常用的平均技术有误差平均效应和数据平均处理。

误差平均效应的原理是:利用 n 个相同传感器单元同时感受同一个被测量,因而其输出将是这些传感器输出的算术平均值。假如将每一个单元可能带来的误差 δ_0 均看作随机误差,根据误差理论,总的误差将减小为

$$\Delta = \pm \delta_0 / \sqrt{n} \tag{2-21}$$

例如,当传感器数量为 10 个时,最终的测量误差可以减小为单个传感器误差的 31.6%,效果非常明显。因此误差平均效应是提升传感器性能的另一重要手段,已广泛应用于容栅、光栅、感应同步器、编码器等栅式传感器中。

数据平均效应的原理是:利用同一个传感器,对同一个被测量,在相同条件下的重复多次采样,然后进行数据平均处理,同理其测量误差也将显著减小。凡是被测对象允许多次

重复测量或采样的场合,都可用该方法减小测量误差。

需要指出的是,平均技术仅对测量误差中随机误差分量有效,对于系统误差特别是恒定不变系统误差并无效果。

4) 稳定性处理

传感器作为长期测量或反复使用的元件,其稳定性显得特别重要,其重要性甚至胜过精度指标。造成传感器性能不稳定的原因是:随着时间的推移或环境条件的变化,构成传感器的各种材料与元器件性能将发生变化。为了提高传感器性能的稳定性,应该对材料、元器件或传感器整体进行必要的稳定性处理。如结构材料的时效处理、冰冷处理,永磁材料的时间老化、温度老化、机械老化及交流稳磁处理,电气元件的老化与筛选等。在使用传感器时,如果测量要求较高,必要时也应对附加的调整元件、后接电路的关键元器件进行老化处理。

5) 屏蔽、隔离和干扰抑制

由于传感器的精度和性能会受多种环境因素影响,而其工作环境常常难以预料,因此为了减小测量误差、保证传感器的原有性能,需设法削弱或者消除外界因素对传感器的影响。目前的主要方法有:

(1) 设计传感器时采用合理的结构、材料和参数来避免或减小内部变量的变化;

(2) 减小传感器对环境变量的灵敏度或降低环境变量对传感器实际作用的程度;

(3) 在后续信号处理环节中加以消除或抑制。

对于电磁干扰,可以采用屏蔽、隔离措施,也可用滤波等方法抑制;对于如温度、湿度、机械振动、气压、声压、辐射甚至气流等,可采用相应的隔离措施,如隔热、密封、隔振等,或在变换成电量后对干扰信号进行分离或抑制,减小其影响。

6) 补偿与校正

当传感器或测试系统的系统误差的变化规律过于复杂时,可以找出误差的方向和数值,采用修正的方法(包括修正曲线或公式)加以补偿或校正。例如,传感器存在非线性,可以先测出其特性曲线,然后加以校正;又如存在温度误差,可在不同温度进行多次测量,找出温度对测量值影响的规律,然后在实际测量时进行补偿。还有一些传感器,由于材料或制造工艺的原因,常常需要对某些参数进行补偿或调整。应变式传感器和压阻式传感器是这类传感器的典型代表。

7) 集成化与智能化

随着微电子技术的发展,信号调理电路与传感器的集成是智能传感器的常见方式。这种集成传感器的效果,既可以增强信号、提高信噪比、改善信号长线传输特性,又可以提升传感器的智能化水平,还可以改善传感器与处理环境分离的现象。例如,一体化压电加速度计就是集成有压电敏感元件和处理电路芯片的集成式传感器,其中以压阻式传感器为代表的利用半导体工艺制造的传感器,更是由于工艺的兼容性而发展到将电路制作在敏感元件的片基上,构成全集成传感器,甚至是芯片级传感器。

此外,微处理器与传感器的集成,通过安装相应的处理软件,则传感器本身就可以实现校准与补偿等功能,这进一步拓展了传感器校正的含义。目前,利用微处理器和软件技术对传感器的输出特性进行修正已成为智能传感器的基本功能,采用较复杂的数学模型实现自动或半自动修正也已成功地应用在传感器的生产中。可以预见,更为智能化的补偿调整技术将伴随着新器件、新技术的产生而不断更新。集成化、智能化与信息融合的结果,将大大扩大传感器的功能,改善传感器的性能,提高性能价格比。

2.4.2　传感器的选用原则

传感器应用极其广泛,而且种类繁多,在原理与结构上千差万别。如何根据具体的测量目的、测量对象和测量环境合理地选用传感器,这是自动测量与控制领域从事研究和开发的人们首先面临的问题。传感器一旦确定,与之相配套的测量方法和测试系统及设备也就可以确定了。测量结果的成败,在很大程度上取决于传感器的选用是否合理。

2.4.2.1　合理选择传感器的基本原则与方法

合理选择传感器,就是要根据实际的需要与可能,做到有的放矢,物尽其用,达到实用、经济、安全、方便的效果。为此,必须对测量的目的、测量对象、使用条件等诸方面有较全面的了解;这是考虑问题的前提。

1)依据测量对象和使用条件确定传感器的类型

众所周知,同一传感器,可用来分别测量多种被测量;而同一被测量,又常有多种原理的传感器可供选用。在进行一项具体的测量工作之前,首先要分析并确定采用何种原理或类型的传感器更合适。这就需要对与传感器工作有关联的方方面面做一番调查研究。

一是要了解被测量的特点:如被测量的状态、性质,测量的范围、幅值和频带,测量的速度、时间,精度要求,过载的幅度和频度等。二是要了解使用的条件,这包含两个方面:一方面是现场环境条件,如温度、湿度、气压、光照、振动、噪声、电磁场及辐射干扰等;另一方面是现有基础条件,如财力(承受能力)、物力(配套设施)、人力(技术水平)等。

选择传感器所需考虑的方面和事项很多,实际中不可能也没有必要面面俱到以满足所有要求。设计者应从系统总体对传感器使用的目的、要求出发,综合分析主次,突出重要事项加以优先考虑。经过上述分析和综合考虑后,确定所选用传感器的类型,然后进一步考虑所选传感器的主要性能指标。

2)线性范围与量程选择

传感器的线性范围即输出与输入成正比的范围。线性范围与量程和灵敏度密切相关。线性范围愈宽,其量程愈大,在此范围内传感器的灵敏度能保持定值,规定的测量精度能得到保证。所以,传感器种类确定之后,首先要看其量程是否满足要求。

此外,还要考虑在使用过程中的几个问题:一是对非通用的测量系统或设备,应使传感器尽可能处在最佳工作段,一般为满量程的 2/3 以上处;二是应估计到输入量可能发生突变时所需的过载量。

应当指出的是,线性度是个相对的概念。在具体使用中可以将非线性误差(及其他误差)满足测量要求的一定范围视作线性。这会给传感器的应用带来极大的方便。

3）灵敏度与信噪比选择

通常,在线性范围内,希望传感器的灵敏度愈高愈好。因为灵敏度高,意味着被测量的微小变化对应着较大的输出,这有利于后续的信号处理。但是需要注意的是,灵敏度愈高,外界混入噪声也愈容易、愈大,并会被放大系统放大,容易使测量系统进入非线性区,从而影响测量精度。因此,要求传感器应具有较高的信噪比,即不仅要求其本身噪声小,而且不易从外界引入噪声干扰。

还应注意,有些传感器的灵敏度是有方向性的。在这种情况下,如果被测量是单向量,则应选择在其他方向上灵敏度小的传感器;如果被测量是多维向量,则要求传感器的交叉灵敏度愈小愈好。这个原则也适合其他能感受两种以上被测量的传感器。

4）精度与价格选择

由于传感器是测量系统的首要环节,要求它能真实地反映被测量。因此,传感器的精度指标十分重要。它往往也是决定传感器价格的关键因素,精度愈高,价格愈昂贵。所以,在考虑传感器的精度时,不必过于追求高精度,只要能满足测量要求就行。这样就可在多种可选传感器当中,选择性价比较高的传感器。

倘若从事的测量任务旨在定性分析,则所选择的传感器应侧重于重复性精度要高,而不必苛求绝对精度高;如果面临的测量任务是为了定量分析或控制,必须获得精确的测量值,就需选用精度等级能满足要求的传感器。

5）频率响应特性

在进行动态测量时,总希望传感器能即时而不失真地响应被测量。传感器的频率响应特性决定了被测量的频率范围。传感器的频率响应范围宽,允许被测量的频率变化范围就宽,在此范围内,可保持不失真的测量条件。实际上,传感器的响应总有一定的延迟,希望延迟时间愈短愈好。

对于开关量传感器,应使其响应时间短到能够满足被测量变化的要求,不能因响应慢而丢失被测信号而带来误差。对于线性传感器,应根据被测量的特点(稳态、瞬态、随机等)选择其响应特性。一般来讲,通过机械系统耦合被测量的传感器,由于惯性较大,其固有频率较低,响应较慢;而直接通过电磁、光电系统耦合的传感器,其频响范围较宽,响应较快。但从成本、噪声等因素考虑,也不是响应范围愈宽和速度愈快就愈好,而应因地制宜地确定。

6）稳定性

能保持性能长时间稳定不变的能力谓之传感器的稳定性。影响传感器稳定性的主要因素,除传感器本身材料、结构等因素外,主要是传感器的使用环境条件。因此,要提高传感器的稳定性,一方面,选择的传感器必须有较强的环境适应能力(如经稳定性处理的传感器);另一方面可采取适当的措施(如提供恒环境条件或采用补偿技术),以减小环境对传感器的影响。

当传感器工作已超过其稳定性指标所规定的使用期限后,再次使用之前,必须重新进行校准,以确定传感器的性能是否变化和可否继续使用。对那些不能轻易更换或重新校准的特殊使用场合,所选用传感器的稳定性要求应更加严格。

2.4.2.2　传感器的正确使用

如何在应用中确保传感器的工作性能并增强其适应性,很大程度上取决于对传感器的使用方法。虽然无法在此一一列出各种传感器的使用方法,但需要注意在使用过程中除了要遵循通常精密仪器或器件所需的常规使用守则外,还要特别考虑以下使用事项:

(1) 特别强调在使用前,须认真阅读所选用传感器的使用说明书,熟悉并掌握其所要求的环境条件、事前准备、操作程序、安全事项、应急处理等内容。

(2) 正确选择测试点并正确安装传感器,防止安装失误从而影响测量精度或传感器使用寿命,甚至损坏传感器。

(3) 保证被测信号的有效、高效传输,是传感器使用的关键之一。

(4) 传感器测量系统必须有良好的接地,并对电、磁场有效屏蔽,对声、光、机械等的干扰有抗干扰措施。

(5) 对非接触式传感器,必须于使用前在现场进行标定,否则将造成较大的测量误差。

另外对一些定量测试系统用的传感器,为保证精度的稳定性和可靠性,需要按规定作定期检验。对某些重要的测量系统用的、精度较高的传感器,必须定期进行校准。一般每半年或一年校准一次;必要时,可按需要规定校准周期。

习题与思考题

2-1　衡量传感器静态特性的主要指标有哪些? 说明它们的含义。

2-2　计算传感器线性度的方法有哪几种? 差别何在?

2-3　什么是传感器的静态特性和动态特性? 为什么要把传感器的特性分为静态特性和动态特性?

2-4　为什么要对传感器进行标定和校准? 举例说明传感器静态标定和动态标定的方法。

2-5　改善传感器性能的措施有哪些?

2-6　如何正确选择合适的传感器?

参考文献

[1] 吴盘龙.智能传感器技术[M].北京:中国电力出版社,2015.

[2] 颜全生.传感器应用技术[M].北京:化学工业出版社,2013.

[3] 贾伯年,俞朴,宋爱国.传感器技术[M].3 版.南京:东南大学出版社,2007.

[4] 巫业山.传感器的选用原则与标定[J].衡器,2017,46(5):23-26.

[5] 谷向飞,孙松梅.六维力传感器静/动态性能指标综述[J].机械工程与自动化,2019(2):224-226.

第3章　阻抗型传感器

电阻、电感和电容对电路中的电流所起的阻碍作用称为阻抗,常用复数 Z 表示,其实部称为电阻,虚部称为电抗(分为感抗和容抗)。阻抗型传感器是一种把被测量(如位移、压力、加速度等)转换成与之有确定关系的阻抗值,再经过测量电桥转换成电压或电流信号的一种装置,其在非电量检测中具有十分广泛的应用。本章节主要介绍电阻式、电感式和电容式三种阻抗型传感器的原理、结构、测量电路以及它们的典型应用。

3.1　电阻应变式传感器基础

在众多的传感器中,有一大类是通过电阻参数的变化来实现电测非电量目的的,它们被统称为电阻式传感器(resistive transducer)。各种电阻材料,受被测量(如位移、应变、压力、光和热等)作用转换成电阻参数变化的机理是各不相同的,因而电阻式传感器中相应地有电位计式、应变计式、压阻式、磁电阻式、光电阻式和热电阻式等。

目前电阻式传感器种类虽已繁多,但较高精度的传感器仍以应变计式传感器最为普遍。它们广泛应用于机械、冶金、石油、建筑、交通、水利和航空航天等领域;近年来在生物、医学、体育和商业等部门也得到了广泛应用。因此本小节主要讨论电阻应变式传感器,其他电阻式传感器从略或在后续章节进行讨论。

3.1.1　导电材料的应变电阻效应

设有一段长为 l,截面积为 A,电阻率为 ρ 的固态导体,其电阻为

$$R = \rho \frac{l}{A} \tag{3-1}$$

当它受到轴向力 F 而被拉伸(或压缩)时,其 l、A 和 ρ 均发生变化,如图 3-1 所示,因而导体的电阻随之发生变化。通过对式(3-1)两边取对数后再作微分,即可求得其电阻相对变化

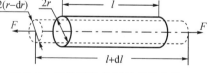

图 3-1　导体受拉伸后的参数变化

$$\frac{\mathrm{d}R}{R} = \frac{\mathrm{d}l}{l} - \frac{\mathrm{d}A}{A} + \frac{\mathrm{d}\rho}{\rho} \tag{3-2}$$

式中　$(\mathrm{d}l/l) = \varepsilon$ ——材料的轴向线应变,常用单位 $\mu\varepsilon(1\mu\varepsilon = 1 \times 10^{-6}$ mm/mm);而 $(\mathrm{d}A/A) = 2(\mathrm{d}r/r) = -2\mu\varepsilon$。其中 r ——导体的半径,受拉时 r 缩小;μ ——导体材料的泊

松比。

代入式(3-2)可得

$$\frac{\mathrm{d}R}{R} = (1+2\mu)\varepsilon + \frac{\mathrm{d}\rho}{\rho} \qquad (3\text{-}3)$$

通常把单位应变能引起的电阻值变化称为电阻丝的灵敏系数,其物理意义是单位应变所引起的电阻相对变化量,其表达式为:

$$K = \frac{\dfrac{\mathrm{d}R}{R}}{\varepsilon} = (1+2\mu) + \frac{\dfrac{\mathrm{d}\rho}{\rho}}{\varepsilon} \qquad (3\text{-}4)$$

由式(3-4)可以看出灵敏系数 K 受两个因素影响:(1)材料几何尺寸的变化,即 $(1+2\mu)$;(2)材料的电阻率发生的变化,即 $(\mathrm{d}\rho/\rho)/\varepsilon$。对金属材料来说,电阻丝灵敏度系数表达式中 $(1+2\mu)$ 的值要比 $(\mathrm{d}\rho/\rho)/\varepsilon$ 大得多,即金属丝材的应变电阻效应以结构尺寸变化为主;而半导体材料的 $(\mathrm{d}\rho/\rho)/\varepsilon$ 项的值比 $(1+2\mu)$ 大得多。大量实验证明,在电阻丝拉伸极限内,电阻的相对变化与应变成正比,即 K 为常数。

3.1.2 电阻应变计的结构与类型

1) 应变计的结构

利用导电丝材的应变电阻效应,可以制成测量试件表面应变的传感元件。为在较小的尺寸范围内敏感有较大的应变输出,通常把应变丝制成栅状的应变传感元件,即电阻应变计(片),简称应变计(片)。

应变计的结构型式很多,但其主要组成部分基本相同。图 3-2 示出了丝式、箔式和半导体等三种典型应变计的结构型式及其组成。

(1)敏感栅——应变计中实现应变—电阻转换的传感元件。它通常由直径为 0.015~0.05 mm 的金属丝绕成栅状,或用金属箔腐蚀成栅状。图 3-2 中 l 表示栅长,b 表示栅宽。其电阻值一般在100 Ω以上。

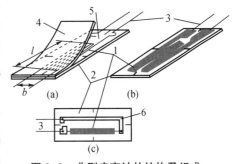

(2)基底——为保持敏感栅固定的形状、尺寸和位置,通常用黏结剂将它固结在纸质或胶质的基底上。应变计工作时,基底起着把试件应变准确地传递给敏感栅的作用。为此,基底必须很薄,一般为 0.02~0.04 mm。

图 3-2　典型应变计的结构及组成

(a) 丝式;(b) 箔式;(c) 半导体
1—敏感栅;2—基底;3—引线;
4—盖层;5—黏结剂;6—电极

(3)引线——它起着敏感栅与测量电路之间的
连接和引导作用。通常取直径约 0.1~0.15 mm 的低阻镀锡铜线,并用钎焊与敏感栅端连接。

（4）盖层——用纸、胶做成覆盖在敏感栅上的保护层，起着防潮、防蚀、防损等作用。

（5）黏结剂——在制造应变计时，用它分别把盖层和敏感栅固结于基底；在使用应变计时，用它把应变计基底再粘贴在试件表面的被测部位。因此它也起着传递应变的作用。

2）应变计的类型

应变计按敏感栅取材，基本上可分为金属应变计和半导体应变计两大类，几种典型的结构型式示于图 3-3。

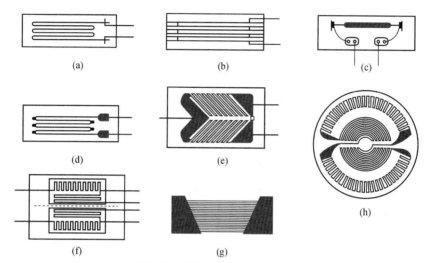

图 3-3　几种典型的应变计型式

（a）丝绕式电阻应变计；（c）半导体应变计；（b）、（d）短线式电阻应变计；（e）、（f）、（g）、（h）箔式电阻应变计

金属应变片有丝式、箔式等类型。金属丝式应变片使用最早，有回线式和短接式两种；其中回线式最为常用，制作简单、性能稳定、成本低、易粘贴，但横向效应较大。金属箔式应变片利用照相制版或光刻技术将厚约 0.003～0.01 mm 的金属箔片制成所需图形的敏感栅，也称为应变花；与丝式应变片相比其横向效应小、允许电流大、柔性好、寿命长、生产效率高，因而得到了广泛应用。

半导体应变片由单晶半导体经切型、切条、光刻腐蚀成形，然后粘贴在薄的绝缘基片，最后再加上保护层。其灵敏度高、横向效应小，但重复性、温度及时间稳定性差。

3.1.3　电阻应变计的主要特性

本小节讨论的应变计特性是指用以表达应变计工作性能及其特点的参数或曲线。由于应变计的工作特性与其结构、材料、工艺、使用条件等多种因素有关，而且一般应变计均为一次性使用，因此，应变计的实际工作特性指标，均按国家标准规定，从批量生产中按比例抽样实测而得。

1）灵敏系数（K）

当具有初始电阻值 R 的应变计粘贴于试件表面时，试件受力引起的表面应变，将传递给应变计的敏感栅，使其产生电阻相对变化 $\Delta R/R$。实验证明，在一定的应变范围内，有下列关系：

$$\frac{\Delta R}{R} = K\varepsilon_x \qquad\qquad (3-5)$$

式中　ε_x——应变计轴向应变；

$K = \frac{\Delta R}{R} / \varepsilon_x$——应变计的灵敏系数。它表示安装在被测试件上的应变计，在其轴向受到单向应力时引起的电阻相对变化（$\Delta R/R$），与此单向应力引起的试件表面轴向应变（ε_x）之比。

2）横向效应及横向效应系数（H）

金属应变计的敏感栅通常呈栅状。它由轴向纵栅和圆弧横栅两部分组成，如图 3-4（a）所示。在单向应力、双向应变情况下，沿应变片轴向的应变 ε_x 和纵向的应变 ε_y 均会引起应变片电阻的相对变化，且横向应变总是起着抵消纵向应变的作用。应变计这种既敏感纵向应变，又同时受横向应变影响而使灵敏系数及相对电阻比都减小的现象称为横向效应，如图 3-4（b）所示。其大小用横向效应系数 H（百分数）来表示，即

$$H = \frac{K_y}{K_x} \times 100\% \qquad\qquad (3-6)$$

式中　K_x——纵向灵敏系数，它表示当 $\varepsilon_y = 0$ 时，单位轴向应变 ε_x 引起的电阻相对变化；

K_y——横向灵敏系数，它表示当 $\varepsilon_x = 0$ 时，单位横向应变 ε_y 引起的电阻相对变化。

由于横向效应的存在，当实际使用应变片的条件与其灵敏度系数 K 的标定条件不同时（即在非标定条件下），倘若仍用标定灵敏系数 K 进行计算，将会产生较大误差。为减小横向效应产生的误差，有效的办法是减小 H。理论分析和实验表明：对丝绕式应变计，纵栅 l_0 愈长，横栅 r 愈小，则 H 愈小。因此，采用短接式或直角式横栅［见图 3-3（b）、（d）］可有效地克服横向效应的影响。箔式应变计［见图 3-3（e）、（g）、（h）］就是据此设计的。

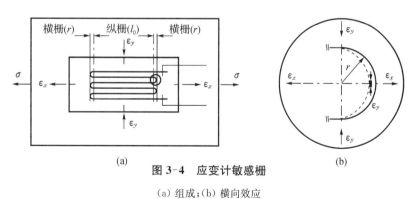

图 3-4　应变计敏感栅

（a）组成；（b）横向效应

3）机械滞后（Z_j）

实际使用中，由于敏感栅基底黏结剂材料性能，或使用中的过载、过热，都会使应变计产生残余变形，导致应变计输出的不重合。这种不重合性用机械滞后（Z_j）来衡量。它是指

粘贴在试件上的应变计,在恒温条件下增(加载)、减(卸载)试件应变的过程中,对应同一机械应变所指示应变量(输出)之差值,如图3-5所示。

4) 蠕变(θ)和零漂(P_0)

粘贴在试件上的应变计,在恒温恒载条件下,指示应变量随时间单向变化的特性称为蠕变,如图3-6中的θ所示。当试件初始空载时,应变计示值仍会随时间变化的现象称为零漂,如图3-6中的P_0所示。

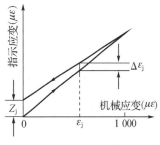

图 3-5 应变计的机械滞后特性

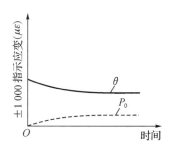

图 3-6 应变计的蠕变和零漂特性

蠕变反映了应变计在长时间工作中对时间的稳定性,通常要求$\theta < 3 \sim 15\mu\varepsilon$。引起蠕变的主要原因是,制作应变计时内部产生的内应力和工作中出现的剪应力,使丝栅、基底,尤其是胶层之间产生的"滑移"所致。选用弹性模量较大的黏结剂和基底材料,适当减薄胶层和基底,并使之充分固化,有利于蠕变性能的改善。零漂和蠕变产生的机理是类同的,只是两者所处的状态不同。

5) 应变极限($\varepsilon_{\lim}$)

在恒温条件下,使非线性误差达到10%时的真实应变值,称为应变极限$\varepsilon_{\lim}$,如图3-7所示。应变极限是衡量应变计测量范围和过载能力的指标,通常要求$\varepsilon_{\lim} \geqslant 8\,000\mu\varepsilon$。

6) 疲劳寿命(N)

疲劳寿命是指粘贴在试件上的应变计,在恒幅交变应力作用下,连续工作直至疲劳损坏时的循环次数。它

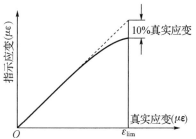

图 3-7 应变计的应变极限特性

与应变计的取材、工艺和引线焊接、粘贴质量等因素有关,一般要求$N = 10^5 \sim 10^7$次。

3.1.4 电阻应变计的温度效应及其补偿

3.1.4.1 温度效应及其热输出

上节讨论的应变计主要工作特性及其性能检定,通常都是以室温恒定为前提的。实际应用应变计时,工作温度可能偏离室温,甚至超出常温范围,致使工作特性改变,影响输出。这种单纯由温度变化引起应变计电阻变化的现象,称为应变计的温度效应。

设工作温度变化为$\Delta t(℃)$,则由此引起粘贴在试件上的应变计电阻的相对变化为

$$\left(\frac{\Delta R}{R}\right) = \alpha_t \Delta t + K(\beta_s - \beta_t)\Delta t \tag{3-7}$$

式中　α_t——敏感栅材料的电阻温度系数；

　　　K——应变计的灵敏系数；

　　　β_s、β_t——分别为试件和敏感栅材料的线膨胀系数。

式(3-7)即应变计的温度效应，相对的热输出为

$$\varepsilon_t = \frac{(\Delta R/R)_t}{K} = \frac{1}{K}\alpha_t \Delta t + (\beta_s - \beta_t)\Delta t \tag{3-8}$$

由式(3-7)和式(3-8)不难看出，应变计的温度效应及其热输出由两部分组成：前部分为热阻效应所造成；后部分为敏感栅与试件热膨胀失配所引起。在工作温度变化较大时，这种热输出干扰必须加以补偿。

3.1.4.2　热输出补偿方法

热输出补偿就是消除 ε_t 对测量应变的干扰，通常采用温度自补偿法和桥路补偿法。

1）温度自补偿法

这种方法是通过精心选配敏感栅材料与结构参数来实现热输出补偿的。

（1）单丝自补偿应变

由式(3-8)可知，欲使热输出 $\varepsilon_t = 0$ 只要满足条件

$$\alpha_t = -K(\beta_s - \beta_t) \tag{3-9}$$

在研制和选用应变计时，若选择敏感栅的合金材料，其 α_t、β_t 能与试件材料的 β_s 相匹配，即满足式(3-8)就能达到温度自补偿的目的。这种自补偿应变计的最大优点是结构简单、制造、使用方便。

（2）双丝自补偿应变计

这种应变计的敏感栅是由电阻温度系数为一正一负的两种合金丝串接而成，如图 3-8 所示。应变计电阻 R 由两部分电阻 R_a 和 R_b 组成，即 $R = R_a + R_b$。当工作温度变化时，若 R_a 栅产生正的热输出 ε_{at} 与 R_b 栅产生负的热输出 ε_{bt} 能大小相等或相近，就可达到自补偿的目的，即

$$\frac{-\varepsilon_{bt}}{\varepsilon_{at}} \approx \frac{R_a}{R} \bigg/ \frac{R_b}{R} = \frac{R_a}{R_b} \tag{3-10}$$

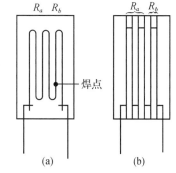

图 3-8　双丝自补偿应变计

（a）丝绕式；（b）短接式

2）线路补偿法

电桥补偿法是最常用且效果较好的线路补偿法，其原理如图 3-9 所示。这种方法是用两个参数相同的应变计 R_1、R_2，将 R_1 贴在试件上，接入电桥作工作臂，R_2 贴在与试件同材料、同环境温度，但不参与机械应变的补偿块上，接入电桥相邻臂作补偿臂（R_3、R_4 同样为平衡电阻），如图 3-9 所示。这样，补偿臂产生与工作臂相同的热输出，通过差接桥起到补偿作用。这

种方法简便,但补偿块的设置受到现场环境条件的限制。

3.2 电阻应变计的测量电路

电阻应变计把机械应变信号转换成 $\Delta R/R$ 后,由于应变量及其应变电阻变化量一般都很微小($\leqslant 1\%$)。因此,必须采用测量电路把应变计的 $\Delta R/R$ 变化转换成可用的电压或电流输出。目前,最广泛应用于电阻应变计的测量电路为应变电桥,因其灵敏度高、精度高、测量范围宽、电路结构简单、易于实现温度补偿等的特点而能很好地满足应变测量的要求。

典型的阻抗应变电桥如图 3-10 所示:四个臂 Z_1、Z_2、Z_3、Z_4 按顺时针向为序,AC 为电源端,BD 为输出端。当桥臂接入的是应变计时,即谓应变电桥。当一个臂、二个臂乃至四个臂接入应变计时,就相应谓之单臂工作、双臂工作和全臂工作电桥。根据电源的不同,可将电桥分为直流电桥和交流电桥。

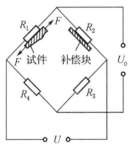

图 3-9　补偿块半桥
热补偿应变计

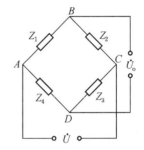

图 3-10　阻抗应变电桥结构

3.2.1 直流电桥及其输出特性

直流电桥的桥臂为纯电阻。如图 3-11 所示,图中 U 为供桥电源电压,R_L 为负载内阻。当初始有 $R_1R_3=R_2R_4$,则电桥输出电压或电流为零,这时电桥处于平衡状态。因此,电桥的平衡条件为

$$R_1R_3=R_2R_4 \text{ 或 } \frac{R_1}{R_2}=\frac{R_4}{R_3} \tag{3-11}$$

按负载的不同要求(输出电压或电流),应变电桥还可分电压输出桥和功率输出桥。

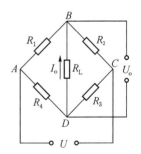

图 3-11　直流电桥

1) 电压输出桥的输出特性

若电桥输出端后接高输入阻抗的放大器(负载电阻 $R_L \approx \infty$)电桥输出端可视为开路。此时,电桥输出主要为电压形式(输出电流为零),输出电压为

$$U_o = \frac{R_1R_3 - R_2R_4}{(R_1+R_2)(R_3+R_4)} \cdot U \tag{3-12}$$

下面讨论桥臂接入应变计后的电压输出特性。

设电桥初始平衡,四臂工作,各臂应变计电阻变化分别为 ΔR_1、ΔR_2、ΔR_3、ΔR_4,代入式(3-12)得输出电压变化

$$U_o = \frac{(R_1+\Delta R_1)(R_3+\Delta R_3) - (R_2+\Delta R_2)(R_4+\Delta R_4)}{(R_1+\Delta R_1+R_2+\Delta R_2)(R_3+\Delta R_3+R_4+\Delta R_4)} \cdot U \tag{3-13}$$

令桥臂比 $(R_2/R_1)=n$,则有

$$\Delta U_o = \frac{nU}{(1+n)^2}\left(\frac{\Delta R_1}{R_1} - \frac{\Delta R_2}{R_2} + \frac{\Delta R_3}{R_3} - \frac{\Delta R_4}{R_4}\right) \times$$

$$\left[1 + \frac{n}{1+n}\left(\frac{\Delta R_2}{R_2} + \frac{\Delta R_3}{R_3}\right) + \frac{1}{1+n}\left(\frac{\Delta R_1}{R_1} + \frac{\Delta R_4}{R_4}\right)\right]^{-1} \tag{3-14}$$

通常采用全等臂(或半等臂)电桥,这时 $R_1=R_2=R_3=R_4=R$,$n=1$,则式(3-14)变成

$$\Delta U_o = \frac{U}{4}\left(\frac{\Delta R_1}{R_1} - \frac{\Delta R_2}{R_2} + \frac{\Delta R_3}{R_3} - \frac{\Delta R_4}{R_4}\right) \Big/ \left[1 + \frac{1}{2}\left(\frac{\Delta R_1}{R_1} + \frac{\Delta R_2}{R_2} + \frac{\Delta R_3}{R_3} + \frac{\Delta R_4}{R_4}\right)\right] \tag{3-15}$$

式(3-15)分母中含 $\Delta R_i/R_i$,是造成输出量的非线性因素。当考虑 $\Delta R_i \ll R_i$ 条件,可忽略分母中 $\Delta R_i/R_i$ 各项时,式(3-15)即可表示为线性输出

$$\Delta U_o = \frac{U}{4}\left(\frac{\Delta R_1}{R_1} - \frac{\Delta R_2}{R_2} + \frac{\Delta R_3}{R_3} - \frac{\Delta R_4}{R_4}\right) = \frac{U}{4}K(\varepsilon_1 - \varepsilon_2 + \varepsilon_3 - \varepsilon_4) \tag{3-16}$$

作为应变式传感器常用工作方式之一——单臂工作情况:R_1 为工作应变计,R_2 为补偿应变计(不承受应变),R_3、R_4 为平衡固定电阻,则式(3-15)和式(3-16)可分别简化为

$$\Delta U_o = \frac{U}{4} \cdot \frac{\Delta R_1}{R_1} \Big/ \left[1 + \frac{1}{2}\left(\frac{\Delta R_1}{R_1}\right)\right] \tag{3-17}$$

和

$$\Delta U_o = \frac{U}{4} \cdot \frac{\Delta R_1}{R_1} \tag{3-18}$$

由此得单臂工作输出的电压灵敏度

$$S_u = \left(\Delta U_o \Big/ \frac{\Delta R_1}{R_1}\right) = \frac{U}{4} \tag{3-19}$$

2) 功率输出桥的输出特征

当电桥输出有足够的功率(大应变或用半导体应变计)而无须后接放大器时,就可直接接入小阻抗的指示仪表,这时电桥需输出电流。满足电桥输出功率 $P_o = I_o^2 R_L$ 最大的条

件是

$$R_L = \frac{R_1 R_2}{R_1 + R_2} + \frac{R_3 R_4}{R_3 + R_4} = R_r \text{(电桥电阻)} \qquad (3-20)$$

这时的输出电流 I_o 和电压 U_o 为

$$\Delta I_o = \frac{U}{2} \cdot \frac{R_1 R_3 - R_2 R_4}{R_1 R_2 (R_3 + R_4) + R_3 R_4 (R_1 + R_2)} \qquad (3-21)$$

$$U_o = I_o R_L = \frac{U}{2} \cdot \frac{R_1 R_3 - R_2 R_4}{(R_1 + R_2)(R_3 + R_4)} \qquad (3-22)$$

用电压输出桥一样的方法,可得四臂工作的功率桥输出:

对全等臂电桥 $R_1 = R_2 = R_3 = R_4 = R$,

$$\Delta I_o = \frac{U}{8R} \left(\frac{\Delta R_1}{R_1} - \frac{\Delta R_2}{R_2} + \frac{\Delta R_3}{R_3} - \frac{\Delta R_4}{R_4} \right) \qquad (3-23)$$

$$\Delta U_o = \frac{U}{8} \left(\frac{\Delta R_1}{R_1} - \frac{\Delta R_2}{R_2} + \frac{\Delta R_3}{R_3} - \frac{\Delta R_4}{R_4} \right) \qquad (3-24)$$

由此可见,电压桥输出电压为功率桥的两倍,两者输出特性的规律相同。

综合两种输出桥的输出特性可得出如下结论:当 $\frac{\Delta R_i}{R_i}$ 很小时,应变电桥输出的电压 ΔU_o 或电流 ΔI_o,均与 $\frac{\Delta R_i}{R_i}$(即 ε_i)的代数和成正比。其中相对臂 $\frac{\Delta R_1}{R_1}$ 与 $\frac{\Delta R_3}{R_3}$ 为正(和),相邻臂 $\frac{\Delta R_2}{R_2}$ 与 $\frac{\Delta R_4}{R_4}$ 为负(差)。利用应变电桥这种和差特性,就可按试件不同的受力状态,通过合理布片和接桥,从复杂受力的试件上测取所需的应变量,并剔除不需要的应变量;或进行热输出、非线性及其他干扰的补偿等。

3.2.2 交流电桥

交流电桥的结构与工作原理与直流电桥基本相同,如图 3-10 所示。不同的是输入输出为交流。在一般情况下,其输出电压或电流与桥臂阻抗相对变化 $\Delta Z_i / Z_i$ 成正比。因而交流电桥的平衡条件应为

$$Z_1 Z_3 = Z_2 Z_4 \qquad (3-25)$$

由于 $\qquad Z_i = R_i + jX_i = z_i e^{j\varphi_i} \quad (i = 1, 2, 3, 4) \qquad (3-26)$

式中　R_i, X_i ——各桥臂电阻和电抗;

　　　z_i, φ_i ——各桥臂复阻抗的模和幅角。

因此,式(3-25)的平衡条件必须同时满足:

$$z_1 z_3 = z_2 z_4 \text{ 和 } \varphi_1 + \varphi_3 = \varphi_2 + \varphi_4 \tag{3-27}$$

或

$$R_1 R_3 - R_2 R_4 = X_1 X_3 - X_2 X_4 \text{ 和 } R_1 X_3 + R_3 X_1 = R_2 X_4 + R_4 X_2 \tag{3-28}$$

3.3　电阻应变式传感器的应用

应变计式传感器有如下应用特点：

（1）应用和测量范围广。用应变计可制成各种机械量传感器，如测力传感器可测 $10^{-2} \sim 10^7 \text{N}$，压力传感器可测 $10^3 \sim 10^8 \text{Pa}$，加速度传感器可测到 $10^3 \sim 10^4 \text{ m/s}^2$。

（2）分辨力（$1\mu\varepsilon$）和灵敏度高，尤其是用半导体应变计，灵敏度可达几十毫伏每伏；精度较高（一般达 $1\% \sim 3\%$FS，高精度达 $0.1\% \sim 0.01\%$FS）。

（3）结构轻小，对试件影响小；对复杂环境的适应性强，易于实施对环境干扰的隔离或补偿，从而可以在高（低）温、高压、高速、强磁场、核辐射等特殊环境中使用；频率响应好。

（4）商品化，选用和使用都方便，也便于实现远距离、自动化测量。

电阻应变片除作为敏感元件直接用于被测试件的应变测量外，还常作为转换元件，通过弹性敏感元件构成传感器，用来测量力、压力、位移、加速度和扭矩等物理量。现介绍一些常用的应变式传感器的工作原理、结构特点等。

3.3.1　测力传感器

应变式传感器的最大用武之地还是称重和测力领域。这种测力传感器的结构由应变计、弹性元件和一些附件所组成。视弹性元件结构型式（如柱形、筒形、环形、悬梁式、轮辐式等）和受载性质（如拉、压、弯曲和剪切等）的不同，可分为许多种类，常见的应变式测力传感器有柱式、环式、悬臂梁式测力传感器等（其基本结构类型见表 3-1）。

表 3-1　测力传感器的基本类型及特性

图序	a	b	c	d
型式	柱(筒)形	柱环形	悬梁式	轮辐式
弹性元件型式及贴片方法				
ε_i、F 关系	$\varepsilon_i = \dfrac{F}{EA}$ E——弹性模量 A——横截面积	$\varepsilon_i = \pm\dfrac{1.08 R_0}{b h^2 E}F$ $(R_0/h) > 5$, b——环宽	$\varepsilon_i = \dfrac{6l}{b h^2 E}F$	$\varepsilon_i = \dfrac{3F}{8bhG}$ G——剪切模量

（续表）

图序	a		b		c		d	
桥式接法	（半桥）		（图例） ▭ 受拉应力 ▨ 受压应力 ┈ 平衡电阻			（全桥）		
ε_m、ε_i 关系	半桥	全桥	半桥	全桥	半桥	全桥	半桥	全桥
	$\varepsilon_m=$ $(1+\mu)\varepsilon_i$	$\varepsilon_m=$ $2(1+\mu)\varepsilon_i$	$\varepsilon_m=$ $\varepsilon_{内}+\varepsilon_{外}$	$\varepsilon_m=$ $2(\varepsilon_{内}+\varepsilon_{外})$	$\varepsilon_m=2\varepsilon_i$	$\varepsilon_m=4\varepsilon_i$	$\varepsilon_m=2\varepsilon_i$	$\varepsilon_m=4\varepsilon_i$
特点	结构简单,承载能力大,筒形抗偏心和侧向力的能力强		刚度大,固有频率高,沿环周应力分布变化大,内外拉压差动,提高灵敏度		结构简单,贴片方便,灵敏度高,适用于小载荷,高精度贴片位于最大应变处		结构较复杂,线性好,精度高,抗偏心和侧向力强,适用于高精度传感器	

图 3-12 为一种典型的称重传感器的结构示意图。其弹性元件设计成筒形结构。其中 4 片(或 8 片)应变计采用差动布片和全桥接线,如图 3-13 所示。这种布片和接桥的最大优点是可排除载荷偏心或侧向力引起的干扰。

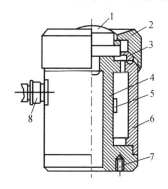

图 3-12 称重传感器结构示意图

1—承载头;2—上盖;3—压环;4—弹性体;
5—应变计;6—外壳;7—螺孔;8—导线插头

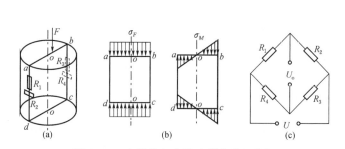

图 3-13 克服偏心力影响的布片和接桥

（a）布片;（b）应力分布;（c）接桥

图 3-14 为一种悬臂梁式称重传感器,其弹性体为一体式悬臂梁结构。在弹性体的自由端内开设有一用于形变的应力槽,使应力槽的上部形成悬臂梁结构,下部形成底座结构,位于承载孔下方的凸台结构能有效防止过载。应变计安装于圆形或者方形的应变孔中,采用全桥接线。悬臂梁式称重传感器安装方便,易于维护与更换,且具有较强的抗偏载能力,广泛应用于小地磅和平台秤中。

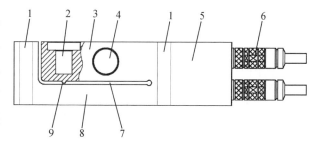

图 3-14 悬臂梁式称重传感器结构示意图

1—连接孔;2—承载孔;3—悬臂梁结构;4—应变孔;
5—弹性体;6—导线接头;7—应力槽;8—底座;9—凸台

3.3.2　压力传感器

压力传感器主要用来测量流体的压力。视其弹性体的结构形式有单一式和组合式之分。

单一式是指应变计直接粘贴在受压弹性膜片或筒上。图 3-15 为筒式应变压力传感器。图中(a)为结构示意图；(b)为材料取 E 和 μ 的厚底应变筒；(c)为 4 片应变计布片，工作应变计 R_1、R_3 沿筒外壁周向粘贴，温度补偿应变计 R_2、R_4 贴在筒底外壁，并接成全桥。

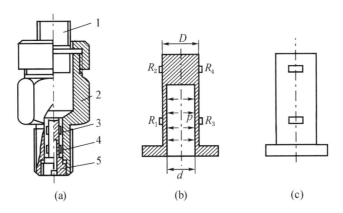

图 3-15　筒式应变压力传感器

（a）结构示意；(b) 应变筒；(c) 应变计布片
1—插座；2—基体；3—温度补偿应变计；4—工作应变计；5—应变筒

3.3.3　位移传感器

应变式位移传感器是把被测位移量转变成弹性元件的变形和应变，然后通过应变计和应变电桥，输出正比于被测位移的电量。它可用来近测或远测静态与动态的位移量。因此，既要求弹性元件刚度小，对被测对象的影响反力小，又要求系统的固有频率高，动态频响特性好。

图 3-16(a)为国产 YW 系列应变式位移传感器结构。这种传感器由于采用了悬臂梁-螺旋弹簧串联的组合结构，因此它适用于较大位移（量程>10～100 mm）的测量。其工作原理如图 3-16(b)所示。

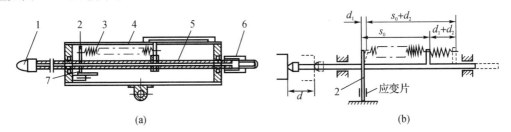

图 3-16　YW 系列应变式位移传感器

（a）传感器结构；(b) 工作原理
1—测量头；2—悬臂梁；3—弹簧；4—外壳；5—测量杆；6—调整螺母；7—应变计

3.3.4 其他应变计式传感器

利用应变计除可构成上述主要应用传感器外,还可构成其他应变计式传感器,如通过质量块与弹性元件的作用,可将被测加速度转换成弹性应变,从而构成应变式加速度传感器。如通过弹性元件和扭矩应变计,可构成应变式扭矩传感器,等等。应变计式传感器结构与设计的关键是弹性体型式的选择与计算、应变计的合理布片与接桥。通过上述应变计工作原理及典型传感器应用介绍,读者可以举一反三,进一步扩大其应用和开发新的结构形式。

3.4 电感式传感器基础

电感式传感器是一种利用线圈自感或互感变化来检测非电量的机电转化装置,可用来检测位移、振动、力、应变等物理量。电感式传感器的核心是可变自感或可变互感,将被测量转换成线圈自感或互感的变化,一般需要利用磁场作为媒介或者利用铁磁体的一些现象,这类传感器的主要特征是具有线圈。

电感式传感器结构简单、工作可靠、寿命长,并具有良好的性能与宽广的适用范围,适合在较恶劣的环境中工作,因而在计量技术、工业生产和科学研究领域取得了广泛应用;但是大多数电感式传感器存在交流零位信号、频率响应低,不适于高频动态测量。

3.4.1 自感式传感器

1) 工作原理

图 3-17 为一种简单的自感式传感器,它由线圈、铁芯和衔铁等组成。铁芯与衔铁之间存在一定气隙,其厚度为 δ,传感器运动部分与衔铁相连。当衔铁随被测量变化而移动时,铁芯气隙、磁路磁阻随之变化,从而引起线圈电感量的变化。因此只要测出这种电感量的变化,就能确定衔铁位移量的大小和方向。可见,这种传感器实质上是一个具有可变气隙的铁芯线圈。

由磁路基本知识可知,匝数为 W 的线圈电感为

$$L = \frac{W^2}{R_{\mathrm{m}}} \qquad (3-29)$$

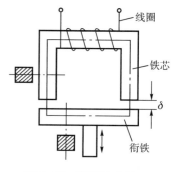

图 3-17 变气隙式自感传感器

式中 R_{m}——磁路总磁阻。

若忽略磁路铁损,则磁路总磁阻为

$$R_{\mathrm{m}} = R_{\mathrm{F}} + R_{\mathrm{S}} = \left(\frac{l_1}{\mu_1 S_1} + \frac{l_2}{\mu_2 S_2} \right) + \frac{2\delta}{\mu_0 S} \qquad (3-30)$$

式中 R_F、R_S——铁芯磁阻和气隙磁阻；

l_1，l_2——铁芯和衔铁的磁路长度；

S_1，S_2——铁芯和衔铁的截面积；

μ_0，μ_1，μ_2——气隙、铁芯和衔铁的磁导率；

S，δ——气隙磁通截面积和气隙厚度。

由于电感式传感器用的导磁性材料一般都工作在非饱和状态下，其磁导率 μ 远大于空气的磁导率 μ_0，因此铁芯磁阻远小于气隙磁阻，常常可以忽略不计。于是将式(3-30)代入式(3-29)，可得

$$L = \frac{W^2 \mu_0 S}{2\delta} \tag{3-31}$$

由式(3-31)可得，在线圈匝数确定后，电感值与气隙厚度成反比，与气隙截面积成正比，利用气隙厚度及气隙截面积作为传感器的输入量，制成的传感器分别称为变气隙式传感器和变截面式传感器，前者用于测量直线位移，后者用于测量角位移。

2) 结构与特性

(1) 变气隙式传感器

若保持传感器气隙截面积不变，令气隙厚度随被测量变化，即构成了变气隙式传感器。当气隙厚度减小 $\Delta\delta$ 时，其电感变化值为

$$\Delta L = \frac{W^2 \mu_0 S}{2}\left(\frac{1}{\delta - \Delta\delta} - \frac{1}{\delta}\right) = L\,\frac{\Delta\delta/\delta}{1 - \Delta\delta/\delta} \tag{3-32}$$

当 $\Delta\delta/\delta \ll 1$ 时，利用幂级数展开式得

$$\frac{\Delta L}{L} = \frac{\Delta\delta}{\delta}\left[1 + \frac{\Delta\delta}{\delta} + \left(\frac{\Delta\delta}{\delta}\right)^2 + \left(\frac{\Delta\delta}{\delta}\right)^3 + \cdots\right] \tag{3-33}$$

忽略高次项得

$$\frac{\Delta L}{L} = \frac{\Delta\delta}{\delta} \tag{3-34}$$

则变气隙式传感器的灵敏度为

$$K = \frac{\Delta L/L}{\Delta\delta} = \frac{1}{\delta} \tag{3-35}$$

由上式可知，变气隙式传感器的输出特性是非线性的，且其灵敏度随气隙的增加而减小，欲增大灵敏度，则应减小 δ，但受到工艺和结构的限制。为保证一定的测量范围与线性度，对气隙式传感器，常取 $\delta = (0.1 \sim 0.5)\,\text{mm}$，$\Delta\delta = (0.1 \sim 0.2)\delta$。

(2) 变截面式传感器

保持气隙厚度 δ 不变，令截面积随被测量变化，即构成了变截面式传感器。若令初始时

气隙截面积 $S = ab$，则此时的电感为

$$L = \frac{W^2 \mu_0 ab}{2\delta} \tag{3-36}$$

式中　　a，b——衔铁与铁芯覆盖的长度与宽度。

如果衔铁沿截面长度方向平移 Δa，则其电感相对变化量为

$$\Delta L = L \frac{\Delta a}{a} \tag{3-37}$$

其灵敏度为

$$K = \frac{\Delta L/L}{\Delta a} = \frac{1}{a} \tag{3-38}$$

可见电感值的变化与重叠长度的变化（即与重叠面积的变化）呈线性关系，但由于气隙磁通边缘效应及漏磁阻的影响，其线性范围也是有限的。

（3）差动式自感传感器

然而由于线圈电流的存在，单一式自感式传感器的衔铁受单向电磁力作用，而且易受电源电压和频率的波动与温度变化等外界干扰的影响，从而不适合精密测量。在不少场合，它们的非线性（即使是变截面式传感器，由于磁通边缘效应，实际上也存在非线性）限制了使用。因此，绝大多数自感式传感器都运用差动技术来改善性能：由两单一式结构对称组合，构成差动式自感传感器（图 3-18）。

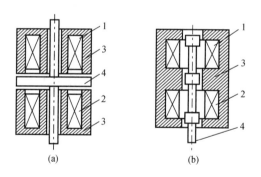

图 3-18　差动式自感传感器

(a) 变气隙式；(b) 变截面式
1，2—线圈；3—铁芯；4—衔铁

下面以差动变气隙式传感器为例讲述其输出特性。如图 3-18(a)所示，绝大多数差动变气隙式传感器由两单一式结构对称组合构成。当衔铁由平衡位置变动 $\Delta\delta$ 时，上气隙变为 $\delta - \Delta\delta$，下气隙变为 $\delta + \Delta\delta$，电感变化量为

$$\Delta L = L \frac{\Delta\delta}{\delta - \Delta\delta} + L \frac{\Delta\delta}{\delta + \Delta\delta} = L \frac{\Delta\delta(\delta + \Delta\delta) + \Delta\delta(\delta - \Delta\delta)}{\delta^2 - (\Delta\delta)^2}$$

$$=L\frac{2(\Delta\delta)\delta}{\delta^2-(\Delta\delta)^2}$$

$$=L\frac{2\Delta\delta}{\delta-\dfrac{(\Delta\delta)^2}{\delta}} \tag{3-39}$$

对式(3-39)进行线性处理得

$$\frac{\Delta L}{L}=\frac{2\Delta\delta}{\delta} \tag{3-40}$$

则其灵敏度系数为

$$K=\frac{\Delta L/L}{\Delta\delta}=\frac{2}{\delta} \tag{3-41}$$

式(3-41)与式(3-35)相比可得,差动变气隙式传感器的灵敏度提升了一倍,非线性误差得到明显改善。同时采用差动结构,对电源电压与频率波动及温度变化等外界影响也有补偿作用,从而提高了传感器的稳定性。

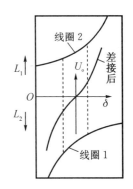

图 3-19 差动式传感器的输出特性

3.4.2 互感式传感器(差动变压器)

互感式传感器是一种线圈互感随衔铁位移变化的变磁阻式传感器,其原理类似于变压器。不同的是:后者为闭合磁路,前者为开磁路;后者初、次级间的互感为常数,前者初、次级间的互感随衔铁移动而变,且两个次级绕组按差动方式工作,因此又称为差动变压器。它与自感式传感器是一对孪生姐妹,因此两者被统称为电感式传感器。

1) 工作原理

在忽略线圈寄生电容与铁芯损耗的情况下,差动变压器的等效电路如图 3-20 所示。

图中 $\dot U,\dot I$ ——初级线圈激励电压与电流(频率为 ω);

L_1,R_1——初级线圈电感与电阻;

M_1,M_2——分别为初级与次级线圈1,2间的互感;

L_{21},L_{22} 和 R_{21},R_{21} ——分别为两个次级线圈的电感和电阻。

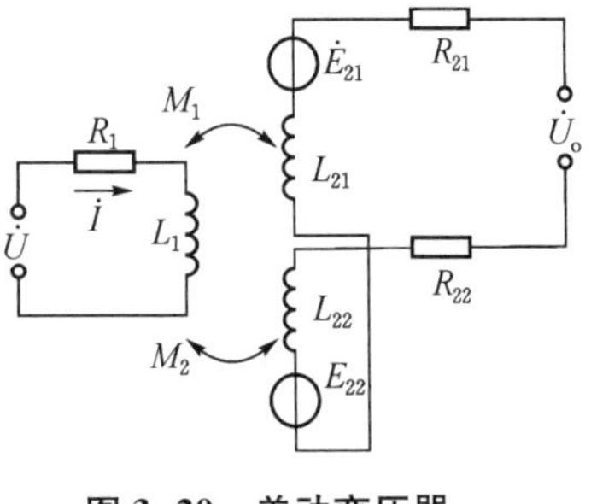

根据变压器原理,传感器开路输出电压为两次级线圈感应电势之差:

$$\dot U_{\rm o}=\dot E_{21}-\dot E_{22}=-{\rm j}\omega(M_1-M_2)\dot I \tag{3-42}$$

图 3-20 差动变压器的等效电路

当衔铁在中间位置时,若两次级线圈参数与磁路尺寸相等,则 $M_1=M_2=M$,$\dot U_{\rm o}=0$。

当衔铁偏离中间位置时,$M_1\neq M_2$,由于差点工作,有 $M_1=M+\Delta M_1$,$M_2=M-$

ΔM_2。 在一定范围内，$\Delta M_1 = \Delta M_2 = \Delta M$，差值 $(M_1 - M_2)$ 与衔铁位移成比例。于是，在负载开路情况下，输出电压及其有效值分别为

$$\dot{U}_o = -j\omega(M_1 - M_2)\dot{I} = -j\omega \frac{2\dot{U}}{R_1 + j\omega L_1} \Delta M \tag{3-43}$$

$$U_o = \frac{2\omega \Delta M U}{\sqrt{R_1^2 + (\omega L_1)^2}} = 2E_{so} \frac{\Delta M}{M} \tag{3-44}$$

式中　E_{so}——衔铁在中间位置时，单个次级线圈的感应电势。

$$E_{so} = \omega M U / \sqrt{R_1^2 + (\omega L_1)^2} \tag{3-45}$$

输出阻抗

$$Z = R_{21} + R_{22} + j\omega L_{21} + j\omega L_{22} \tag{3-46}$$

2) 结构与特性

差动变压器有变气隙式、变截面式与螺管式三种类型，如图 3-21 所示。其中：图(a)、(b)、(c)为变气隙式，灵敏度较高，但测量范围小，一般用于测量几微米到几百微米的位移；图(d)、(e)为变截面积式，除图示 E 型与四极型外，还常做成八极、十六极型，一般可分辨零点几角秒以下的微小角位移，线性范围达 ±10°；图(f)为螺管式，可测量几纳米到 1 m 的位移，但灵敏度稍低。

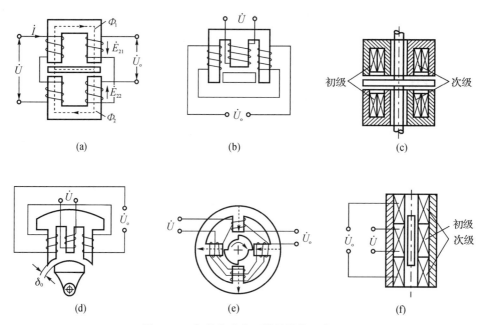

图 3-21　各种差动变压器的结构示意图

(a)、(b)、(c) 变气隙式；(d)、(e) 变截面积式；(f) 螺管式

差动变压器的输出特性曲线如图 3-22(a)所示。图中，E_{21}、E_{22} 分别为两个二次绕组的输出感应电动势，$E_{21} - E_{22}$ 为理想差动输出电动势，横轴表示衔铁偏离中心位置的距离。然而实际输出特性曲线由于差动变压器制作上的不对称及铁芯位置等因素，会存在零点残余电动势。

零点残余电动势的存在，会使得传感器的输出特性在零点附近不灵敏，给测量带来误差，此值的大小是衡量差动变压器性能好坏的重要指标。为了减小零点残余电动势可采取以下方法：(1)尽可能保证传感器几何尺寸、线圈电气参数和磁路的对称；(2)选用合适的测量电路，如采用相敏整流电路，减小零点残余电动势、改善输出特性同时，也可判别衔铁移动方向；(3)采用补偿线路减小零点残余电动势。

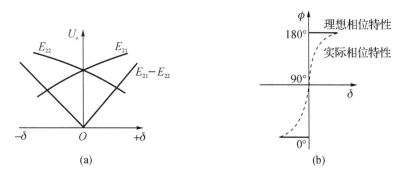

图 3-22 差动变压器的特性

（a）输出特性 （b）相位特性

3.5 电感式传感器的测量电路

3.5.1 自感式传感器的测量电路

1）电桥电路

自感式传感器常用的交流电桥有以下几种。

（1）输出端对称电桥

图 3-23(a)为输出端对称电桥的一般形式。图中 Z_1、Z_2 为传感器两线圈阻抗，$Z_1 = r_1 + j\omega L_1$，$Z_2 = r_2 + j\omega L_2$，$r_{10} = r_{20} = r_0$，$L_{10} = L_{20} = L_0$，R_1、R_2 为外接电阻，通常 $R_1 = R_2 = R$。设工作时 $Z_1 = Z + \Delta Z$，$Z_2 = Z - \Delta Z$，电源电势为 E，于是

$$\dot{U}_0 = \frac{\dot{E}}{2} \cdot \frac{\Delta Z}{Z} = \frac{\dot{E}}{2} \cdot \frac{\Delta r + j\omega \Delta L}{r_0 + j\omega L_0} \approx \frac{\dot{E}}{2} \cdot \frac{j\omega \Delta L}{r_0 + j\omega L_0} \tag{3-47}$$

输出电压幅值和阻抗分别为

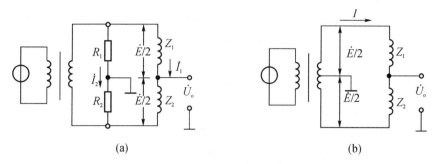

图 3-23　输出端对称电桥

(a) 一般形式；(b) 变压器电桥

$$U_0 = \frac{\sqrt{\omega^2 \Delta L^2 + \Delta r^2}}{2\sqrt{r_0^2 + \omega^2 L_0^2}} \cdot E \approx \frac{\omega \Delta L}{2\sqrt{r_0^2 + \omega^2 L_0^2}} \cdot E \qquad (3\text{-}48)$$

$$Z = \sqrt{(R + r_0)^2 + (\omega L_0)^2}/2 \qquad (3\text{-}49)$$

式(3-47)经变换和整理后可写成

$$\dot{U}_0 = \frac{\dot{E}}{2} \left| \frac{1}{1+Q^2} \cdot \frac{\Delta r}{r_0} + \frac{Q^2}{1+Q^2} \cdot \frac{\Delta L}{L} + \mathrm{j}\,\frac{Q}{1+Q^2}\left(\frac{\Delta L}{L} - \frac{\Delta r}{r_0}\right) \right| \qquad (3\text{-}50)$$

式中　Q——电感线圈的品质因素，$Q = \omega L_0 / r_0$。

由式(3-50)可见，电桥输出电压 $\dot{U}_0$ 包含着与电源 $\dot{E}$ 同相和正交的两个分量；而在实际使用时，希望只存在同相分量。通常由于 $\Delta L/L_0 \neq \Delta r/r_0$，因此要求线圈有较高的 Q 值，这时

$$\dot{U}_0 = \frac{\dot{E}}{2} \cdot \frac{\Delta L}{L} \qquad (3\text{-}51)$$

图 3-23(b)是图 3-23(a)的变形，称为变压器电桥。它以变压器两个次级作为电桥平衡臂。显然，其输出特性同图 3-23(a)。由于变压器次级的阻抗通常远小于电感线圈的阻抗，常可以忽略，于是输出阻抗式(3-49)变为

$$Z = \sqrt{r_0^2 + \omega^2 L_0^2}/2 \qquad (3\text{-}52)$$

图 3-23(b)与图 3-23(a)相比，使用元件少，输出阻抗小，电桥开路时电路呈线性，因此应用较广。

(2) 电源端对称电桥

如图 3-24 所示，电桥输出电压为

$$\dot{U}_0 = \dot{E}R\left(\frac{1}{Z_1 + R} - \frac{1}{Z_2 + R}\right) = \dot{E}R\,\frac{Z_2 - Z_1}{(Z_1 + R)(Z_2 + R)} \qquad (3\text{-}53)$$

设工作时 $Z_1 = Z - \Delta Z$，$Z_2 = Z + \Delta Z$，则有

$$\dot{U}_0 = \dot{E} R \frac{2\Delta Z}{(Z+R)^2 - \Delta Z^2} \approx \dot{E} R \frac{2(\Delta r + \mathrm{j}\omega\Delta L)}{(R + r_0 + \mathrm{j}\omega L_0)^2} \tag{3-54}$$

输出电压幅值和阻抗分别为

$$U_0 = 2ER \frac{\sqrt{\omega^2 \Delta L^2 + \Delta r^2}}{(R + r_0)^2 + (\mathrm{j}\omega L_0)^2} \tag{3-55}$$

$$\approx \frac{2R\omega\Delta L}{(R + r_0)^2 + (\mathrm{j}\omega L_0)^2} \cdot E$$

$$Z = \frac{2R\sqrt{r_0^2 + \omega^2 L_0^2}}{\sqrt{(R + r_0)^2 + (\omega L_0)^2}} \tag{3-56}$$

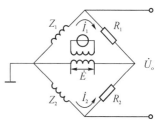

图 3-24　电源端对称电桥

这种电桥由于变压器次级接地，故可避免静电感应干扰，但由于开路时电桥本身存在非线性，故只适用于示值范围较小的测量。

除上述电桥外，自感式传感器还可以采用紧耦合电感臂电桥作测量电路。这种电桥零点十分稳定，并可工作于高频状态。

当采用交流电桥作测量电路时，输出电压的极性反映了传感器衔铁运动的方向。但是交流信号要判别其极性，尚需专门的判别电路(参见下文"相敏检波电路")。

2) 相敏检波电路

相敏检波电路是常用的判别电路。下面以带二极管式环形相敏检波的交流电桥为例介绍该电路的作用。

如图 3-25(a)所示，Z_1、Z_2 为传感器两线圈的阻抗，$Z_3 = Z_4$ 构成另两个桥臂，U 为供桥电压，U_0 为输出。当衔铁处于中间位置时，$Z_1 = Z_2 = Z$，电桥平衡，$U_0 = 0$。若衔铁上移，Z_1 增大，Z_2 减小。如供桥电压为正半周，即 A 点电位高于 B 点，二极管 D_1、D_4 导通，D_2、D_3 截止。在 $A-E-C-B$ 支路中，C 点电位由于 Z_1 增大而降低；在 $A-F-D-B$ 支路中，D 点电位由于 Z_2 减小而增高。因此 D 点电位高于 C 点，输出信号为正。如供桥电压为负半周，B 点电位高于 A 点，二极管 D_2、D_3 导通，D_1、D_4 截止。在 $B-C-F-A$ 支路中，C 点电位由于 Z_2 减小而比平衡时降低；在 $B-D-E-A$ 支路中，D 点电位则因 Z_1 增大而比平衡时增高。因此 D 点电位仍高于 C 点，输出信号仍为正。同理可以证明，衔铁下移时输出信号总为负。于是，输出信号的正负代表了衔铁位移的方向。

实际采用的电路如图 3-25(b)所示。L_1、L_2 为传感器的两个线圈，C_1、C_2 为另两个桥臂。电桥供桥电压由变压器 B 的次级提供。R_1、R_2、R_3、R_4 为四个线绕电阻，用于减小温度误差。C_3 为滤波电容，R_{W1} 为调零电位器，R_{W2} 为调倍率电位器，输出信号由电压表指示。

如果传感器的输出信号太小，可以先经过交流放大，电路框图如图 3-26 所示。

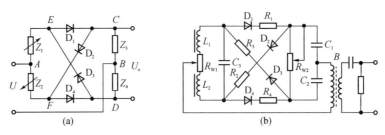

图 3-25 相敏检波电路

（a）带相敏检波的交流电桥；（b）实际采用的电路

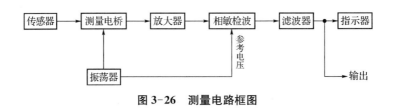

图 3-26 测量电路框图

3.5.2 互感式传感器的测量电路

差动变压器虽然也可采用交流电桥作测量电路,但由于它比反串电路(如图 3-20 所示)输出灵敏度低一半而不被采用。差动变压器的输出电压是调幅波,为了辨别衔铁的移动方向,需要进行解调。常用的解调电路有差动相敏检波电路与差动整流电路。采用解调电路还可以消减零位电压,减小测量误差。

1）差动相敏检波电路

差动相敏检波的形式较多,图 3-27 是两个示例。相敏检波电路要求参考电压与差动变压器次级输出电压频率相同,相位相同或相反,因此常接入移相电路。为了提高检波效率,参考电压的幅值常取为信号电压的 3～5 倍。图中是调零电位器。对于测量小位移的差动变压器,若输出信号过小,电路中可接入放大器。

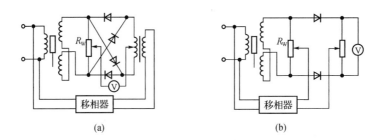

图 3-27 差动相敏检波电路

（a）全波检波；（b）半波检波

2）差动整流电路

差动整流电路如图 3-28 所示。这种电路简单,不需要参考电压,不需要考虑相位调整和零位电压的影响,对感应和分布电容影响不敏感。此外,由于经差动整流后变成直流输出,便于远距离输送,因此应用广泛。

必须指出,经相敏检波和差动整流输出的信号还必须经低通滤波消除高频分量,才能获得与衔铁运动一致的有用信号。

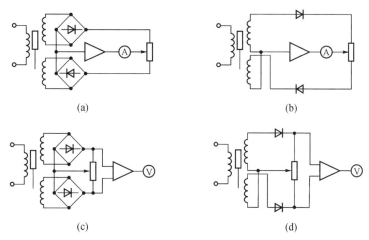

(a)　　　　　　　　　　　　　　　　(b)

(c)　　　　　　　　　　　　　　　　(d)

图 3-28　差动整流电路

（a）全波电流输出;（b）半波电流输出;（c）全波电压输出;（d）半波电压输出

3.6　电感式传感器的应用

电感式传感器主要用于测量位移与尺寸,也可测量能转换成位移变化的其他参数,如力、张力、压力、压差、振动、应变、转矩、流量、密度等。本小节择要介绍它们的应用。

3.6.1　位移与尺寸测量

电感式传感器常用来测量零点几至几百毫米的位移;线性度通常为 $0.5\%FS$,高精度的可达到 $0.05\%FS$;分辨力可高达 $0.1\sim0.01\ \mu m$,采用摆动支承结构的电感式表面轮廓传感器分辨力可达 1 nm。

图 3-29 是利用电感式传感器构成的测厚仪原理图。被测带材 2 在上、下测量滚轮 1 与 3 之间通过。开始工作前,先调节测微螺杆 4 至给定厚度值(由度盘 5 读出)。当钢带厚度偏离给定厚度时,上测量滚轮 3 将带动测微螺杆上下移动,通过杠杆 7 将位移传递给衔铁 6,使 L_1、L_2 变化。这样,厚度的偏差值即由指示仪表显示。被测带材的厚度是度盘 5 的读数(给定值)与指示仪表示值(偏差)

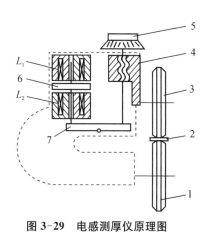

图 3-29　电感测厚仪原理图

之和。

3.6.2 压力测量

电感式传感器与弹性敏感元件(膜片、膜盒和弹簧管等)相结合,可以组成开环压力传感器和闭环力平衡式压力计,用来测量压力或压差。

图 3-30(a)为微压力传感器的结构示意图。在无压力作用时,膜盒处于初始状态,固连于膜盒中心的衔铁位于差动变压器线圈的中部,输出电压为零。当被测压力经接头输入膜盒后,推动衔铁移动从而使差动变压器输出正比于被测压力的电压。图 3-30(b)为测量电路原理图。由于输出信号较大,一般无须放大。这种微压力传感器,可测$(-4 \sim +6) \times 10^4$ Pa 压力,输出电压为 0~50 mV。

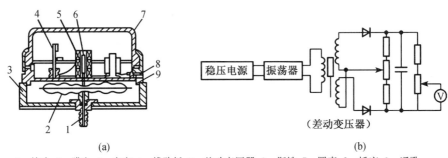

1—接头;2—膜盒;3—底座;4—线路板;5—差动变压器;6—衔铁;7—罩壳;8—插座;9—通孔

图 3-30 微压力传感器

(a) 结构示意图;(b) 电路原理图

3.6.3 力和力矩测量

电感式传感器与弹性元件相结合还可用来测量力和力矩。

图 3-31 为差动变压器式力传感器。当力作用于传感器时,具有缸体状空心截面的弹性元件 3 变形,衔铁 2 相对线圈 1 移动,产生正比于力的输出电压。这种传感器的优点是承受轴向力时,应力分布均匀;当长径比较小时,受横向偏心分力的影响也较小。

如果将弹性元件设计成敏感圆周方向变形的结构,并配以相应的电感式传感器,就能构成力矩传感器。这种传感器已成功地应用于船模运动的测试分析中。

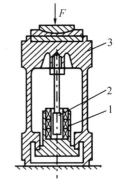

图 3-31 差动变压器式力传感器

3.6.4 振动测量

电感式传感器与机械二阶系统相结合,还可用来测量振动。由二阶系统分析可知,当弹簧刚度很小,质量很大时,可用来测量振动幅度;当弹簧刚度很大、质量很小时,可用来测量振动加速度。这种传感器的频响范围一般为 0~150 Hz。

图 3-32 是加速度传感器示意图。这种传感器除需合理选择二阶系统参数外,还应使激励

频率不低于振动频率的 8～10 倍,以免造成失真(这一要求同样适合于其他动态参数的测量)。

如果用接触方式测量相对振动(动态位移),除上述要求外,还应注意接触点处的弹性变形带来的影响。

上述传感器与磁电式传感器相结合,还能构成测量振动的"位移—速度"传感器或"速度—加速度"传感器。

除上述应用外,电感式传感器与其他结构相结合,还可测量液位、流量等参数,此处不再赘述。

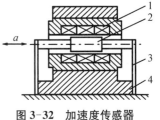

图 3-32　加速度传感器

1—差动变压器线圈;
2—衔铁;3—簧片;4—壳体

3.7　电容式传感器基础

电容式传感器(capacitance transducer)是将被测非电量的变化转换为电容量变化的一种传感器。结构简单、高分辨力、可非接触测量,并能在高温、辐射和强烈振动等恶劣条件下工作,这是它的独特优点。

3.7.1　工作原理

由绝缘介质分开的两个平行金属板组成的平板电容器,当忽略边缘效应影响时,其电容量与真空介电常数 ε_0(8.854×10^{-12} F·m^{-1})、极板间介质的相对介电常数 ε_r、极板的有效面积 A,以及两极板间的距离 δ 有关:

$$C = \frac{\varepsilon_0 \varepsilon_r A}{\delta} \tag{3-57}$$

若被测量的变化使式中 δ、A、ε_r 三个参量中任意一个发生变化时,都会引起电容量的变化,再通过测量电路就可转换为电量输出。因此,电容式传感器可分为三种类型:(1)变极距型;(2)变面积型;(3)变介质型。

3.7.2　结构与特性

1) 变极距型电容传感器

图 3-33 为变极距型电容传感器的原理图。当传感器的 ε_r 和 A 为常数,初始极距为 δ_0,由式(3-57)可知其初始电容量 C_0 为

$$C_0 = \frac{\varepsilon_0 \varepsilon_r A}{\delta_0} \tag{3-58}$$

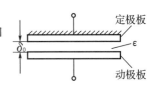

图 3-33　变极距型电容
传感器原理图

当动极端板因被测量变化而向上移动使 δ_0 减小 $\Delta\delta$ 时,电容量增大 ΔC 则有

$$C_0 + \Delta C = \frac{\varepsilon_0 \varepsilon_r A}{\delta_0 - \Delta\delta} = C_0 \frac{1}{(1 - \Delta\delta/\delta_0)} \tag{3-59}$$

可见，传感器输出特性 $C = f(\delta)$ 是非线性的，如图 3-34 所示。电容相对变化量为

$$\frac{\Delta C}{C_0} = \frac{\Delta \delta}{\delta_0} \left(1 - \frac{\Delta \delta}{\delta_0}\right)^{-1} \tag{3-60}$$

如果满足条件 $(\Delta\delta/\delta_0) \ll 1$，式(3-60)可按级数展开成

$$\frac{\Delta C}{C_0} = \frac{\Delta \delta}{\delta_0} \left| 1 + \frac{\Delta \delta}{\delta_0} + \left(\frac{\Delta \delta}{\delta_0}\right)^2 + \left(\frac{\Delta \delta}{\delta_0}\right)^3 + \cdots \right| \tag{3-61}$$

略去高次(非线性)项，可得近似的线性关系和灵敏度 S 分别为

$$\frac{\Delta C}{C_0} \approx \frac{\Delta \delta}{\delta_0} \tag{3-62}$$

和

$$S = \frac{\Delta C}{\Delta \delta} = \frac{C_0}{\delta_0} = \frac{\varepsilon_0 \varepsilon_r A}{\delta_0^2} \tag{3-63}$$

如果考虑式(3-61)中的线性项及二次项，则

$$\frac{\Delta C}{C_0} = \frac{\Delta \delta}{\delta_0} \left(1 + \frac{\Delta \delta}{\delta_0}\right) \tag{3-64}$$

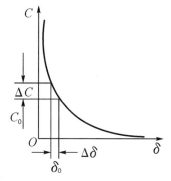

图 3-34　$C = f(\delta)$ 特性曲线

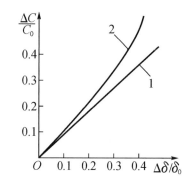

图 3-35　变极距型电容传感器的非线性特性

式(3-62)的特性如图 3-35 中的直线 1，而式(3-64)的特性如图 3-35 中的曲线 2。

由上讨论可知：(1)变极距型电容传感器只有在 $|\Delta\delta/\delta_0|$ 很小(小测量范围)时，才有近似的线性输出；(2)灵敏度 S 与初始极距 δ_0 的平方成反比，故可用减少 δ_0 的办法来提高灵敏度。例如在电容式压力传感器中，常取 $\delta_0 = 0.1 \sim 0.2\,\text{mm}$，$C_0$ 在 $20 \sim 100\,\text{pF}$ 之间。由于变极距型电容传感器的分辨力极高，可测小至 $0.01\,\mu\text{m}$ 的线位移，故在微位移检测中应用最广。

2) 变面积型电容传感器

变面积型电容传感器的原理结构如图 3-36 所示。它与变极距型不同的是，被测量通过动极板移动，引起两极板有效覆盖面积 A 改变，从而得到电容的变化。设动极板相对定

极板沿长度 l_0 方向平移 Δl 时,则电容为

$$C = C_0 - \Delta C = \frac{\varepsilon_0 \varepsilon_r (l_0 - \Delta l) b_0}{\delta_0} \qquad (3-65)$$

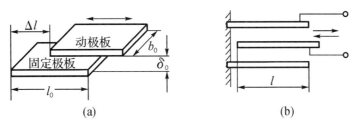

图 3-36　变面积型电容传感器原理图

(a) 单片式;(b) 中间极移动式

式中 $C_0 = \varepsilon_0 \varepsilon_r l_0 b_0 / \delta_0$ 为初始电容。电容的相对变化量为

$$\frac{\Delta C}{C_0} = \frac{\Delta l}{l_0} \qquad (3-66)$$

很明显,这种传感器的输出特性呈线性。因而其量程不受线性范围的限制,适合于测量较大的直线位移和角位移。它的灵敏度为

$$S = \frac{\Delta C}{\Delta l} = \frac{\varepsilon_0 \varepsilon_r b_0}{\delta_0} \qquad (3-67)$$

必须指出,上述讨论只在初始极距 δ_0 精确保持不变时成立,否则将导致测量误差。

3) 变介质型电容传感器

变介质型电容传感器有较多的结构型式,可以用来测量纸张、绝缘薄膜等的厚度,也可用来测量粮食、纺织品、木材或煤等非导电固体物质的湿度。

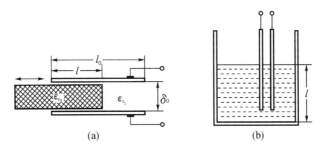

图 3-37　变介质型电容传感器

(a) 电介质插入式;(b) 非导电流散材料物位的电容测量

图 3-37 为原理结构,其中图 3-37(a)中两平行极板固定不动,极距为 δ_0,相对介电常数为 ε_{r2} 的电介质以不同深度插入电容器中,从而改变两种介质的极板覆盖面积。传感器

的总电容量 C 为两个电容 C_1 和 C_2 的并联结果。由式(3-57),有

$$C = C_1 + C_2 = \frac{\varepsilon_0 b_0}{\delta_0} \left[\varepsilon_{r_1}(l_0 - l) + \varepsilon_{r_2} l \right]$$ (3-68)

式中　l_0, b_0——极板长度和宽度;

　　　l——第二种电介质进入极间的长度。

若电介质 1 为空气($\varepsilon_{r_1} = 1$),当 $l = 0$ 时传感器的初始电容 $C_0 = \varepsilon_0 \varepsilon_{r_1} l_0 b_0 / \delta_0$;当介质 2 进入极间 l 后引起电容的相对变化为

$$\frac{\Delta C}{C_0} = \frac{C - C_0}{C_0} = \frac{\varepsilon_{r_2} - 1}{l_0} l$$ (3-69)

可见,电容的变化与电介质 2 的移动量 l 呈线性关系。

上述原理可用于非导电流散材料物料的物位测量。如图 3-37(b)所示,将电容器极板插入被监测的介质中,随着灌装量的增加,极板覆盖面增大。由式(3-69)可知,测出的电容量即反映灌装高度 l。

3.7.3　等效电路

上节对各种电容传感器的特性分析都是在纯电容的条件下进行的。这在可忽略传感器附加损耗的一般情况下也是可行的。若考虑电容传感器在高温、高湿及高频激励的条件下工作而不可忽视其附加损耗和电效应影响时,其等效电路如图 3-38 所示。

图中 C 为传感器电容;R_p 为低频损耗并联电阻,它包含极板间漏电和介质损耗;R_s 为高湿、高温、高频激励工作时的串联损耗电阻,它包含导线、极板间和金属支座等损耗电阻;L 为电容器及引线电感;C_p 为寄生电容,克服其影响,是提高电容传感器实用性能的关键之一。可见,在实际应用中,特别在高频激励时,尤需考虑 L 的存在,会使传感器有效电容

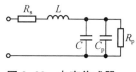

图 3-38　电容传感器的等效电路

$$C_e = \frac{C}{1 - \omega^2 LC}$$ (3-70)

变化,从而引起传感器有效灵敏度的改变:

$$S_e = \frac{C}{(1 - \omega^2 LC)^2}$$ (3-71)

在这种情况下,每当改变激励频率或者更换传输电缆时都必须对测量系统重新进行标定。

3.8　电容式传感器的测量电路

电容式传感器将被测非电量变换为电容变化后，必须采用测量电路将其转换为电压、电流或频率信号。本小节简要讨论电容式传感器常用的几种测量电路。

3.8.1　双 T 形二极管交流电桥

如图 3-39 所示，U 是高频电源，提供幅值为 U 的对称方波（正弦波也适用）；D_1、D_2 为特性完全相同的两个二极管，$R_1 = R_2 = R$，C_1、C_2 为传感器的两个差动电容。当传感器没有位移输入时，$C_1 = C_2$。R_L 在一个周期内流过的平均电流为零，无电压输出。当 C_1 或 C_2 变化时，R_L 上产生的平均电流将不再为零，因而有信号输出。其输出电压的平均值为

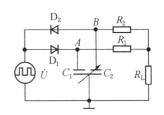

图 3-39　双 T 形二极管交流电桥

$$\bar{U}_L = \frac{R(R + 2R_L)}{(R + R_L)^2} R_L U f (C_1 - C_2) \tag{3-72}$$

式中：f 为电源频率。当 R_L 已知时，上式中 $K = R(R + 2R_L)R_L / (R + R_L)^2$ 为常数，则

$$\bar{U}_L \approx K U f (C_1 - C_2) \tag{3-73}$$

该电路适用于各种电容式传感器。它的应用特点和要求：(1)电源、传感器电容、负载均可同时在一点接地；(2)二极管 D_1、D_2 工作于高电平下，因而非线性失真小；(3)其灵敏度与电源频率有关，因此电源频率需要稳定；(4)将 D_1、D_2、R_1、R_2 安装在 C_1、C_2 附近能消除电缆寄生电容影响，线路简单；(5)输出电压较高，当使用频率为 1.3 MHz、有效电压为 46 V 的高频电源，传感器电容从 $-7 \sim +7$ pF 变化时，在 1 MΩ 的负载上可产生 $-5 \sim +5$ V 的直流输出；(6)输出阻抗与 R_1 或 R_2 同数量级，可为 $1 \sim 100$ kΩ，与电容 C_1 和 C_2 无关；(7)输出信号的上升前沿时间由 R_L 决定，如 $R_L = 1$ kΩ，则上升时间为 20 μs，因此可用于动态测量；(8)传感器的频率响应取决于振荡器的频率，当 $f = 1.3$ MHz 时，频响可达 50 kHz。

3.8.2　脉冲调宽电路

图 3-40 为一种差动脉冲宽度调制电路。图中 C_1 和 C_2 为传感器的两个差动电容。线路由两个电压比较器 IC_1 和 IC_2，一个双稳态触发器 FF 和两个充放电回路 $R_1 C_1$ 和 $R_2 C_2 (R_1 = R_2)$ 所组成；U_r 为参考直流电压；双稳态触发器的两输出端电平由两比较器控制。

当接通电源后，若触发器 Q 端为高电平 (U_1)，$\bar{Q}$ 端为低电平 (0)，则触发器通过 R_1 对 C_1 充电；当 F 点电位 U_F 升到与参考电压 U_r 相等时，比较器 IC_1 产生一脉冲使触发器翻转，

从而使 Q 端为低电平，$\overline{Q}$ 端为高电平 (U_1)。此时，由电容 C_1 通过二极管 D_1 迅速放电至零，而触发器由 $\overline{Q}$ 端经 R_2 向 C_2 充电；当 G 点电位 U_G 与参考电压 U_r 相等时，比较器 IC_2 输出一脉冲使触发器翻转，从而循环上述过程。

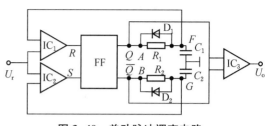

图 3-40　差动脉冲调宽电路

可以看出，电路充放电的时间，即触发器输出方波脉冲的宽度受电容 C_1、C_2 调制。

当 $C_1 = C_2$ 时，各点的电压波形如图 3-41(a)所示，Q 和 $\overline{Q}$ 两端电平的脉冲宽度相等，两端间的平均电压为零。当 $C_1 > C_2$ 时，各点的电压波形如图 3-41(b)所示，Q、$\overline{Q}$ 两端间的平均电压(经一低通滤波器)为

$$U_o = \frac{T_1 - T_2}{T_1 + T_2} U_1 = \frac{C_1 - C_2}{C_1 + C_2} U_1 \tag{3-74}$$

式中　T_1 和 T_2 分别为 Q 端和 $\overline{Q}$ 端输出方波脉冲的宽度，亦即 C_1 和 C_2 的充电时间。

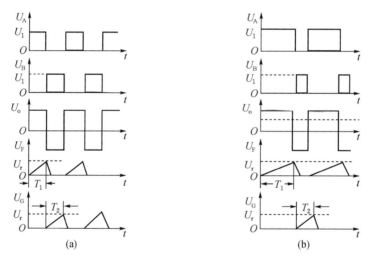

(a)　　　　　　　　　　　(b)

图 3-41　各点电压波形图

(a) $C_1 = C_2$ 时各点电压波形图；(b) $C_1 > C_2$ 时各点电压波形图

当该电路用于差动式变极距型电容传感器时，式(3-74)有

$$U_o = \frac{\Delta\delta}{\delta_0} U_1 \tag{3-75}$$

当该电路用于差动式变面积型电容传感器时，式(3-74)有

$$U_o = \frac{\Delta A}{A} U_1 \tag{3-76}$$

这种电路不需要载频和附加解调电路,无波形和相移失真;输出信号只需要通过低通滤波器引出;直流信号的极性取决于 C_1 和 C_2;对变极距和变面积的电容传感器均可获得线性输出。这种脉宽调制电路也便于与传感器做在一起,从而使传输误差和干扰大大减小。

3.8.3　运算放大器电路

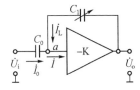

图 3-42 为运算放大器电路原理图。C_1 为传感器电容,它跨接在高增益运算放大器的输入端和输出端之间。放大器的输入阻抗很高 $(Z_i \to \infty)$,因此可视作理想运算放大器。其输出端输出与 C_1 成反比的电压 U_0,即

图 3-42　运算放大器电路

$$U_o = -U_i \frac{C_0}{C_1} \tag{3-77}$$

式中,U_i 为信号源电压,C_0 为固定电容,要求它们都很稳定。对变极距型电容传感器 $(C_1 = \varepsilon_0 \varepsilon_r A/\delta)$,式(3-77)可写为

$$U_o = -U_i \frac{C_0}{\varepsilon_0 \varepsilon_r A} \delta \tag{3-78}$$

可见配用运算放大器测量电路的最大特点是克服了变极距型电容传感器的非线性。

3.9　电容式传感器的应用

电容式传感器的应用优点十分明显:

(1) 分辨力极高,能测量低达 10^{-7} F 的电容值或 0.01 μm 的绝对变化量和高达 $(\Delta C/C) = 100\% \sim 200\%$ 的相对变化量,因此尤适合微信息检测。

(2) 动极质量小,可无接触测量;自身的功耗、发热和迟滞极小,可获得高的静态精度和好的动态特性。

(3) 结构简单,不含有机材料或磁性材料,对环境(除高湿外)的适应性较强。

(4) 过载能力强。

下面介绍它的几种典型结构及其应用。

3.9.1　电容式位移传感器

如图 3-43 所示为一种变面积型电容式位移传感器。它采用差动式结构、圆柱形电极,与测杆相连的动电极随被测位移而轴向移动,从而改变活动电极与两个固定电极之间的覆盖面积,使电容发生变化。它用于接触式测量,电容与位移呈线性关系。

如图 3-44 所示为差动式梳齿形容栅传感器的极板示意图。极板上制有多个栅状电极。定极板(又称长栅)上等间隔交叉配置两组极栅;动、定极板以一定间隙 (δ) 上下配置,

构成差动结构,它实际是多个差动式变面积型电容传感器的并联;为测量大位移,长栅制成更多的栅状电极。设计这种传感器时,一般使动、定极板有相同的极距 p 和栅宽($a=b$),且 $a=b=(0.3\sim0.6)p$ 时,传感器有较好的线性度和灵敏度;还要注意选择动、定极板基体绝缘材料,它对线性度和灵敏度有影响;电极表面应覆盖保护性涂层,电极厚度应做得尽量薄。

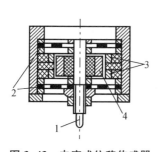

图 3-43 电容式位移传感器

1—测杆;2—开槽簧片;3—固定电极;4—活动电极

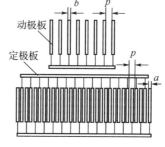

图 3-44 容栅传感器的极板结构

3.9.2 电容式加速度传感器

如图 3-45 所示为由电容式传感器构成的力平衡式挠性加速度计。敏感加速度的质量组件由石英动极板及力发生器线圈组成;并由石英挠性梁弹性支承,其稳定性极高。固定于壳体的两个石英定极板与动极板构成差动结构;两极面均镀金属膜形成电极。由两组对称 E 形磁路与线圈构成的永磁动圈式力发生器,互为推挽结构,这大大提高了磁路的利用率和抗干扰性。

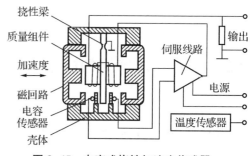

图 3-45 电容式挠性加速度传感器

工作时,质量组件敏感被测加速度,使电容传感器产生相应输出,经测量(伺服)电路转换成比例电流输入力发生器,使其产生一电磁力与质量组件的惯性力精确平衡,迫使质量组件随被加速的载体而运动。此时,流过力发生器的电流,即精确反映了被测加速度值。

3.9.3 电容式压力触觉传感器

如图 3-46 所示为一种用于机器人表面触觉感知的电容式压力触觉传感器。每个传感器单元由 5 层聚二甲基硅氧烷(PDMS)弹性体组成,铜电极嵌入 PDMS 膜中,两个电极之间形成了一个感应电容器,总间隔 12 μm(间隔层为 6 μm,绝缘层为 6 μm),如图 3-46(a)所示。图 3-46(b)显示了电容式压力触觉传感器的电极结构及其工作原理,上电极和下电极相互交叉,形成触觉单元的电容阵列。每个单元由上下电极和聚合物结构封装的气隙组成,当对凸块施加压力时,上部 PDMS 变形并使电容增加,直到气隙完全闭合。而一个传感器模块由中心的 4×4 个触觉单元和外围的互连线组成,每个传感器模块可以通过互连线与其他模块进行连接,形成扩展的传感器皮肤,用于大面积部署,如图 3-46(c)所示。将该类传感器作为人造皮肤应用于机器人,可以弥补其对环境触觉感知的缺失,使其能更安全有效地与人类互动。

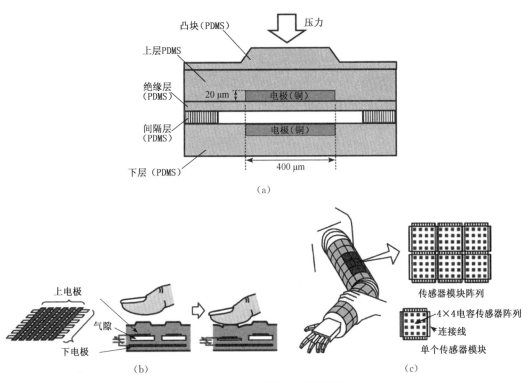

图 3-46　电容式压力触觉传感器

(a) 触觉传感器单元及其尺寸;(b) 电极结构及其工作原理;(c) 传感器模块阵列

3.9.4　电容式物位传感器

　　电容式物位传感器是利用被测介质面的变化引起电容变化的一种变介质型电容传感器。如图 3-47(a)所示为用于检测非导电液体介质的电容传感器。当被测液面高度发生变化时,两同轴电极间的介电常数将随之发生变化,从而引起电容量的变化。图 3-47(b)所示为电容式料位传感器,用来测量非导电固体散料的料位。由于固体摩擦力较大,容易"滞留",故一般不用双层电极,而用电极棒与容器壁组成电容传感器两极。

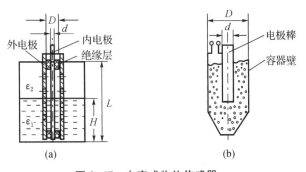

图 3-47　电容式物位传感器

(a) 液位传感器;(b) 料位传感器

习题与思考题

3-1 简述电阻应变式传感器产生横向误差的原因。

3-2 简述电阻应变式传感器产生热输出(温度误差)的原因及其补偿方法。

3-3 比较差动式自感传感器和差动变压器在结构上及工作原理上的异同之处。

3-4 差动式传感器测量电路为什么经常采用相敏检波(或差动整流)电路? 试分析其原理。

3-5 电容式传感器可分为哪几类? 各自的主要用途是什么?

3-6 电容式传感器的测量电路主要有哪几种? 各自的目的及特点是什么? 使用这些测量电路时应注意哪些问题?

参考文献

[1] 沈观林,马良程.电阻应变计及其应用[M].北京:清华大学出版社,1983.

[2] 李德葆,沈观林,冯仁贤.振动测试与应变电测基础[M].北京:清华大学出版社,1987.

[3] 丁锋,俞朴.四点测球法在球坑自动检测中的应用[J].计量学报,2001,22(3):178-180.

[4] 张凝,强锡富.螺管式电感传感器的工程计算[J].仪器仪表学报,1985,6(3):265-269.

[5] 李楚,郑宏才.位移、长度、角度及速度传感器[M].武汉:湖北科学技术出版社,1986.

[6] 吴盘龙.智能传感器技术[M].北京:中国电力出版社,2015.

[7] 颜全生.传感器应用技术[M].北京:化学工业出版社,2013.

[8] 贾伯年,俞朴,宋爱国.传感器技术[M].3 版.南京:东南大学出版社,2007.

[9] 杨杰斌.电阻应变式称重传感器产品质量及发展动态[J].衡器,2005,34(6):8-11.

[10] 宁波柯力传感科技股份有限公司.悬臂梁称重传感器:CN201520166375.5[P].2015-08-12.

[11] 王琦.电阻应变式称重传感器的设计[J].木材加工机械,2005,16(3):20-22,30.

[12] Lee H K, Chang S I, Yoon E. A Flexible Polymer Tactile Sensor: Fabrication and Modular Expandability for Large Area Deployment[J]. Journal of Microelectromechanical Systems, 2006, 15(6):1681-1686.

[13] Wang Y, Xi K, Liang G, et al. A flexible capacitive tactile sensor array for prosthetic hand real-time contact force measurement[C]// IEEE International Conference on Information & Automation. IEEE, 2014:937-942.

[14] Lee H K, Chung J, Chang S I, et al. Normal and Shear Force Measurement Using a Flexible Polymer Tactile Sensor With Embedded Multiple Capacitors[J]. Journal of Microelectromechanical Systems, 2008, 17(4):934-942.

[15] Lei K F, Lee K F, Lee M Y. Development of a flexible PDMS capacitive pressure sensor for plantar pressure measurement[J]. Microelectronic Engineering, 2012, 99:1-5.

第 4 章　电输出型传感器

传感器的输入输出信号转换机理繁杂,有些传感器甚至需要两级或多级转换。电输出型传感器是指能够直接输出可用电量信号的传感器,因此配用的测量电路简单。本章介绍磁电式、压电式、热电式等几种典型的电输出型传感器。

4.1　磁电式传感器的原理、结构及特性

磁电式传感器是利用电磁感应原理,将输入运动速度或磁场的变化量转换成线圈中感应电势输出的一种传感器,是当今测量领域应用较广泛的传感器之一。电磁感应具有双向转换特性,利用其逆转换效应可以构成力(矩)发生器和电磁激振器等。由于磁电式传感器的输出功率较大,故配用的二次仪表电路较为简单;零位及性能稳定;工作频带一般为 $10\sim1\,000\,Hz$。磁电式传感器主要分为磁电感应式传感器与霍尔式传感器。这些传感器和器件广泛应用在科研、生产领域,满足了军事、空间技术和工业领域对精度、速度、加速度等的严格要求。磁电感应式传感器简称感应式传感器,是基于法拉第电磁感应定律实现磁电转换的。它以线圈为敏感元件,当线圈和磁场发生相对运动或者磁场发生变化时,线圈输出感应电势。它是一种机-电能量变换型传感器,其电路简单、性能稳定、输出阻抗小,适合于转速、位移、振动、扭矩等机械量的测量。

4.1.1　磁电感应式传感器基本原理与结构

根据法拉第电磁感应定律,通过闭合回路的磁通量发生变化时,闭合回路中产生感应电流。对于 W 匝线圈,设通过线圈的磁通量为 Φ,则线圈中所产生的感应电动势 e 与磁通变化率 $\dfrac{\mathrm{d}\Phi}{\mathrm{d}t}$ 有如下关系:

$$e = -W\frac{\mathrm{d}\Phi}{\mathrm{d}t} \tag{4-1}$$

根据通过线圈的磁通变化的机理不同,感应电动势又可分为感生电动势和动生电动势。据此,电磁感应效应在传感器的应用中,可以设计成变磁通式和恒磁通式两类结构,构成线速度和角速度测量的磁电式传感器。通常,变磁通式结构用于感生电动势,即线圈与永磁体的相对位置不变,而被测量引起通过线圈的磁通量发生变化,从而产生感应电动势。恒磁通式结构用于动生电动势,被测量引起线圈与永磁体的相对位置变化,即线圈切割磁

感线,从而产生感应电动势。

图 4-1 为闭磁路变磁通式传感器,被测旋转体 1 带动椭圆形测量铁芯 2 在磁场气隙中等速转动,使气隙平均长度周期性地变化,因而磁路磁阻也周期性地变化,磁通同样周期性地变化,则在线圈 3 中产生周期变化的感应电势。

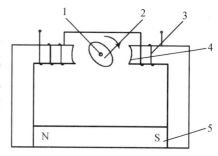

**图 4-1 变磁通磁电感应式
传感器结构原理图**

1—被测旋转体;2—可动铁芯;
3—线圈;4—软铁;5—永久磁铁

假设被测旋转体的角速度为 ω,线圈截面积为 A,磁路中最大与最小磁感应强度之差为 B,互相串联的两个线圈中的感应电动势为:

$$e = -\omega A W B \cos 2\omega t \qquad (4-2)$$

图 4-2 为测量振动线速度的平移型变磁通式传感器结构。其中永久磁铁 1(俗称"磁钢")与线圈 4 均固定,动铁 3(衔铁)的运动使气隙 2 和磁路磁阻变化,引起磁通变化而在线圈中产生感应电势。通过适当的设计可以使感应电势 e 与振动速度呈线性关系,从而成为振动速度的度量。

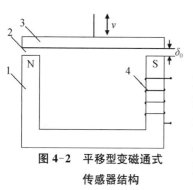

**图 4-2 平移型变磁通式
传感器结构**

1—永久磁铁;2—气隙;
3—衔铁;4—线圈

在恒磁通式传感器结构中,工作气隙中的磁通恒定,当线圈与永久磁铁之间存在相对运动时——线圈切割磁感线,线圈中将产生动生感应电动势。运动部件可以是线圈也可以是永久磁铁,因此又分为动圈式和动铁式两种结构类型,如图 4-3 所示。图 4-3(a)为动圈式,磁路系统由圆柱形永久磁铁和极掌、圆筒形磁轭及空气隙组成,磁铁与传感器壳体固定。气隙中的磁场均匀分布,测量线圈绕在筒形骨架上,经膜片弹簧支承,悬挂于气隙磁场中。图 4-3(b)为动铁式,线圈组件(线圈与金属骨架)与传感器壳体固定,永久磁铁用柔软弹簧支承。阻尼都是由金属骨架和磁场发生相对运动而产生的电磁阻尼。这里动圈和动铁都是相对于传感器壳体而言的。

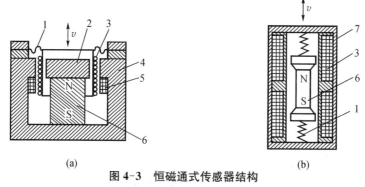

(a)   (b)

图 4-3 恒磁通式传感器结构

(a) 动圈式;(b) 动铁式

1—弹簧;2—极掌;3—线圈;4—磁轭;5—补偿线圈;6—永久磁铁;7—壳体

动圈式和动铁式的工作原理是完全相同的,主要用来测量振动速度。当壳体随被测振动体一起振动时,由于弹簧较软,运动部件质量相对较大,当振动频率足够高(远高于传感器固有频率)时,运动部件惯性很大,来不及随振动体一起振动,近乎静止不动,振动能量几乎全被弹簧吸收,永久磁铁与线圈之间的相对运动速度接近于振动体的振动速度。永久磁铁与线圈之间的相对运动使线圈切割磁感线,线圈中产生的感应电势 e 为

$$e = Blv \tag{4-3}$$

式中　B 为工作气隙磁感应强度(T);l 为气隙磁场中有效匝数为 W 的线圈总长度(m),$l = l_a W$(l_a 为每匝线圈的平均长度);v 为线圈与磁铁沿轴线方向的运动速度(m·s^{-1})。

当传感器的结构参数确定后,B、l_a、W 均为定值,因此感应电动势 e 仅与相对速度 v 有关。传感器的灵敏度为

$$S = \frac{e}{v} = Bl \tag{4-4}$$

由理论推导可得,当振动频率低于传感器的固有频率时,这种传感器的灵敏度是随振动频率而变化的;当振动频率远高于固有频率时,传感器的灵敏度基本上不随振动频率而变化,近似为常数;当振动频率更高时,线圈阻抗增大,传感器灵敏度随振动频率增加而下降。为了提高灵敏度,应选用磁能体积较大的永久磁铁和尽量小的气隙长度,以提高气隙磁感应强度 B;增加 l_a 和 W 也能提高灵敏度,但它们受到体积和重量、内阻及工作频率等因素的限制。为了保证传感器输出的线性度,要保证线圈始终在均匀磁场内运动。设计者的任务是选择合理的结构形式、材料和结构尺寸,以满足传感器的基本性能要求。

不同结构的恒磁通磁电感应式传感器的频率响应特性是有差异的,但一般频率响应范围为几十赫兹至几百赫兹,低的可到 10 Hz 左右,高的可达 2 kHz 左右。

4.1.2　霍尔(式)传感器基本原理与结构

霍尔(式)传感器是基于霍尔效应的一种传感器,它能够检测磁场的变化,并将其转换成霍尔电势输出的一种传感器。虽然霍尔效应转换率较低,温度影响大,要求转换精度较高时必须进行温度补偿,但霍尔(式)传感器结构简单、体积小、坚固、频率响应宽(从直流到微波)、动态范围(输出电势的变化)大、无触点、使用寿命长、可靠性高、易于微型化和集成电路化,因此在测量技术、自动化技术和信息处理等方面仍得到广泛的应用。

载流体(电流为 I)置于磁场中,如果磁场方向与电场方向正交,则载流体在垂直于磁场和电场方向的两侧表面之间产生电势差 U_H,这种现象称为霍尔效应,这个电势差就是霍尔电势。如图 4-4 所示,以 N 型半导体为例,霍尔电势是由于运动载流子(电子)受到磁场力(即洛伦兹力)F_L 作用,在载流体两侧分别形成电子和正电荷的积累产生的。

载流子以一定速度运动形成电流,在洛伦兹力的作用下,电子运动在载流体的一侧端面上有所积累而带负电;另一侧端面则因缺少电子而带正电,这样就在两端面间形成电场

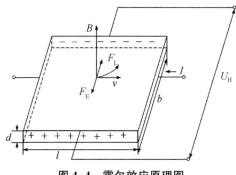

图 4-4　霍尔效应原理图

E_H。该电场产生的电场力 F_E，它与洛伦兹力 F_L 方向相反，将阻止电子继续偏转。当 $F_L = F_E$ 时，电子积累达到动态平衡，则霍尔电势：

$$U_H = \frac{IB}{ned} = R_H \frac{IB}{d} \qquad (4-5)$$

式中　R_H 为霍尔系数，由载流体材料的物理性质所决定。$R_H = \pm \gamma \dfrac{1}{ne}(\mathrm{m^3 \cdot C^{-1}})$，其正负号由载流子导电类型决定，$n$ 为载流子浓度，e 为电子电量，电子导电为负值，空穴导电为正值。γ 是与温度、能带结构等有关的因子，若运动载流子的速度分布为费米分布，则 $\gamma = 1$；若为玻尔兹曼分布，则 $\gamma = \dfrac{3\pi}{8}$。

霍尔元件的灵敏度系数

$$K_H = \frac{R_H}{d} \qquad (4-6)$$

与载流体材料的物理性质和几何尺寸有关，表示在单位激励电流和单位磁感应强度时产生的霍尔电势大小。

由公式(4-6)可见，厚度 d 越小，则 U_H 越大，元件越灵敏。利用砷化镓外延层或硅外延层为工作层的霍尔元件，d 可以薄到几微米（l 和 b 可小到几十微米）。利用外延层还有利于霍尔元件与配套电路集成在一块芯片上。因 $K_H = R_H/d = (end)^{-1}$，外延层的电阻率越高（n 越小），则元件越灵敏。深入的分析还表明，载流子电子的迁移率（μ）越高，则器件越灵敏。半导体的电子迁移率远大于空穴，所以霍尔元件大多采用 N 型半导体。砷化镓霍尔元件的灵敏度高于硅霍尔元件。霍尔电极位于 $l/2$ 处，是因为这里的 U_H 最大。

霍尔元件的结构很简单，通常由霍尔片、四根引线和壳体组成，如图 4-5(a)所示。霍尔片是一块矩形半导体单晶薄片，引出四根引线：1 和 1′ 两根引线加激励电压或电流，称为激励电极（或控制电极）；2 和 2′ 引线为霍尔输出引线，称为霍尔电极。霍尔元件的壳体是用非导磁金属、陶瓷或环氧树脂封装的。在电路中，霍尔元件一般可用两种符号表示，如图

4-5(b) 所示。

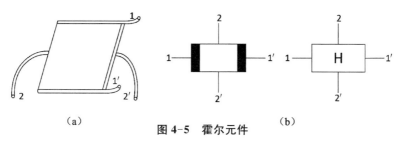

图 4-5 霍尔元件

(a) 外形结构示意图；(b) 图形符号

目前最常用的霍尔元件材料是锗(Ge)、硅(Si)、锑化铟(InSb)、砷化铟(InAs)、砷化镓(GaAs)和不同比例的亚砷酸铟和磷酸铟组成的 $In(As_yP_{1-y})$ 型固熔体(其中 y 表示百分比)等半导体材料。其中，N 型锗容易加工制造，其霍尔系数、温度性能和线性度都较好。N 型硅的线性度最好，其霍尔系数、温度性能与 N 型锗相同，但其电子迁移率比较低，带负载能力较差，通常不用于制造单个霍尔元件。$In(As_yP_{1-y})$ 型固熔体的热稳定性最好。锑化铟和砷化铟是目前使用最多的霍尔元件材料。锑化铟具有良好的低温性能，灵敏度也相当高，但受温度的影响大，因此在温度补偿方面应采取措施。砷化铟的霍尔系数较小，温度系数也较小，输出特性的线性度好。

4.1.3 磁电感应式传感器基本特性

恒磁通式磁电传感器结构紧凑，使用方便，在工业中得到广泛应用，以下重点分析其动态特性。图 4-5 中传感器结构可以等效为一个集中参数"$m\text{-}k\text{-}c$"的二阶系统，如图 4-6 所示。其中：质量块 m 为对应于图 4-5(a)中的线圈组件和图 4-5(b)中的永久磁铁，k 为弹簧弹性系数，c 为阻尼系数，它大多是由金属线圈骨架相对磁场运动产生的电磁阻尼提供的，有的传感器专设有空气阻尼器。测量物体振动时，传感器壳体与振动体刚性固连，随被测体一起振动。当质量块 m 较大，弹簧弹性系数 k 较小，被测体振动频率足够高时，可以认为质量块的惯性很大，来不及跟随壳体一起振动，以至接近于静止不动，这时振动能量几乎全被弹簧吸收，弹簧的变形量接近等于被测体的振幅。这种情况的传感器又称为惯性传感器。

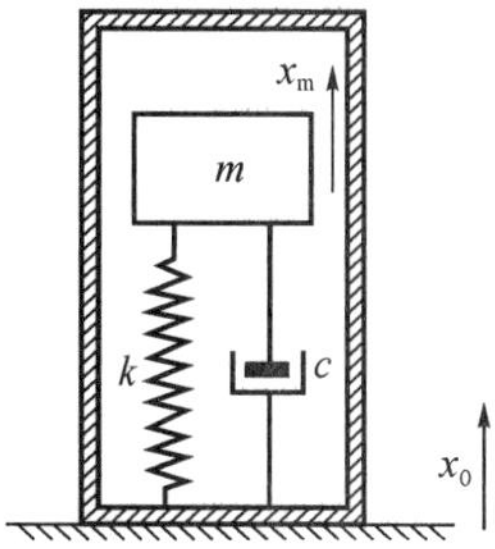

通过如图 4-6 所示的机械二阶系统，我们可以来分析磁电式传感器的动态特性。

x_0 和 x_m 分别为振动物体和质量块的绝对位移，则质量块与振动体之间的相对位移 x_t 为

$$x_t = x_m - x_0 \tag{4-7}$$

由牛顿第二定律可以得到质量块的运动方程

$$m\frac{d^2x_m}{dt^2} + \frac{dx_m}{dt} + kx_m = c\frac{dx_0}{dt} + kx_0 \tag{4-8}$$

图 4-6 机械二阶系统力学模型图

由上式可求出相对于输入 x_0 的输出 x_m。即可转换成振动体相对于质量块之输出 x_t 的传递函数

$$\frac{x_t}{x_0}(s) = \frac{-s^2}{s^2 + 2\xi\omega_0 s + \omega_0^2} \tag{4-9}$$

当振动体做简谐振动时，即当输入信号 x_0 为正弦波时，其频率传递函数为

$$\frac{x_t}{x_0}(j\omega) = \frac{\left(\dfrac{\omega}{\omega_0}\right)^2}{1 - \left(\dfrac{\omega}{\omega_0}\right)^2 + j2\xi\left(\dfrac{\omega}{\omega_0}\right)} \tag{4-10}$$

所以，幅频特性为

$$A(\omega)_x = \left|\frac{x_t}{x_0}\right| = \frac{\left(\dfrac{\omega}{\omega_0}\right)^2}{\sqrt{\left[1 - \left(\dfrac{\omega}{\omega_0}\right)^2\right]^2 + \left[2\xi\left(\dfrac{\omega}{\omega_0}\right)\right]^2}} \tag{4-11}$$

相频特性为

$$\varphi(\omega)_x = -\arctan\frac{2\xi\left(\dfrac{\omega}{\omega_0}\right)}{1 - \left(\dfrac{\omega}{\omega_0}\right)^2} \tag{4-12}$$

式中 ω 为被测体的振动频率；$\omega_0 = \sqrt{k/m}$ 为传感器运动系统固有频率；$\xi = c/2\sqrt{mk}$ 为阻尼比。

可绘成如图 4-7 所示的频率响应特性曲线。

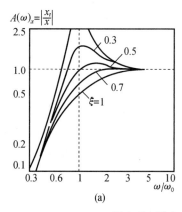
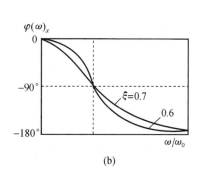

图 4-7 磁电式传感器的频率响应特性

(a) 幅频特性；(b) 相频特性

由图 4-7 可见,当 $\omega \gg \omega_0$ 即振动体的频率比传感器的固有频率高得多时,则振幅比接近于 1;表明质量块与振动体之间的相对位移 x_t 就接近等于振动体的绝对位移 x_0,此时,传感器的质量块即相当于一个静止的基准。磁电式传感器就是基于上述原理测量振动的。

对于动圈式磁电传感器,永久磁铁与传感器壳体固定在一起,而线圈组件通过弹性系数 k 很小的弹簧与外壳相连,因而,当振动的频率远远高于传感器的固有频率时,线圈组件就接近静止不动,而永久磁铁跟随振动体振动。这样线圈组件与永久磁铁之间的相对位移或速度就十分接近振动体的绝对位移或振动速度。

（1）当被测体的振动频率 ω 低于传感器的固有频率 ω_0,即 $(\omega/\omega_0) < 1$ 时,传感器的灵敏度随频率而明显地变化。

（2）当被测体振动频率远高于传感器的固有频率时,一般取 $(\omega/\omega_0) > 3$,灵敏度接近为一常数,它基本上不随频率变化。传感器的输出电压与振动速度成正比。这一频段即传感器的工作频段,或称作频响范围。这时传感器可看作一个理想的速度传感器。

（3）当频率更高时,由于线圈阻抗的增加,灵敏度也将随着频率的增加而下降。

必须指出,以上结论是对惯性式磁电传感器而言的。一般固有频率 $\omega_0 = 10$ Hz,较好的低频传感器可做到 $\omega_0 = 4.5$ Hz,上限频率为 200 Hz ~ 1 kHz。

磁电式传感器磁电式传感器在使用时,其后要接入测量电路。设测量电路的输入电阻为 R_L,传感器的内阻为 R,则磁电式传感器的输出电流为

$$I_0 = \frac{E}{R + R_L} = \frac{Bl_a W v}{R + R_L} (A) \tag{4-13}$$

传感器的电流灵敏度为

$$S_i = \frac{I_0}{v} = \frac{Bl_a W}{R + R_L} \times 10^{-8} (A/cm \cdot s^{-1}) \tag{4-14}$$

传感器的输出电压和电压灵敏度分别为

$$U_0 = I_0 R_L = \frac{Bl_a W R_L v}{R + R_L} \times 10^{-8} (V) \tag{4-15}$$

$$S_U = \frac{U_0}{v} = \frac{Bl_a W R_L}{R + R_L} \times 10^{-8} (V/cm \cdot s^{-1}) \tag{4-16}$$

当传感器的工作温度发生变化,或受到外界磁场干扰、受到机械振动或冲击时,其灵敏度将发生变化,从而产生测量误差。相对误差的表达式为

$$\gamma = \frac{dS_i}{S_i} = \frac{dB}{B} + \frac{dl_a}{l_a} - \frac{dR}{R} \tag{4-17}$$

误差特性之一为温度误差。当温度变化时,线圈匝长、导线电阻率、磁阻及磁导率都会发生变化。式(4-17)中的 B、l_a、R 都会随温度而变化。一般情况下,温度每变化 1℃,铜

导线的长度和电阻变化为：$dl_a/l_a \approx 0.167 \times 10^{-4}$，$dR/R \approx 0.43 \times 10^{-2}$，而$dB/B$的变化取决于磁性材料，对于第一类永磁材料，$(dB/B) \approx -0.02 \times 10^{-2}$，这样由式(4-17)可得由温度引起的误差为

$$\gamma = (-4.5\%)/10℃ \tag{4-18}$$

这个数值是很可观的，显然不能忽略，所以需要进行温度补偿。补偿通常采用热磁分流器。热磁分流器是由具有很大负温度系数的特殊磁性材料做成的。它搭在传感器的两个极靴上，在正常工作温度时，将气隙磁通分流掉一小部分。而当温度升高时，热磁分流器的磁导率显著下降，经它分流掉的磁通占总磁通的比例较正常工作温度下显著降低，从而保持空气气隙的工作磁通不随温度变化，维持传感器灵敏度为常数，起到温度补偿作用。

误差特性之二为非线性误差。磁电式传感器产生非线性误差的主要原因是：由于传感器线圈内有电流I流过时，将产生一定的交变磁通Φ，如图4-8所示，此交变磁通叠加在永久磁铁所产生的工作磁通上，导致恒定的气隙磁通变化。其结果是线圈运动速度方向不同时，传感器的灵敏度具有不同的数值。传感器本身灵敏度越高，线圈中电流越大，这种非线性亦越严重。

为补偿上述附加磁场干扰，可在传感器中加入补偿线圈，如图4-3(a)所示。补偿线圈通以放大K倍的电流，适当选择补偿线圈参数，可使其产生的交变磁通与传感线圈本身所产生的交变磁通互相抵消，从而达到补偿的目的。

气隙磁场不均匀也是造成传感器非线性误差的原因之一。如图4-9所示的结构中，对轴向充磁磁钢，在软磁材料导磁帽上用机械方法强行固定一个与主磁钢充磁方向相反的铂钴磁片，把主磁钢的磁感线大部分压到工作气隙中，减少了轴向漏磁，提高了磁钢的利用系数，提高了磁场的均匀性，大大减小非线性误差。

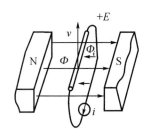

图4-8　传感器电流的磁场效应

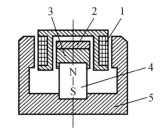

图4-9　采用反向磁片的轴向充磁磁路
1—动圈；2—铂钴磁片；3—磁帽；4—磁钢；5—轭铁

误差特性之三为永久磁铁的不稳定误差。永久磁铁磁感应强度的稳定性直接影响工作气隙中磁感应强度的稳定性，此时永久磁铁的不稳定性将成为误差的决定性因素。欲使磁电式传感器精度达到0.2%，就要求磁路气隙磁通值的变化率小于总值的0.05%。

影响永久磁铁稳定性的因素很多，主要有温度、冲击、振动和时间等因素。永久磁铁必须进行各种稳定性处理，以使其保持磁性能稳定。为了保证磁电式传感器的精度和可靠性，一般采取如下几种稳磁处理措施。

（1）时间稳定性。这是指在室温下长时间放置所引起的时效。它与永久磁铁材料本身的矫顽力 H_c 和磁铁的尺寸比（对圆柱形磁铁即长径比 l/d ）有关。矫顽力越高、尺寸比越大,则越稳定。

为了使永久磁铁在使用过程中保持稳定,用交流强制退磁的办法可以获得良好的效果。交流强制退磁的程度由永久磁铁的使用状态和材料决定,对于 AlNiCo8 等材料,一般在 3％～5％左右。这种把永久磁铁充磁饱和以后,再进行少量交流退磁的方法,叫作"小电流老化",或叫作"去虚磁"。

（2）温度稳定性。为使传感器能在非室温条件下使用,必须进行高低温时效稳磁处理。如要求永久磁铁在 $T_1 \sim T_2$ 的温度范围内使用,则把充磁后的永久磁铁反复多次地置于高于 T_2 及低于 T_1 下保温 4～5 h,进行 3～5 个循环。实际上就是对永磁材料及磁路内各材料进行温度冲击。经过这种处理后,虽然 B_m 的数值减小了,但随温度的变化也减小了。

（3）外磁场作用下的稳定性。传感器工作环境中,会有一些外磁场源,如变压器、通电线圈等。而且充磁后的永久磁铁在存放、运输和装配过程中,总是处在永久磁铁相互产生的磁场中。为使其能长期稳定地工作,应进行"人工老化",即选一个比工作过程中遇到最大的干扰磁场还要大数倍的交流磁场作用到永久磁铁上,强迫其工作点稳定下来,从而增强永久磁铁抗外磁场干扰的能力。

为了防止永久磁铁与铁磁性物质接触而引起磁性能减小,应该用非磁性材料制成的防护屏把它屏蔽起来。屏蔽材料通常用塑料或黄铜。

（4）机械振动作用下的稳定性。冲击和振动都能引起永久磁铁的退磁。这种作用除了由于反复的机械应变而使磁畴排列变乱外,还促使组织发生变化。由冲击、振动而引起的退磁程度和永磁体内部的结构有密切关系。一般将充磁后的永久磁铁按一定技术要求,先经受约千次的振动和冲击试验;振动、冲击值取今后工作中可能遇到的最大值。如在航空、航天技术中,永久磁铁承受的振动为:频率 20～2 000 Hz,过载 50～100 m/s^2,时间 4 min;承受冲击为 100～500 m/s^2,时间为 6 ms。经振动冲击试验后的永磁体,虽然退磁率为 1％～2％,但提高了抗振动和冲击的能力。

霍尔元件的主要特性参数如下:

（1）额定激励电流和最大允许激励电流。当霍尔元件自身温升 10℃时所流过的激励电流称为额定激励电流,通常用 I_H 表示。通过电流 I_H 的载流体产生焦耳热,以霍尔元件允许最大温升为限制所对应的激励电流称为最大允许激励电流。霍尔电势随激励电流增加而增加,使用中希望选用尽可能大的激励电流,因而需要知道元件的最大允许激励电流,而改善霍尔元件的散热条件可以使激励电流增加。

（2）乘积灵敏度。即单位磁感应强度和单位控制电流下所得到的开路（ $R_L = \infty$ ）霍尔电势,用 K_H 表示。

（3）输入电阻和输出电阻。激励电极间的电阻值称为输入电阻 R_i 。霍尔电极输出电势对外电路来说相当于一个电压源,其电源内阻即为输出电阻 R_o 。二者规定要求在室温（20℃±5℃ ）环境中测得。

(4) 不等位电势和不等位电阻。当霍尔元件的激励电流为 I 时,若元件所处位置磁感应强度为零,这时两个霍尔电极之间的开路电势称为不等位电势 U_0。要求 U_0 越小越好,一般要求 $U_0 < 1 \, \text{mV}$。产生不等位电势的原因有:

① 霍尔电极安装位置不对称或不在同一等电位面上;

② 半导体材料不均匀造成了电阻率不均匀或是几何尺寸不均匀;

③ 激励电极接触不良造成激励电流不均匀分布等。

不等位电阻定义为 $r_0 = U_0 / I_H$,即两个霍尔电极之间沿控制电流方向的电阻。要求 r_0 越小越好。

(5) 交流不等位电势与寄生直流电势。在不加外磁场的情况下,霍尔元件使用交流激励时,霍尔电极间的开路交流电势称为交流不等位电势。在此情况下输出的直流电势称为寄生直流电势。

产生交流不等位电势的原因与不等位电势相同,而寄生直流电势的产生则是由于以下原因:

① 霍尔电极与基片间的非完全欧姆接触而产生的整流效应,使激励电流中包含有直流分量,通过霍尔元件的不等位电势的作用反映出来。一般情况下,不等位电势越小,寄生直流电势也越小。

② 当两个霍尔电极的焊点大小不同时,由于它们的热容量、热耗散等情况的不同,引起两电极温度不同而产生温差电势,这也是寄生直流电势的一部分。

寄生直流电势一般在 $1 \, \text{mV}$ 以下,它是影响霍尔片温漂的原因之一。

(6) 霍尔电势温度系数。即在一定的磁感应强度和控制电流下,温度每变化 $1\,℃$ 时的霍尔电势的相对变化率,用 α 表示。α 有正负之分,α 为负表示元件的 U_H 随温度升高而下降;α 越小越好。砷化镓霍尔元件为 $10^{-5}/℃$ 数量级,锗、硅元件为 $10^{-4}/℃$ 数量级。

(7) 热阻。它表示在霍尔电极开路情况下,在霍尔元件上输入 $1 \, \text{mW}$ 的电功率时产生的温升。之所以称它为热阻是因为这个温升的大小在一定条件下与电阻有关。

(8) 工作温度范围。由于公式(4-5)中含有电子浓度 n,当元件温度过高或过低时,n 将随之大幅度变大或变小,使元件不能正常工作。锑化铟的正常工作温度范围是 $0 \sim +40℃$,锗为 $-40 \sim +75℃$,硅为 $-60 \sim +150℃$,砷化镓为 $-60 \sim +200℃$。

4.2 磁电式传感器的应用

4.2.1 磁电式速度传感器

汽轮发电机组的振动大小可用振动参数如位移、加速度、速度等表征,目前可用磁电式速度传感器测量机组轴承的振动,当汽轮发电机组的轴承振动时,磁电式传感器内可动部分由于惯性的作用将按轴承振动的频率沿着轴线方向相对于外壳做往复运动。感应电动势的频率等于振动频率,利用磁感应电动势将机械振动转换成电信号输出的换能装置,在传感器的线性范围内,输出电压与机组振动速度成正比,所以适用于测量汽轮发电机组的机壳振动。

磁电式速度传感器有两种类型,即惯性式和相对式,因为惯性式不需要静止的基座作为参考基准,可直接安装在被测物体上进行测量,所以电力系统常选用惯性式磁电式速度传感器,其基本结构如图 4-10 所示。

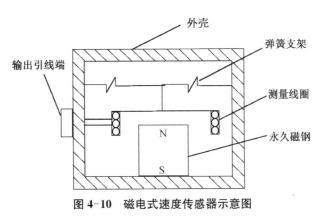

图 4-10 磁电式速度传感器示意图

其工作原理是由永久磁钢产生恒定的直流磁场,弹簧一端与外壳相连,另一端与测量线圈相连,传感器依附在汽轮发电机组轴承盖上并随轴承座一起振动,永久磁钢和外壳随被测物体上下振动,而测量线圈因为有软弹簧支撑可以保持相对静止,这样测量线圈就可以切割磁感线产生感应电动势,且该电动势与振动速度成正比。磁电式速度传感器工作频率范围为 5~1 000 Hz,在此范围内可以输出较强的电压信号,不仅测量电路简单,而且不易受电磁场和声场的干扰。在实际使用时,应按照传感器信号输出方向选择正确型号,且在安装时注意传感器使用方向,需要定期进行运行维护管理以保证机组正常工作。

4.2.2 磁电式转速传感器

磁电式转速传感器是一种变磁通式磁电传感器,它的基本结构如图 4-11 所示。

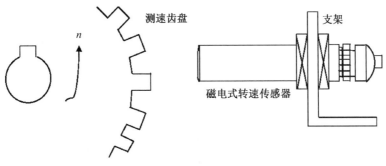

图 4-11 磁电式转速传感器

磁电式转速传感器一般为无源被动式传感器,因为它不需要电力供应。它安装在支架上,正对着测速齿盘,当齿盘转动时,齿盘上的齿依次经过磁电式传感器,使得传感器与测速齿盘之间的齿隙发生周期性变化,这样导致穿过传感器内部线圈的磁通量也发生周期性变化,根据电磁感应效应,每转过一个齿,传感器磁路磁阻变化一次,线圈便会产生感应电动势,然后经过后续的滤波、整形放大后输出脉冲方波电压信号,产生感应电动势的变化频率与转速呈线性关系。

$$f = \frac{\omega N}{60} \tag{4-19}$$

式中 f 为方波信号的频率,ω 为齿轮转速,N 为齿轮齿数。所以只要测出齿盘的输出电压信号频率 f,就可以间接得到转速 ω。

正是由于其可测量转速,磁电式速度传感器可安装在车轮上,为了防止车轮被制动抱死,控制程序必须知道单个车轮的速度,足以可见转速传感器在汽车上的重要性,而磁电式转速传感器在测量车轮转速方面应用十分广泛。传感器安装在每一个车轮处,转子与轮毂一体化或布置在一起,定子在制动底板上,并保持较小的间隙。如图 4-12 所示为磁电感应式轮速传感器的结构原理:

其工作原理为当齿圈的齿隙与传感器的磁极端部相对时,端部与齿盘间的空气间隙最大,传感器永磁性磁极产生的磁感线不容易通过齿盘,感应线圈周围的磁场最弱;当齿盘的齿顶与传感器的端部相对时,磁极端部与齿顶间的空气间隙最小,传感器永磁性磁极产生的磁感线容易通过齿盘,感应线圈周围的磁场较强。汽车在行驶过程中,齿盘上的齿顶和齿隙交替通过永久磁铁的磁场,整个回路中的磁通量随之发生变化,在线圈中产生感应电动势。通过检测感应电动势的波形信号就可以计算出感应电动势。通过波形信号也可以知道感应电动势变化的频率,从而根据上述公式计算出车轮的转速。

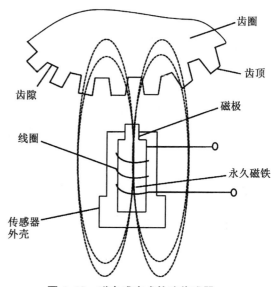

图 4-12　磁电感应式轮速传感器

霍尔式传感器也是一种磁电式传感器,它是基于霍尔效应利用霍尔元件将被测量转换成电动势输出的一种传感器,霍尔元件即使在磁通量没有变化的静态磁场,也具有感受磁场的独特能力,所以可以用它检测磁场及其变化,可在各种与磁场有关的场合中使用。例如在利用霍尔传感器测量磁场时,如果要求被测磁场精度较高,如优于 ±0.5%,那么通常选用砷化镓霍尔元件,其灵敏度高,约为 5~10 mV/100 mT,温度误差可忽略不计,且材料性能好,可以将体积做得较小。在被测磁场精度较低,体积要求不高时。如精度低于 ±0.5%,最好选用材料为硅和锗的霍尔元件;测量电流时,大部分霍尔元件都可以用于电流测量,要求被测精度较高时,选用砷化镓霍尔元件,其他条件下可选用砷化镓、硅、锗等霍尔元件;测量转速和脉冲时,通常是选用集成霍尔开关和锑化铟霍尔元件,如在录像机和摄像机中采用锑化铟霍尔元件替代电机中的电刷,提高了使用寿命;在信号的运算和测量中,通常利用霍尔电势与控制电流、被测磁场成正比,并与被测磁场同霍尔元件表面的夹角成正弦关系的特性制造函数发生器,利用霍尔元件输出与控制电流和被测磁场乘积成正比的特性制造功率表、电度表等;在测量拉力或压力时,选用霍尔元件制成的传感器相比于其他材料制成的传感器灵敏度和线性度更好。

4.3　压电式传感器的工作原理、结构及特性

压电式传感器是利用某些电介质材料受力后产生的压电效应制成的传感器,是一种自发电式和机电转换式传感器。其中,压电元件是压电传感器的核心元件,当压电元件受到力的作用时,其表面会产生电荷,通过对电量的测量间接地实现对非电量的测量。压电式传感器具有结构简单、信噪比高、测量范围广、灵敏度高等优点,因此在各个领域如通信、生物医学、工业生产、国防及航空航天等都有着非常广泛的应用。近年来,随着微惯性工艺和集成电路技术的不断发展,与之配套的低噪声、高性能的电子元器件的出现,使得压电传感器的性能也在不断提高,集成化、智能化的新型压电传感器也正在涌入市场。

4.3.1　压电效应

压电效应可分为正压电效应和逆压电效应。某些介质材料(如石英、压电陶瓷等)在受到外力的作用下发生形变,内部会产生电极化现象。这种极化现象表现在以下两个方面:

(1) 介质材料在某一方向上受力时,致使正负电荷中心的相对位移,于是在电介质两个表面上产生符号相反的电荷,如图 4-13(a)所示。当外力 F 撤掉后,该介质材料又会恢复到不带电的状态,这种现象称为正压电效应。

(2) 另一种情况是,当在介质材料的极化方向上施加外部电场时,也会导致电

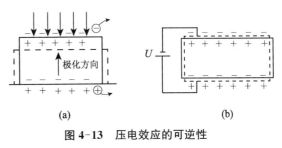

图 4-13　压电效应的可逆性

(a) 正压电效应;(b) 逆压电效应

介质内部正负电荷中心的相对位移,致使介质材料在一定方向上产生形变。当电场撤掉后,介质材料也会恢复原来的形状,这种现象称为逆压电效应(或电致伸缩效应),如图 4-13(b)所示。

4.3.2　压电材料

具有压电效应的介质材料被称为压电材料,自然界中大多数晶体都具有压电效应,常

用的压电材料如石英晶体、钛酸钡等材料,不同的材料其压电效应强弱也不同,所以真正能被大规模使用的压电材料并不多。

压电材料的主要特性参数如下:

(1)压电常数:用于衡量材料压电效应强弱的参数,它直接关系到压电输出的灵敏度。

(2)弹性常数:压电材料的弹性常数和刚度决定着压电器件的固有频率和动态特性。

(3)介电常数:对于具有一定形状大小的压电元件,其固有电容与介电常数有关,而固有电容又影响着压电传感器的频率下限。

(4)机电耦合系数:在压电效应中,转换输出的能量(如电能)与输入的能量(如机械能)之比的平方根为机电耦合系数,它是衡量压电材料机电能量转换效率的一个重要参数。

(5)电阻:压电材料的绝缘电阻将减少电荷泄漏,从而改善压电传感器的低频特性。

(6)居里点温度:压电材料开始丧失其压电特性的温度。

目前使用的压电材料多种多样,大致可分为压电单晶、压电多晶和新型压电材料等。国内外常见的压电材料有石英晶体、压电陶瓷等,压电材料不同,其晶体结构存在差异,压电效应的机理也不相同。如表 4-1 所示为常见压电材料的性能参数。

表 4-1 常见压电材料的性能参数

性能参数	石英 SiO$_2$	钛酸钡 BaTiO$_3$	锆钛酸铅 PZT-4	锆钛酸铅 PZT-5	铌镁酸铅 PMN
压电常数/ (pC·N^{-1})	$d_{11}=2.31$ $d_{14}=0.73$	$d_{15}=260$ $d_{31}=-78$ $d_{33}=190$	$d_{15}\approx410$ $d_{31}=100$ $d_{33}=230$	$d_{15}=670$ $d_{31}=185$ $d_{33}=600$	$d_{31}=-230$ $d_{33}=700$
相对介电常数	4.5	1 200	1 050	2 100	2 500
居里点温度/℃	573	115	310	260	260
密度/ (10^{3}kg·m^{-3})	2.65	5.5	7.45	7.5	7.6
弹性模量/ (10^{9}N·m^{-2})	80	110	83.3	117	
机械品质因数	10^5~10^6		≥500	80	
最大安全应力/ (10^{5}N·m^{-2})	95~100	81	76	76	
体积电阻率/ (Ω·m)	>10^{12}	10^{10}	>10^{10}	10^{11}	
最高允许温度/℃	550	80	250	250	

此外,压电材料的压电特性可以用压电方程来描述,压电方程是用数学公式来描述压电效应的,它反映了压电材料中机械和电能的转换规律。

$$q = d_{ij}\sigma \quad 或 \quad Q = d_{ij}F \tag{4-20}$$

式中　q——压电材料产生电荷的表面密度;

　　　σ——压电材料单位面积上受到的作用力;

　　　d_{ij}——压电材料的压电常数($i=1, 2, 3$;$j=1, 2, 3, 4, 5, 6$);

　　　F——压电元件受到的作用力;

　　　Q——压电材料表面产生的电荷。

其中压电常数 d_{ij} 中的 i 指的是压电晶体的极化方向,当压电晶体在垂直于 x 轴表面上有电荷产生时,记作 $i=1$,当在垂直于 y 轴的表面上产生电荷时将 i 记作 2,同理,在垂直于 z 轴的表面上产生电荷时,$i=3$。d_{ij} 中的 j 表示的是沿着哪个方向上的力的类型,如 $j=1$ 或 2 或 3 时,指的是沿 x 轴、y 轴、z 轴方向的单向应力,当 $j=4$ 或 5 或 6 时,指的是沿着垂直于 x 轴、y 轴、z 轴的平面内剪切力。并且单向应力为拉应力时,单向应力的符号为正,为压应力时其符号为负;剪切力的符号需要用右手螺旋定则确定。

压电晶体受到力作用时所产生的表面电荷密度如下

$$\begin{cases} q_1 = d_{11}\sigma_1 + d_{12}\sigma_2 + d_{13}\sigma_3 + d_{14}\sigma_4 + d_{15}\sigma_5 + d_{16}\sigma_6 \\ q_2 = d_{21}\sigma_1 + d_{22}\sigma_2 + d_{23}\sigma_3 + d_{24}\sigma_4 + d_{25}\sigma_5 + d_{26}\sigma_6 \\ q_3 = d_{31}\sigma_1 + d_{32}\sigma_2 + d_{33}\sigma_3 + d_{34}\sigma_4 + d_{35}\sigma_5 + d_{36}\sigma_6 \end{cases} \tag{4-21}$$

式中　q_1、q_2、q_3 分别为压电晶体受到垂直于 x 轴、y 轴和 z 轴的表面上的力产生的电荷密度;σ_1、σ_2、σ_3 分别为压电晶体受到沿着 x 轴、y 轴和 z 轴方向的拉、压应力;σ_4、σ_5、σ_6 分别为压电晶体受到的垂直于 x 轴、y 轴、z 轴的平面内的剪切力。

由上述可得,压电材料的压电特性可以用压电常数矩阵表示如下

$$\boldsymbol{d} = \begin{bmatrix} d_{11} & d_{12} & d_{13} & d_{14} & d_{15} & d_{16} \\ d_{21} & d_{22} & d_{23} & d_{24} & d_{25} & d_{26} \\ d_{31} & d_{32} & d_{33} & d_{34} & d_{35} & d_{36} \end{bmatrix} \tag{4-22}$$

1) 石英晶体

对于没有对称中心的晶体,由于其各向异性,具有压电特性,而具有压电特性的单晶体统称为压电晶体,最典型的压电晶体是石英晶体。

石英晶体又叫水晶,天然的石英晶体是一种物理和化学性质都非常稳定的矿产资源,石英也可以人工合成出来,其主要化学成分为 SiO_2。图 4-14 表示的是石英晶体的外形结构,它是一个六角形的晶柱。按图中所示进行直角坐标定义:其中有 x、y、z 三轴,z 轴称为光轴,当光线沿光轴 z 轴照射到石英晶体时,光线并不会发生折射现象,故也称为中性轴。x 轴平行于六面体棱线,在垂直于 x 轴的面上压电效应最强,故称为电轴。y 轴垂直于 x 轴和 z 轴所在平面,在电场的作用下,沿该轴方向的逆压电效应最强,故称为机械轴。

在实际应用中,压电传感器中常使用居里点温度为 573℃ 的 α-石英,压电石英的主要优点是:(1)性能十分稳定,时间和温度稳定性很好;(2)机械强度和刚度大,固有频率高;

（3）品质因数高并且具有良好的绝缘性。但石英材料价格昂贵，且压电常数小，因此压电石英常用于精度和稳定性要求较高的传感器中。

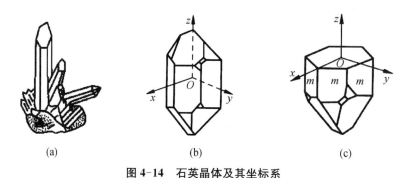

图 4-14　石英晶体及其坐标系

（a）天然石英晶体；（b）石英晶体外形；（c）石英晶体坐标系

若在石英晶体上沿 y 轴线方向切下一石英晶体薄片，如果对石英晶体沿光轴 z 轴方向施加作用力，由于晶体在 x 方向和 y 方向所产生的形变完全相同，正负电荷的中心不发生相对位移，石英晶体内部不产生电荷，就不会发生压电效应。另外，如果石英晶体在各个方向上同时受到均等的力的作用，石英晶体也会保持电中性。这种情况说明，石英晶体在体积变形时没有压电效应。当晶体受到的作用力在 x 方向和 y 方向相反时，电荷的极性发生改变，此时石英晶体不呈电中性。

当沿电轴 x 轴方向对石英晶片施加作用力时，在与电轴垂直的平面产生电荷，这时晶体产生的压电效应称为"纵向压电效应"，而沿机械轴 y 轴方向上受到力的作用产生的压电效应称为"横向压电效应"。

在晶体切片中，当沿电轴 x 轴方向施加作用力 F_x 时，晶体切片产生厚度形变，则在与电轴 x 垂直的平面上产生电荷 q_x，q_x 的大小为

$$q_x = d_{11} F_x \qquad (4-23)$$

式中　d_{11} 为纵向压电系数，单位为 pC/N，石英晶体中 $d_{11} = 2.31$ pC/N。

从式（4-23）可以看出，石英晶体切片上产生的电荷数量与作用力 F_x 成正比，与晶体切片尺寸无关。

在同一片晶体切片中，若沿机械轴 y 方向施加作用力 F_y 时，仍会在与 x 轴垂直的平面上产生电荷 q_y，q_y 大小为

$$q_y = d_{12} \frac{a}{b} F_y = -d_{11} \frac{a}{b} F_y \qquad (4-24)$$

式中　d_{12} 为横向压电系数，单位为 pC/N，由于石英晶体的对称性，有 $d_{12} = -d_{11}$，a、b 分别为石英晶体切片的长度和厚度。

从公式（4-24）可以看出，石英晶体沿机械轴 y 方向受到力的作用所产生的电荷 q_y 和晶

体切片的尺寸有关。

石英晶体受到作用力产生的电荷极性和作用力的类型有关,当晶体受到沿电轴 x 方向上作用力 F_x 时,若 F_x 为拉力,则电荷极性为正;若 F_x 为压力,则电荷极性为负,如图 4-15(a)(b)所示。而对于沿机械轴 y 方向受到作用力时产生的电荷极性与沿 x 轴的相反,如图 4-15(c)(d)所示。

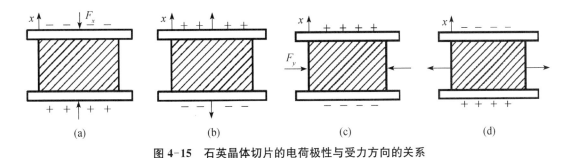

图 4-15　石英晶体切片的电荷极性与受力方向的关系

(a) 沿 x 轴方向受压力;(b) 沿 x 轴方向受拉力;(c) 沿 y 轴方向受压力;(d) 沿 y 轴方向受拉力

此外,石英晶体除了受力作用产生的纵向和横向压电效应之外,在受到切向应力作用时也会产生电荷。

2) 压电陶瓷

与石英晶体不同,压电陶瓷是人工制造的多晶体压电材料。相比于石英晶体,压电陶瓷也有很多优点,比如压电陶瓷的压电系数要高得多,但是制造成本却更低,而且压电陶瓷同样具有很好的温度稳定性和物理稳定性。需要知道的是,压电陶瓷要想具备压电效应,则需要经过人工极化处理。压电陶瓷的压电系数比石英晶体大得多,而且成本很低,因此,实际应用中所使用的压电传感器大都采用压电陶瓷材料。比如压电陶瓷中的锆钛酸铅就具有很高的压电系数,并且其工作温度可达到 $200℃$。若在其极化方向上施加作用力 F,在垂直表面上产生电荷量 q 与作用力 F 的关系为

$$q = d_{33}F \tag{4-25}$$

式中,锆钛酸铅压电系数 d_{33} 为 $200 \sim 300 \text{ pC/N}$,$q$ 为产生的电荷量,F 为施加的作用力。

因此在实际应用中,使用压电陶瓷作为传感器的压电元件比石英晶体具有更高的灵敏度。但是压电陶瓷存在其温度灵敏度接近居里点温度时会失去压电特性的缺点,这会降低压电传感器的稳定性。

压电陶瓷产生压电效应的原理和石英晶体也不一样。压电陶瓷是由无数细小的单晶组成,其内部的晶粒存在许多电畴,即类似铁磁材料磁畴的结构,其中每个电畴都能够自发极化,并且都有一定的极化方向,从而存在一定电场。在不施加外电场作用情况下,压电陶瓷内部的电畴呈现无规则杂乱分布,它们各自的极化效应被相互抵消,致使压电陶瓷不具备压电性,如图 4-16(a)所示。如果对压电陶瓷进行极化处理,即对压电陶瓷施加保持一定温度和时间的外加电场作用,迫使电畴呈现规则排列,从而具有压电性能,如图 4-16(b)

所示。施加的外电场越强,就有更多的电畴更完全地趋向外电场方向规则排列。当极化电场去掉后,趋向电畴并不会恢复原样而是保持不变,这时压电陶瓷的极化强度不为零,将此时的极化强度称为剩余极化强度,这时压电陶瓷才具有压电特性,如图 4-16(c) 所示。

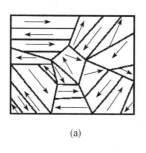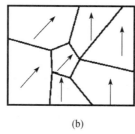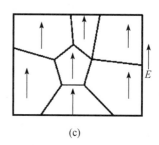

图 4-16 压电陶瓷的极化

(a) 极化处理前;(b) 极化处理;(c) 极化处理后

经过极化处理后的压电陶瓷材料,已经具备了压电特性,此时如果对压电陶瓷施加与极化方向平行的外力作用,压电陶瓷内部电畴的界线发生移动,电畴发生偏转,引起剩余极化强度发生变化,因而在垂直于极化方向的平面上将出现极化电荷的变化。这种由于力的作用产生的机械能到电能转变的现象就是压电陶瓷的正压电效应。需要注意的是,刚进行极化处理后的压电陶瓷具有的压电特性是不稳定的,一般经过几个月的时间,其压电常数才近似保持为一定常数。

另外,与石英晶体不同的是,压电陶瓷在各个方向上同时受均等力作用时,仍会产生极化电荷,所以压电陶瓷具有体积变形的压电效应,这也是其相对于石英晶体的突出优点之一,利用这个特点可制成用于测量气体、液体等流体的传感器。

需要指出的是,压电材料具备的压电效应并不是真正产生电荷,压电效应的产生表现为存在表面电荷,只有沿偶极子方向的电场产生。通常情况下,可以采用晶体外接金属电极的方法将产生的电场转换为可移动的电子,此时电子由一个电极流向对面的电极,将所产生的电场抵消掉,压电敏感元件的输出电压和两电极之间的电容决定了可移动电子数。

因此,压电传感器只能用于对动态的物理量进行测量,而不能用于对静态的物理量进行测量。因为当压电敏感元件受到的力是静态力时,电极上会产生电子,压电传感器的测量电路内阻会使得这些电子流失,随着时间的延长,传感器的输出信号会慢慢消失。

4.4 压电式传感器的测量电路

压电式传感器的输出信号十分微弱,并且要求的负载电阻 R_L 很高,因此压电式传感器的输出端需要与一个高输入阻抗的前置放大器相连。前置放大器不仅能够放大压电传感器输出信号,还能够将压电传感器的高阻抗输出转变为低阻抗输出。

4.4.1　压电式传感器的等效电路

压电式传感器的核心元件是压电元件,实际上,压电元件可以看成是一个电荷发生器,如果将压电元件的两个表面上镀上金属薄膜,可以将其表面看成两个电极,当压电元件受到机械外力作用时,由于压电效应,就会在两电极上产生极性相反、电量相等的电荷 Q。同时,压电传感器也能够看成是一个具有电容 C_a 的电容器,两极板间为绝缘体,如图 4-17(a)所示。其电容量大小为

$$C_a = \frac{\varepsilon S}{d} = \frac{\varepsilon_r \varepsilon_0 S}{d} \tag{4-26}$$

式中　S ——极板面积(m^2);

　　　d ——压电片的厚度(m);

　　　ε ——压电材料的介电常数(F/m);

　　　ε_r ——压电材料的相对介电常数;

　　　ε_0 ——真空介电常数,$\varepsilon_0 = 8.85 \times 10^{-12}$ F/m。

对于压电器件,通常其绝缘电阻 $R_a \geqslant 10^{10}$ Ω,压电元件在输出电压时,可以等效成一个与电容串联的电压源。如图 4-17(b)所示。

当压电器件需要输出电荷时,它可以等效成一个和电容相并联的电荷源,如图 4-17(c)所示。

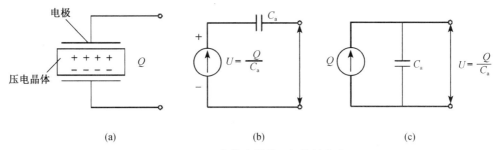

图 4-17　压电传感器的理想等效电路

(a) 压电元件;(b) 电压源;(c) 电荷源

由压电传感器的等效电路可以看出,其内部信号不可避免地存在电荷泄漏。若被测物理量是静态或准静态量,此时如果不采取方法减小压电元件电荷经测量电路的泄露,就会对测量造成误差,而若被测量是动态量时,由于泄露的电荷可以得到补充,从而供给测量电路一定的电流,所以压电式传感器更适合用于动态测量。

需要指出的是,如图 4-18 所示的压电传感器等效电路是理想状态下,也即在压电器件自身具有理想绝缘、内部无漏电且输出端负载无穷大的情况下才成立,此时,压电元件受到作用力后,压电元件产生的电荷才能长期保存下来。然而实际构成传感器时,需要使用电缆进行电路和元件的连接,这就必须考虑电缆的电容 C_c 以及后续测量放大电路的输入阻抗

R_i、输入电容 C_i 等非理想情况,而且,压电元件本身也不是理想元件,其自身也存在泄露电阻 R_a,所以实际压电传感器等效电路如图 4-18 所示。

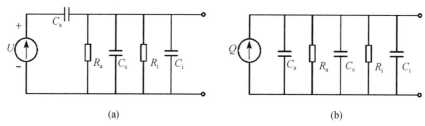

(a)　　　　　　　　　　(b)

图 4-18　压电传感器实际等效电路

(a) 实际电压源等效电路;(b) 实际电荷源等效电路

由实际等效电路可以看出,由于压电传感器自身的内部泄漏,会导致静态标定和低频准静态测量存在误差,因此压电传感器不适宜用于静态测量。而且压电传感器的绝缘电阻与前置放大器的输入电阻相并联,为了保证传感器和测试系统能够对低频甚至准静态物理量进行测量,就要求压电传感器的绝缘电阻在 10^{13} Ω 以上,这样才能保证压电传感器内部电荷泄露不会影响到输出结果。当压电传感器的绝缘电阻如此高时,就必然要求前置放大器要有相当高的输入阻抗,否则会产生测量误差。

4.4.2　压电式传感器的测量电路

压电传感器自身的内阻抗很高,而输出信号十分微弱,因此它的测量电路通常需要接入一个高输入阻抗的前置放大器。前置放大器起到的作用是:(1)将传感器输出的微弱信号进行放大处理;(2)将压电传感器的高输出阻抗转变为低输出阻抗。要实现这两个功能,必然不能使用普通的放大器,由于压电传感器的输出可以是电压信号,也可以是电荷信号,因此前置放大器也有两种形式:电压放大器和电荷放大器。

1)电压放大器

电压放大器又叫阻抗变换器,广泛应用于各种控制电路和信号处理电路中,尤其是作为传感器输出端的前置放大器。压电式传感器与电压放大器连接的等效电路如图 4-19(a)所示,压电传感器等效为与电容串联的电压源,与之相连的前置放大器采用的是反相放大

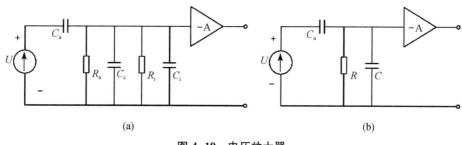

(a)　　　　　　　　　　(b)

图 4-19　电压放大器

(a) 等效电路;(b) 简化后的等效电路

器,其拥有高的增益,能够将压电传感器高阻抗变换为低输出阻抗,其中 C_c 代表的是电缆电容,R_a 代表压电传感器内部泄漏电阻。图 4-19(b) 为简化后的电压放大器等效电路。

由图 4-19(b) 中得出,该测量回路等效电阻 $R = R_a R_i / (R_a + R_i)$,测量回路等效电容 $C = C_c + C_i + C_a$。

若压电元件受到正弦作用力 $F = F_m \sin \omega t$ 时,设压电元件的压电系数为 d,在外力 F 的作用下,压电元件的输出电荷量为

$$Q = d F_m \sin \omega t = Q_m \sin \omega t \tag{4-27}$$

由此可得,在外力作用下,压电元件产生的电压值为

$$U_a = Q / C_a = \frac{d F_m}{C_a} \sin \omega t = U_m \sin \omega t \tag{4-28}$$

式中　$U_m = d F_m / C_a$。

由图 4-19(b) 中的分压关系可以得到反相放大器的输入电压 U_i 为

$$U_i = U_a \frac{j \omega R C_a}{1 + j \omega R (C + C_a)} = U_a C_a \frac{j \omega R}{1 + j \omega R (C + C_a)}$$
$$= d F_m \sin \omega t \frac{j \omega R}{1 + j \omega R (C_c + C_i + C_a)} \tag{4-29}$$

U_i 的幅值为

$$U_{im} = \frac{d F_m \omega R}{\sqrt{1 + \omega^2 R^2 (C_c + C_i + C_a)^2}} \tag{4-30}$$

前置放大器的输入电压 U_i 和作用力 F 之间存在相位差 ϕ

$$\phi = \frac{\pi}{2} - \arctan[\omega R (C_c + C_i + C_a)] \tag{4-31}$$

在理想压电传感器等效电路中,压电传感器的绝缘电阻 R_a 与前置电压放大器的输入电阻 R_i 都为无穷大,则 $\omega R (C_c + C_i + C_a) \gg 1$。根据公式 (4-30) 可得到理想情况下电压放大器输入电压幅值为

$$U_{iam} = \frac{d F_m}{C_c + C_i + C_a} \tag{4-32}$$

式 (4-31) 表明理想情况下,前置放大器的输入电压和作用力 F 的频率无关,令 $\tau = R(C_c + C_i + C_a)$,$\tau$ 为测量电路的时间常数,令 $\omega_0 = 1/\tau$。由式 (4-30) 和式 (4-32) 可得前置放大器的实际输入电压与理想输入电压幅值比 (相对电压灵敏度) 为

$$\frac{U_{im}}{U_{iam}} = \frac{\omega R (C_c + C_i + C_a)}{\sqrt{1 + \omega^2 R^2 (C_c + C_i + C_a)^2}} = \frac{\omega \tau}{\sqrt{1 + (\omega + \tau)^2}} \tag{4-33}$$

前置放大器的输入电压和作用力 F 之间的相位差为

$$\phi = \frac{\pi}{2} - \arctan(\omega\tau) \tag{4-34}$$

进一步分析还可以得到电压放大器的电压灵敏度为

$$K_u = \frac{U_{im}}{F_m} = \frac{d}{\sqrt{(1/\omega R)^2 + (C_a + C_c + C_i^2)}} \tag{4-35}$$

又由 $\omega R \gg 1$，则式(4-35)又可近似为

$$K_u = \frac{d}{C_c + C_i + C_a} \tag{4-36}$$

由上述公式可以得到，电压放大器的电压幅值比和相角与频率比的关系曲线，如图
4-20所示。从图中可看出，当静态作用力施加在压电元件上时，即 $\omega = 0$ 时，电压放大器的输入电压等于零。此时，在静态力作用下，压电元件产生的电荷通过电压放大器的输入电阻时会发生泄漏，而且压电传感器自身的泄漏电阻也会泄漏掉电荷，这也从原理上说明了为什么压电式传感器不适宜测量静态量的原因。

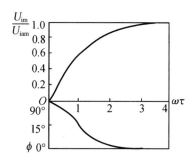

图 4-20 电压幅值比和相角与
频率比的关系曲线

从图 4-20 中还可以分析得到电压放大器测量回路的高频特性，当 $\omega\tau \gg 1$ 时，即作用力变化频率与测量回路时间常数的乘积远大于 1 时，测量回路的输出电压灵敏度十分接近1，这说明在测量回路时间常数一定时，被测物量的频率越高，输出灵敏度就越接近理想情况。还可以看出此时前置放大器的输入电压的幅值 U_{im} 与频率无关(实际上 $\omega\tau \gg 3$ 即可)。这些都表明，压电器件具有很好的高频响应特性，这是压电式传感器的优点之一。

而当 $\omega\tau \ll 1$ 时，即测量回路的时间常数一定时，当被测物理量变化越缓慢，就会造成压电传感器灵敏度越低于理想情况的值。为了扩大传感器的低频响应范围，就必须提高测量回路的时间常数 τ，比如增大测量回路中的等效电容或者增大回路中的等效电阻。

然而从公式(4-36)可以看出，压电传感器的电压灵敏度与测量回路中等效电容成反比，如果采用增大测量回路的电容来提高时间常数 τ 的方法，会导致电压灵敏度的降低。所以通常采用提高测量回路的电阻的方法来提高时间常数。由于压电传感器本身的绝缘电阻已经很大，所以前置放大器的输入电阻就决定了测量回路的电阻，这也就是前置放大器需要选择输入电阻很高的放大器的原因。

需要指出的是，连接压电传感器与前置放大器的电缆长度发生变化时，电缆电容 C_c 也将改变，由公式(4-36)可以看出，电缆电容的变化会导致电压灵敏度也发生变化。故实际使用压电传感器时，如果想要改变连接电缆线长度，必须重新对灵敏度值进行校正，否则将

会引入测量误差。

2）电荷放大器

电荷放大器是另一种压电传感器常用的前置放大器。电荷放大器本质上是一种深度负反馈高增益放大器，它能将压电传感器的高内阻的电荷源转换为低内阻的电压源，电荷放大器的工作原理是将输入电荷信号直接积分到所在回路的积分电容上，从而得到电压的输出。并且输出电压与输入电荷量成正比，而且使用电荷放大器作为前置放大器不会因为电缆长度的变化影响压电传感器的灵敏度。电荷放大器及其等效电路如图 4-21 所示。

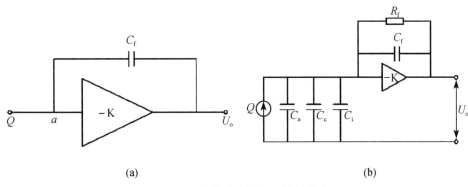

图 4-21　电荷放大器及其等效电路

(a) 电荷放大器；(b) 电荷放大器等效电路

因为电荷放大器的输入阻抗极高，通常高达 $10^{10} \sim 10^{12}\ \Omega$，因而在电荷放大器的输入端几乎没有电流，故可省略传感器和电缆的漏电阻的影响，则放大器的输入电压为

$$U_i = -\frac{Q}{C_a + C_c + C_i + (1+A)\,C_f} \tag{4-37}$$

电荷放大器的输出电压为

$$U_o = -\frac{AQ}{C_a + C_c + C_i + (1+A)\,C_f} \tag{4-38}$$

式中　Q——输入到电荷放大器的电荷量；

　　　A——电荷放大器的开环放大倍数；

　　　C_f——电荷放大器的反馈电容。

由于电荷放大器具有高增益，即 $(1+A)\,C_f \gg C_a + C_c + C_i$，则输出电压可表示为

$$U_o \approx -\frac{AQ}{(1+A)\,C_f} \approx -\frac{Q}{C_f} \tag{4-39}$$

由上述公式可以看出，电荷放大器的输出电压只取决于输入电荷 Q 和反馈电容 C_f，而与电缆电容 C_c 无关，且输出电压与电荷量 Q 成正比。采用电荷放大器作为前置放大器可

以减小因为电缆长度的改变对测量结果带来的误差,这是电荷放大器和电压放大器相比的突出优点。

在实际应用中,电荷放大器对于电容电阻的精度和大小要求较高,需要其温度和时间稳定性好,对于反馈电容 C_f 来说,其容值范围一般选择为 $10 \sim 10\,000\,pF$ 之间,容值太高,则电荷放大器的增益不够,容值太小,则会使电荷放大器截止频率偏大。若考虑到被测物理量的量程,反馈电容还可以选用可调容值电容。除此之外,实际应用时为使电荷放大器工作稳定,一般在反馈电容的两端并联一个大的反馈电阻 R_f(阻值约为 $10^8 \sim 10^{12}\,\Omega$),反馈电阻的作用是用来提供直流反馈,从而提高电路的工作稳定性,减小零漂。

高频时,输出电压和反馈电阻 R_f 关系不大,当信号电荷的频率较低时,R_f 的影响不可忽略,此时电荷放大器输出电压为

$$U'_o \approx - \frac{j\omega Q}{\frac{1}{R_f} + j\omega\,C_f} \qquad (4\text{-}40)$$

此时电荷放大器的截止频率为

$$f_L \approx - \frac{1}{2\pi\,R_f\,C_f} \qquad (4\text{-}41)$$

电荷放大器的低频下限与反馈电容和反馈电阻有关,由于电荷放大器的时间常数($\tau = R_f\,C_f$)一般很大,电荷放大器的低频下限可以达到准静态程度,因此其低频响应也十分出色。

4.5　压电式传感器的应用

广义来讲,压电式传感器是指利用压电材料的各种物理效应所制成的各种传感器,压电式传感器广泛应用于工业、军事、航空航天和民用等领域,如可以制成压电式测力传感器、压电式加速度传感器、压电陀螺等。表 4-2 给出了压电式传感器的主要应用类型,其中应用最为广泛的为力敏型压电式传感器。

表 4-2　压电式传感器的主要应用类型

传感器类型	转换关系	用途	压电材料
力敏型	力转换为电	声呐、应变仪、点火器、电子血压计、压电陀螺、压力测量一、压电加速度传感器、微拾音器	石英、ZnO_2、$BaTiO_3$、PZT
声敏型	声转换为电	振动器、超声探测器、助听器	SiO_2、压电陶瓷
光敏型	光转换为电	热电红外探测器	$BaTiO_3$、$LiTiO_3$
热敏型	热转换为电	压电温度计	$PbTiO_3$、$LiTiO_3$、$BaTiO_3$、PZO

4.5.1　压电式加速度传感器

压电式加速度传感器又称为压电加速度计,它属于惯性式传感器。在当今社会生产生活中,压电式加速度传感器在很多领域应用广泛,大到国防、航空航天中的导航系统,小到我们的个人电脑和摄像机,都会出现压电式加速度传感器的身影。

压电加速度传感器是利用压电材料的压电效应,在压电加速度传感器受到外来机械振动时,传感器中的压电元件感受到的力也发生变化。由前面的知识可以知道,当压电式加速度传感器的固有频率远高于被测加速度频率时,力的变化引起压电元件产生电荷并输出电压,输出电压又与加速度成正比,通过输出电压进而得出被测量的加速度。

4.5.2　压电式测力传感器

压电式测力传感器是利用压电元件实现力—电转换的传感器,在拉压力和力矩等测量中应用广泛,通常采用双片或多片石英晶片作为压电元件,可以测量动态力或静态力,测量范围可达 $10^{-3} \sim 10^4$ kN。压电式测力传感器根据用途和压电元件的组成可以分为单向力、双向力和三向力传感器。

4.5.3　压电式玻璃破碎报警器

压电式玻璃破碎报警器是目前市场上较为常见的防盗窃警报设施。该报警器采用压电传感器作为核心部件,并与多种元件包括单片机等组成报警系统。该报警器具有价格便宜、灵敏度高、结构简单、工作可靠、质量轻、测量范围广等许多优点。目前,电子报警技术正广泛应用于各行各业及人们的日常生活中。通常情况下,电子报警电路只能根据监控的对象进行设计,所以电子报警电路的形式是各种各样的。如图 4-22 所示为电子报警系统原理框图。

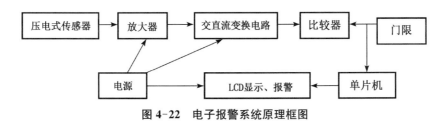

图 4-22　电子报警系统原理框图

压电式玻璃破碎报警器中使用的压电元件为压电陶瓷,当报警器周围存在玻璃破碎时,传播的声音信号施加在压电传感器上,传感器就会产生一定的电压脉冲。但是这种脉冲电压很小,一般只有几十毫伏,所以在其后应有放大器将振动电压脉冲放大到一定的大小,放大器的输入阻抗很高,输出阻抗较低。这个信号还不可以直接送到单片机引起中断,必须经过比较器使它变成标准的下降电位,在下降沿的作用下引起单片机的中断执行工作。因为蜂鸣片产生的是交流信号,所以在送比较器之前必须把它变成直流电压,因此还得有个交流变直流的电路,单片机由软件控制可以实现报警与显示的功能。

4.5.4 压电式超声波传感器

事实上,压电式传感器中并不是全都利用的正压电效应,逆压电效应的应用也十分广泛。例如基于逆压电效应的压电式超声波传感器和石英陀螺仪等。

压电式超声波传感器通过高频的交变电场转换成机械振动来产生超声波,即电能到机械能的转换,再利用超声波的特性对被测物理量进行检测。其中发射探头是压电式超声波传感器的核心部件,它主要是由压电晶片构成,在超声传感器中,通过对压电晶片施加交变电压,利用逆压电效应使压电晶片产生交替的机械形变,进而产生超声波。然后超声波的接收探头在接收到超声波后使晶片产生机械振动,通过正压电效应,从而产生与之相关的电荷。发射探头和接收探头的结构基本相同,有时为了小型化也可共用一个探头。

实际应用中压电超声波传感器结构还可分为直探头(纵波)、斜探头(横波)、表面波探头(表面波)、聚焦探头(可将声波聚焦为一束)和水浸探头(可浸在液体中)等。如图4-23所示为几种常见的超声波传感器探头结构,超声波探头大多呈圆盘形,其两个表面镀上银

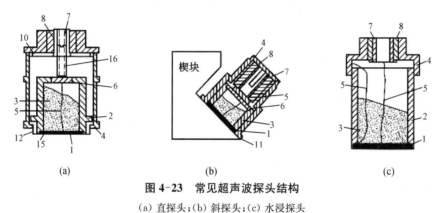

图 4-23　常见超声波探头结构

(a) 直探头;(b) 斜探头;(c) 水浸探头

1—压电晶片;2—晶片座;3—吸收块;4—金属壳体;5—导线;6—接线片;7—接线座;8—绝缘柱;
9—接地点;10—盖;11—接地铜箔;12—接地铜环;13—隔声层;14—延迟块;15—保护膜;16—导电螺杆

层薄膜作为极板,并将底面接地,顶面引出输出接口。探头中的吸收块可以降低晶片的机械品质,吸收声波能量,当电脉冲信号停止时,吸收块能够吸收脉冲信号,阻止晶片继续振荡,提高探头分辨率。

压电式超声波传感器在工业生产中应用十分广泛,利用超声波传感器能够制成压电式超声波测厚仪、压电式超声波流量计等。如图4-24所示为压电式超声波流量计的测量原理图,由于超声波在静止流体、顺流方向和逆流方向的流体中的传播速度存在差异,采用两个压电式超声换能器作为测量装置,其能够发射并接收超声波,通过处理接收到

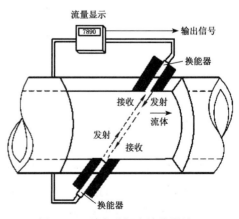

图 4-24　压电式超声波流量计

的超声波相位差来测量流体流速,而流量等于流体流速与管道横截面积的乘积。压电流量计测量流体流量时不会对流体产生附加阻力,测量结果也不受流体物理和化学性质等影响,因此可用于测量自来水、下水道污水、河流甚至工业废水等流体的流量。

4.6　热电偶传感器的原理、结构及特性

热电偶传感器的原理在于通过热电效应将被测温度转化为电势。热电偶传感器是一种能量转换型传感器,是一种能够在各种场合得到应用的温度传感器。温度传感器中使用最为广泛的是热电偶温度传感器。这一传感器有着许多优势,比如测量与检测的温度范围大、对外界条件的适应能力强,同时抗性强且成本低、能源消耗少。热电偶传感器是这一领域内最简单也是最实用的温度传感器,热电偶传感器的不足在于进行高精度检测与测量时并不适合。

热电偶作为温度测量仪表最为通用的温度测量传感器,将两种不同材料的导体两端连接成闭合回路时,在接合点处热电偶温度不同时,这时会有热电流在回路内产生。当热电偶的工作端和参与端存在温差时,这时在显示仪表上将会显示出热电偶产生的热电势所对应的温度值。热电偶的热电动势会受到温度变化的影响,会随着测量端温度升高而增长,热电偶的热电动势由热电偶材料和两端的温度决定,不会受到热电极的长度、直径的影响。各种热电偶的外形往往因为使用需求不同而不同,但是它们的基本结构却大致相同,一般是由热电极、绝缘套保护管和接线盒这几部分结构组成,通常与显示仪表、记录仪表和电子调节器搭配使用。

热电偶作为一种感温元件属于一次仪表,可以实现对温度的测量,完成将温度信号转化为热电动势信号的过程,再通过二次仪表转化为被测介质的温度。基于热电动势与温度间存在的函数关系,可以制成热电偶分度表,这是自由端温度在 0 ℃时的条件下生成的,不同的热电偶有着不同的分度表。

当热电偶回路中接入第三种金属材料时,加入这一金属材料的两个接点的温度一致,那么热电偶所产生的热电势就不变,也就是说第三种金属接入回路中将不会造成影响。基于上述原理说明热电偶在测温过程中,通过接入测量仪表,得到产生的热电动势后,就可以检测出被测介质的温度。

4.6.1　热电效应及其工作定律

1）热电效应

将两种不同性质的导体 A、B 组成闭合回路,如图 4-25 所示。若节点(1)、(2)处于不同的温度（$T \neq T_0$）时,两者之间将产生一热电势,在回路中形成一定大小的电流,这种现象称为热电效应。热电效应产生的热电势由接触电势(珀尔帖电势)和温差电势(汤姆孙电势)两部分组成。

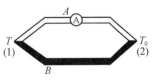

图 4-25　热电效应

当两种金属接触在一起时,由于不同导体的自由电子密度不同,在结点处就会发生电子迁移扩散。失去自由电子的金属呈正电位,得到自由电子的金属呈负电位。当扩散达到平衡时,在两种金属的接触处形成电势,称为接触电势。其大小除与两种金属的性质有关外,还与结点温度有关,可表示为

$$E_{AB}(T) = \frac{kT}{e} \ln \frac{N_A}{N_B} \tag{4-42}$$

式中　$E_{AB}(T)$ ——A、B 两种金属在温度 T 时的接触电势;

　　　k ——玻尔兹曼常数,$k = 1.38 \times 10^{-23}$ J/K;

　　　e ——电子电荷,$e = 1.6 \times 10^{-19}$ C;

　　　N_A,N_B ——金属 A、B 的自由电子密度;

　　　T ——结点处的绝对温度。

对于单一金属,如果两端的温度不同,则温度高端的自由电子向低端迁移,使单一金属两端产生不同的电位,形成电势,称为温差电势。其大小与金属材料的性质和两端的温差有关,可表示为

$$E_A(T, T_0) = \int_{T_0}^{T} \sigma_A dT \tag{4-43}$$

式中　$E_A(T, T_0)$ ——金属 A 两端温度分别为 T 与 T_0 时的温差电势;

　　　σ_A ——温差系数;

　　　T,T_0 ——高低温端的绝对温度。

因此,可得图 4-25 中回路的总热电势为:

$$E_{AB}(T, T_0) = E_{AB}(T) - E_{AB}(T_0) + \int_{T_0}^{T} (\sigma_A - \sigma_B) dT \tag{4-44}$$

由此可以得出如下结论:

(1) 如果热电偶两电极的材料相同,即 $N_A = N_B$, $\sigma_A = \sigma_B$,虽然两端温度不同,但闭合回路的总热电势仍为零。因此,热电偶必须用两种不同材料作热电极。

(2) 如果热电偶两电极材料不同,而热电偶两端的温度相同,即 $T = T_0$,则闭合回路中也不产生热电势。

2) 工作定律

(1) 中间导体定律

在图 4-25 的 T_0 处断开,接入第三种导体 C,如图 4-26 所示。

回路总的热电势:　　　　$E_{ABC}(T, T_0) = E_{AB}(T, T_0)$ 　　　　(4-45)

即:导体 A、B 组成的热电偶,当引入第三种导体时,只要保持其两端温度相同,则对回路总热电势无影响,这就是中间导体定律。利用这个定律可以将第三导体换成毫伏表,只要保证两个接点温度一致,就可以完成热电势的测量而不影响热电偶的输出。

(2) 连接导体定律与中间温度定律

在热电偶回路中,若导体 A、B 分别与连接导线 A'、B' 相接,接点温度分别为 T、T_n、T_0,如图 4-27 所示,则回路的总热电势为

$$E_{ABB'A'}(T, T_n, T_0) = E_{AB}(T, T_n) + E_{A'B'}(T_n, T_0) \tag{4-46}$$

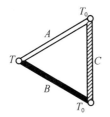

图 4-26　三导体回路

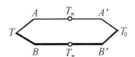

图 4-27　热电偶连接导线回路

式(4-46)为连接导体定律的数学表达式,即回路的总热电势等于热电偶电势 $E_{AB}(T, T_n)$ 与连接导线电势 $E_{A'B'}(T, T_n)$ 的代数和。连接导体定律是工业上运用补偿导线进行温度测量的理论基础。当导体 A 与 A'、B 与 B' 材料分别相同时,则式(4-46)可写为

$$E_{AB}(T, T_n, T_0) = E_{AB}(T, T_n) + E_{AB}(T_n, T_0) \tag{4-47}$$

式(4-47)为中间温度定律的数学表达式,即回路的总热电势等于 $E_{AB}(T, T_n)$ 与 $E_{AB}(T_n, T_0)$ 的代数和。T_n 称为中间温度。中间温度定律为制定分度表奠定了理论基础,只要求得参考端温度为 0℃时的"热电势-温度"关系,就可以根据式(4-47)求出参考温度不等于 0℃时的热电势。

（3）参考电极定律

图 4-28 为参考电极回路示意图。图中 C 为参考电极,接在热电偶 A、B 之间,形成三个热电偶组成的回路。

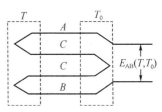

图 4-28　参考电极回路

$$E_{AC}(T, T_0) - E_{BC}(T, T_0) = E_{AB}(T) - E_{AB}(T_0) + \int_{T_0}^{T} (\sigma_A - \sigma_B)\mathrm{d}T \tag{4-48}$$
$$= E_{AB}(T, T_0)$$

式(4-48)为参考电极定律的数学表达式。表明参考电极 C 与各种电极配对时的总热电势为两电极 A、B 配对后的电势之差。利用该定律可大大简化热电偶选配工作,只要已知有关电极与标准电极配对的热电势,即可求出任何两种热电极配对的热电势而不需要测定。

4.6.2　热电偶的常用材料和结构

热电偶的常用材料应当具备以下条件:

（1）温测范围广。热电偶材料除了要满足具有温度测量范围较大的特点外还需要在此温度范围内具有高的测量稳定度,同时应当具备高的热电动势。温度与热电动势的关系是单值函数,最好满足线性关系。

（2）性能稳定。良好的热电偶应当在温度测量范围内有着稳定的热点性能,热电偶也要有良好的均匀性和复现性。

（3）物理化学性能好。热电偶材料应当在规定的温度测量范围内具有良好的化学稳定性、氧化性或抗还原性能。

满足以上热电偶条件的材料是有限,我国把性能符合专业标准或国家标准并具有统一分度表的热电偶材料称为定型热电偶材料。

1) 标准化热电偶

铂铑 30 -铂铑热电偶,这种热电偶分度号为"B"。它的正极是铂铑丝,负极也是铂铑丝,故俗称双铂铑。测温范围为 0~1 700℃。其特点是测温上限高,性能稳定。在冶金反应、钢水测量等高温领域中得到了广泛的应用。

铂铑 10 -铂热电偶 这种热电偶分度号为"S"。它的正极是铂铑丝,负极是纯铂丝。测温范围为 0~1 700℃。其特点是热电性能稳定,抗氧化性强,宜在氧化性、惰性气体中工作。由于精度高,故国际温标中规定它为 630.74~1 064.43℃温度范围内复现温标的标准仪器。常用作标准热电偶或用于高温测量。

镍铬-镍硅热电偶 9.5%,负极为镍硅。测温范围为 -200~+1 300℃。其特点是测温范围很宽、热电动势与温度关系近似线性、热电动势大及价格低。其缺点是热电动势的稳定性较 B 型或 S 型热电偶差,且负极有明显的导磁性。

镍铬-康铜热电偶 这种热电偶分度号为"E"。它的正极是镍铬合金,负极是铜镍合金。测温范围为 -200~+1 000℃。其特点是热电动势较其他常用热电偶大。适宜在氧化性或惰性气体中工作。

铁-康铜热电偶 这种热电偶分度号为"J"。它的正极是铁,负极是铜镍合金。测温范围为 -200~+1 300℃。其特点是价格便宜,热电动势较大,仅次于 E 型热电偶。其缺点是铁极易氧化。

铜-康铜热电偶 这种热电偶分度号为"T"。它的正极是铜,负极是铜镍合金。测温范围为 -200~+400℃。其特点是精度高,在 0~200℃范围内,可制成标准热电偶,准确度可达±0.1℃。其缺点是铜极易氧化,故在氧化性气氛中使用时,一般不能超过 300℃。

2) 非标准型热电偶

非标准型热电偶分为铂铑系、依铑系及钨铼系热电偶等。铂铑系热电偶有铂铑 20 -铂铑 5、铂铑 40 -铂铑 20 等一些种类,铂铑系热电偶在特性上的共同点是性能稳定,广泛用于一些高温测量的场合。铱铑系热电偶有铱铑 40 -铱、铱铑 60 -铱等一些种类。铱铑系热电偶广泛使用在 2 000℃以下温度测量范围的场合,这类热电偶还有着良好的热电动势与温度关系。钨铼系热电偶分为钨铼 3 -钨铼 25、钨铼 5 -钨铼 20 等种类。这类热电偶的最高使用温度受绝缘材料的限制,当前的温度使用在 2 500℃左右。这类热电偶广泛应用在钢水连续测温、反应堆测温等场合。

热电偶结构:

（1）普通热电偶

普通热电偶的结构如图 4-29 所示。

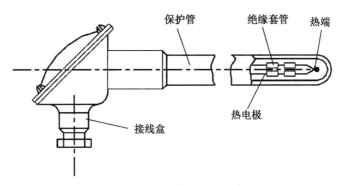

图 4-29　普通热电偶结构示意图

通常普通型热电偶可分为热电极、绝缘套管、保护管和接线盒。

绝缘套管：由于热电偶的工作端被焊接在一起，因此绝缘套用于热电极之间起到保护作用。绝缘套管的选取原则如下：黏土质绝缘套管一般选用在测量温度在不超过 1 000℃ 的场合，高铝绝缘套管一般选用在不超过 1 300℃ 的场合，刚玉绝缘套管一般选用在不超过 1 600℃ 的场合。

保护管：为了使热电偶电极不直接与被测介质接触采用了保护管的方式。保护管能够延长热电偶的使用时间，同时也能起到支撑和固定热电极的作用，增加热电极的强度。保护管在材料上可以分为金属类和非金属类。

（2）铠装热电偶

铠装热电偶的结构原理是由热电偶丝、高纯氧化镁和不锈钢保护管经多次复合一体拉制而成，这一热电偶的优势表现在具有弯曲性好、耐高压、耐振动、热响应时间短和坚固耐用等，铠装热电偶能够直接测量各种工业生产中 0～800℃ 范围内的液体、气体介质及固体表面的温度。

在铠装热电偶生产过程中，在金属保护管中预先设置热电极材料和高温绝缘材料，采用相同的压缩比和张力比，使铠装体具有不同的直径和规格，掌握合适的长度、焊接和密封工作面、接线盒柔软，便形成薄铠装热电偶。

铠装热电偶的结构特点是内部热电偶线独立于外部空气，耐高温氧化、低温蒸汽冷凝和抗外部机械冲击。铠装热电偶可以做得非常小，以更好地处理小型和狭窄情况下的温度测量问题，同时铠装热电偶也有着稳定性好、弯曲性好、超长等优点。

3）快速反应薄膜热电偶

快速反应薄膜热电偶是由两种热电极材料在绝缘板上真空蒸发而成。快速反应薄膜热电偶的热接触非常薄（0.01～0.1 μm）。

鉴于上述特点，采用快速反应膜热电偶快速测量壁温。安装时，用黏结剂将其粘在试件的墙上。在安装时，用黏结剂将它粘在被测物体壁面上。现阶段比较通用的主要有铁-镍、铁-康铜和铜-康铜三种；绝缘基板由云母、陶瓷、玻璃和酚醛塑料纸制成；测温范围在

300℃以下；反应时间只有几毫秒。

4) 隔爆热电偶

防爆工业热电偶是化工自动控制系统中的重要温度传感器。传感器可以将控制对象的温度信号转换成电信号，然后将信号传输给显示器、记录器和控制器，实现系统的检测、调整和控制。

化工生产过程中会产生易燃易爆的危险气体，如果在生产过程中使用普通热电偶，将存在一定的安全隐患，很容易产生气体爆炸的风险。因此，对于这类危险场合需要用到隔爆热电偶作为温度传感器。一般利用间隙隔爆原理，设计足够强度的接线盒等部件，将所有会产生火花电弧和危险温度的零部件密封接线盒内，当腔内发生爆炸时，能通过接合面间隙熄火和冷却。

4.6.3 热电偶的冷端补偿方法

根据热电效应，热电偶产生的热力势取决于两端的温度，当冷端温度保持恒定时，热电偶产生的热力势是热端温度的单值函数。由于热电偶刻度指示器是在0℃冷端温度下制作的，因此在使用中必须合理显示测量温度，保持冷端温度恒定在0℃是最佳条件。在生产和广泛应用中，热电偶的冷端通常靠近被测对象，而且环境等外界条件会造成较大的影响，因此温度在一定的范围内波动。为此，需要使用一定的方式进行温度补偿，以下为几种常用的补偿方式。

1) 冷端恒温法

0℃恒温器：为使冷端温度达到0℃，可将热电偶冷端置于0℃恒温器中。该装置可用于实验室或精确的温度测量。

其他恒温器：为了减小由于环境温度变化等因素产生的误差，使温度维持不变，可以将热电偶放于各类恒温器中。恒温器的选择是多样的，例如，含有变压器油的容器和用于电加热的恒温器可能是恒温器的良好选择。由于该恒温器的温度不是0℃，因此有必要补偿热电偶冷端的温度。

2) 补偿导线法

考虑到材料成本问题，热电偶的制造时间不能太长。为保证热电偶的冷端不受测温对象的影响，测温对象应远离冷端，补偿导线法能满足此要求。补偿导线法基本上采用两种不同化学材料的导线，在0~150℃的温度范围内具有与相应热电偶相同的热电特性，成本低。热电偶的冷端通过补偿导线延伸至恒温位置，如仪表室，相当于延伸热电偶极。根据中间温度定律，当热电偶和补偿导线的接触温度相同时，热力学电位的输出不受影响。

3) 计算校正法

冷端恒温法和补偿导线法解决了热电偶冷端温度稳定问题。在实际应用中，冷端温度不一定为0℃，用冷端恒温法和补偿导线法测得的热电势很难表示实际的热端温度。冷端温度不为0℃时，测量电势可通过计算校正。校正公式如下：

图 4-30 补偿导线法示意图

$$E_{AB}(t,t_0)=E_{AB}(t,t_1)+E_{AB}(t_1,t_0) \tag{4-49}$$

在校正公式中,热电偶热端温度为 t、冷端温度为 0℃时的热电动势为 $E_{AB}(t,t_0)$,热电偶热端温度为 t、冷端温度为 t_1 时的热电动势为 $E_{AB}(t,t_1)$;热电偶热端温度为 t_1、冷端温度为 0℃时的热电动势为 $E_{AB}(t_1,t_0)$。

4)电桥补偿法

在连续温度测量的情况下,虽然计算的校正方法是准确的,但在这种情况下是不合适的。因此,一些仪表的测温电路具有补偿电桥的特性,可以根据不平衡电桥产生的电位补偿热电偶冷端波动引起的热力学电位变化来满足要求。

5)显示仪表零位调整法

当热电偶通过补偿导线与显示仪表连接时,如果热电偶的冷端温度已知且恒定,则可将带调零器的显示仪表的指针从刻度初始值提前设置为冷端温度的已知值。显示仪表指示的值即是实际测量的温度。

4.7　热电式传感器的应用

热电式传感器是一种把温度信号转换成电信号的装置。它以温度测量为基础,在许多领域有着重要的应用。热力学、流体力学、传热学、空气动力学和化学等都离不开温度函数。温度测量在国民经济领域也有着重要的应用。在航空航天、交通运输、汽车工业、工业测控、防灾与安全技术等领域,温度测控是密不可分的。

在工业技术迅速发展的今天,温度的测量和控制发挥着越来越重要的作用。温度测量在现代钢铁制造、内燃机、火箭发动机的研究与改进、工业加工、零部件生产、军事领域和医疗保健等领域都是必不可少的。因此,温度测量显得尤为迫切,对热电式传感器的研究具有重要意义。本部分将介绍几个实例并对其进行分析。

4.7.1　室内空气加热器

正温度系数(PTC)热敏电阻具有加热速度快、自动控制、安全节能、电路组成简单等优点。这些优点被广泛应用于各种加热器。图 4-31 是室内空气加热器电路及结构示意图。PTC 元件中有许多孔,并且在后部安装了冷却风扇。当电源接通时,由于 PTC 元件电阻低,电路通过大电流,开始加热。风机同时运行,吹出的空气将 PTC 元件产生的热量输送到室内空间。气流与 PTC 热之间存在动态平衡,出口温度达到 50～60℃。当风扇因故障而停止工作时,PTC 元件的电阻迅速增加,从而抑制电流。此时,温度会降低,有助

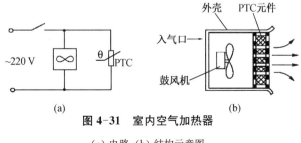

图 4-31　室内空气加热器

(a)电路;(b)结构示意图

于防止事故发生。

4.7.2　无触点恒温控制器

如图 4-32 所示为无触点恒温控制器电路图。电路的温度测量范围为环境温度至 150℃，精度为 ±0.1℃。在温度测量电路中，将热敏电阻 R_T 作为偏置电阻连接到由 T_1 和 T_2 组成的差分

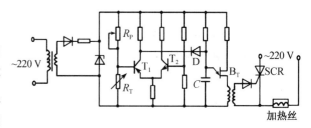

图 4-32　无触点恒温控制器电路图

放大器电路中，热敏电阻的电阻值随外界温度的变化而变化，导致 T_1 集电极电流发生变化，使用二极管 D 的支路电流，电容器 C 的负载电流发生变化，电容器电压达到单结晶体管 B_T 峰值电压，即晶体管输出脉冲相变，晶闸管导通角改变。从而改变加热线的供电电压，实现温度的自动控制。图中 R_P 电位计的功能是调节不同的设定温度。

4.7.3　热电式继电器

如图 4-33 所示，热电式继电器由热敏电阻组成。R_{T_1}、R_{T_2} 和 R_{T_3} 是三个具有相同特性的负温度系数热敏电阻。三个电阻器串联连接并固定在电机三相绕组附近。

电机正常运行时，绕组温度低，热敏电阻高，三极管未连接，继电器 J 未闭合。当电机过载或短路时，电机绕组温度迅速升高，热敏电阻阻值降低。此时，晶体管打开，继电器 J 被拉，电机电路断开，以提供过热保护。

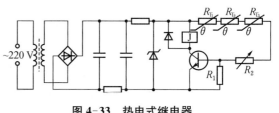

图 4-33　热电式继电器

4.7.4　切削刀具瞬态温度测量

在金属切削过程中，切削温度对加工质量、刀具寿命，以及加工尺寸精度等具有重要的影响。高精密加工工艺中需要对刀尖切削区域的瞬态温度进行实时测量、控制，而薄膜热电偶具有热容量小、响应迅速的特点，因此集成薄膜热电偶测温传感器的刀具是解决这一问题的重要途径。

图 4-34 为集成薄膜热电偶的刀具结构

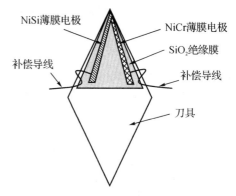

图 4-34　集成薄膜热电偶的刀具

示意图。热电偶的两个电极分别是厚度为微米量级的 NiCr、NiSi 薄膜，两个电极的热接点位于刀尖位置。薄膜电极与刀具之间沉积一层 SiO_2 绝缘膜，以保证薄膜电极之间的电气隔离。两个薄膜电极的尾端通过耐高温导电胶和各自相应材料的补偿导线连接至放大、测量

电路。薄膜电极和绝缘层薄膜,采用 MEMS 加工技术进行制备。

习题与思考题

4-1　简述磁电式传感器的工作原理以及类型。

4-2　磁电式传感器主要有哪些误差影响因素? 如何进行补偿?

4-3　什么是霍尔效应? 霍尔(式)传感器有哪些特点?

4-4　若一个霍尔元件 l、b、d 尺寸分别为 1.0 cm、0.35 cm、0.1 cm,沿 l 方向通以电流 $I = 3.0$ mA,在垂直 b 面方向加有均匀磁场 $B = 0.3$ T,传感器的灵敏度系数为 22 V/(A·T),试求其输出霍尔电动势及载流子浓度。

4-5　什么是正压电效应? 什么是逆压电效应? 常用的压电材料有哪些,它们的结构和特性有什么区别?

4-6　画出压电元件的等效电路,简要说明压电式传感器为什么要使用前置放大器? 分析电压放大器和电荷放大器两种不同形式的前置放大器的工作原理及优缺点。

4-7　试说明压电式加速度传感器的结构组成和工作原理。

4-8　参考电极定律有何实际意义? 已知在某特定条件下材料 A 与铂电极配对的热电动势为 13.967 mV,材料 B 与铂电极配对的热电动势为 8.345 mV,求在此特定条件下材料 A 与材料 B 配对后的热电动势。

4-9　试比较热电偶、热电阻和热敏电阻三种热电式传感器的特点,以及对测试电路的要求。

4-10　热电偶传感器的输入电路如下图所示,桥路电源电压为 4 V,三个锰铜电阻 $(R_1、R_2、R_3)$ 与铜电阻 R_{Cu} 的阻值均为 1 Ω,铜电阻的电阻温度系数为 $\alpha = 0.004/℃$,已知电桥在 0℃平衡。为了使电桥的冷端温度在 0～50℃范围内其热电势能得到完全补偿,试求可调电阻的 R_5 值。

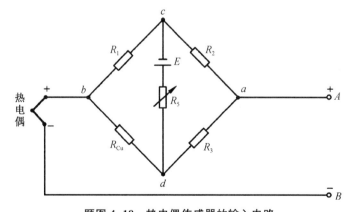

题图 4-10　热电偶传感器的输入电路

参考文献

［1］贾伯年，俞朴，宋爱国.传感器技术[M].3 版.南京：东南大学出版社,2007.

［2］韩向可,李军民.传感器原理与应用[M].成都：电子科技大学出版社,2016.

［3］郭天太.传感器技术[M].北京：机械工业出版社,2019.

［4］周彦,王冬丽.传感器技术及应用[M].北京：机械工业出版社,2021.

［5］王晓飞,梁福平.传感器原理及检测技术[M].3 版.武汉：华中科技大学出版社,2021.

［6］唐文彦,张晓琳.传感器[M].6 版.北京：机械工业出版社,2021.

［7］李星野.磁电式传感技术[J].黑龙江冶金,2006(4)：29.

［8］刘敏.磁电式速度传感器的使用和运行分析[J].浙江电力,2011,30(2)：50-52.

［9］杨庆柏.振动传感器及应用[J].传感器世界,1998(11)：34-35,15.

［10］刘永,谷立臣,杨彬,等.基于磁电传感器的液压马达转速测控系统设计[J].现代制造工程,2016(9)：126-131.

［11］杨英杰.轮速传感器的研究及应用[J].汽车科技,2019(3)：28-32,27.

［12］张乐君.卫星故障自动识别和处理中的霍尔数控装置研制[D].西安：西安电子科技大学,2011.

［13］时圣利,钟贻兵,王昱皓,等.浅谈霍尔传感器及在军工领域的应用[J].新型工业化,2015,5(2)：44-47.

［14］王昱皓,钟贻兵,时圣利.高可靠霍尔电流传感器的研究和应用[J].新型工业化,2015,5(11)：8-12.

［15］王加熙,杨明.基于各向异性磁阻效应的 EPS 角度传感器研究[J].中国高新技术企业,2014(7)：14-17.

［16］Weiss R，Mattheis R，Reiss G. Advanced giant magnetoresistance technology for measurement applications[J]. Measurement Science and Technology, 2013, 24(8)：082001.

［17］王立乾,胡忠强,关蒙萌,等.基于巨磁阻效应的磁场传感器研究进展[J].仪表技术与传感器,2021(12)：1-12, 17.

［18］吉吾尔·吉里力,拜山·沙德克.隧道磁电阻效应的原理及应用[J].材料导报,2009,23(S1)：338-340, 349.

［19］赵程,蒋春燕,张学伍,等.压电传感器测量原理及其敏感元件材料的研究进展[J].机械工程材料,2020,44(6)：93-98.

［20］郭爱芳.传感器原理及应用[M].西安：西安电子科技大学出版社,2007.

［21］王兴举,李进墅.压电式传感器测量电路的性能分析[J].传感器世界,2007(5)：22-24.

［22］宋文绪,杨帆.传感器与检测技术[M].北京：高等教育出版社,2004.

［23］王建军.《传感器技术》课程教学方法探讨[J].装备制造技术,2007(4)：105-106.

［24］张国雄,李醒飞.测控电路[M].4 版.北京,机械工业出版社,2011.

［25］程冬.浅析热电偶传感器的测温原理[J].景德镇学院学报,2016,31(6)：6-8.

第 5 章　光电式传感器

光电式传感器(photoelectric sensor)是以光为测量媒介、以光电器件为转换元件的传感器,它具有非接触、响应快、性能可靠等卓越特性。目前光电式传感器已在国民经济和科学技术各个领域得到广泛应用,并发挥着越来越重要的作用,尤其多源视觉监测的需求成倍增加。

5.1　概述

光电式传感器的直接被测量就是光本身,既可以测量光的有无,也可以测量光强的变化。光电式传感器的一般组成形式如图 5-1 所示,主要包括光源、光通路、光电器件和测量电路四个部分。光电器件是光电式传感器的最重要的环节,所有被测信号的变化最终都转变成光信号的变化。可以说有什么样的光电器件,就有什么样的光电式传感器,因此光电传感器的种类繁多、特性各异。

图 5-1　光电式传感器的组成形式

光源是光电式传感器必不可缺的组成部分,良好的光源是保障光电式传感器性能的重要前提,也是光电式传感器的设计与使用过程中容易被忽视的一个环节。

光电式传感器既可以测量直接引起光量变化的量,如光强、光照度、辐射测温、气体成分分析等,也可以测量能够转换为光量变化的被测量,如零件尺寸、表面粗糙度、应力、应变、位移、速度、加速度等。根据被测量引起光变化的方式和途径的不同,可以分为两种形式:一种是被测量直接引起光源的变化(图 5-1 中的 x_1),改变了光源的强弱或有无,从而实现对被测量的测量;另一种是被测量对光通路产生作用(图 5-1 中的 x_2),从而影响到达光电器件的光的强弱或有无,同样可以实现对被测量的测量。测量电路的作用,主要是对光电器件输出的电信号进行放大或转换,从而达到便于输出和处理的目的。不同的光电器件应选用不同的测量电路。

所谓光电效应,是指物体吸收了光能后转换为该物体中某些电子的能量而产生的电效应。一般而言,光电效应分为外光电效应和内光电效应两类。

5.2 光源

5.2.1 对光源的要求

光是光电式传感器的测量媒介,因此光的质量好坏对测量结果具有决定性的影响。因此,无论哪一种光电式传感器,都必须仔细考虑光源的选用问题。

一般而言,光电式传感器对光源具有如下几方面的要求:

1）光源必须具有足够的照度

光源发出的光必须具有足够的照度,保证被测目标具有足够的亮度和光通路具有足够的光通量,以利于获得高的灵敏度和信噪比,以及提高测量精度和可靠性。光源照度不足,将影响测量稳定性,甚至导致测量失败。另外,光源的照度还应当稳定,尽可能减小能量变化和方向漂移。

2）光源应保证亮度均匀、无遮光、无阴影

在很多场合下,光电式传感器所测量的光应当保证亮度均匀、无遮光、无阴影,否则将会产生额外的系统误差或随机误差。

3）光源的照射方式应符合传感器的测量要求

为了实现对特定被测量的测量,传感器一般会要求光源发出的光具有一定的方向或角度,从而构成反射光、透射光、漫反射光、散射光等。此时,光源系统的设计显得尤为重要,对测量结果的影响较大。

4）光源的发热量应尽可能小

一般各种光源都存在不同程度的发热,因而对测量结果可能产生不同程度的影响。因此,应尽可能采用发热量较小的冷光源,例如发光二极管（LED）、光纤传输光源等。或者将发热较大的光源进行散热处理,并远离敏感单元。

5）光源发出的光必须具有合适的光谱范围

光是的电磁波谱中的一员,不同波长光的分布如图 5-2 所示。其中,光电式传感器主要使用的光的波长范围处在紫外至红外之间的区域,一般多用可见光和近红外光。

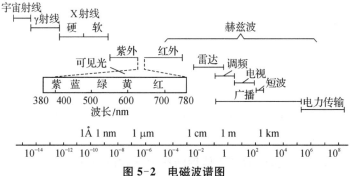

图 5-2　电磁波谱图

需要说明的是：光源光谱的选择必须同光电器件的光谱一起考虑，避免出现二者无法对应的情况。一般而言，选择较大的光源光谱范围，保证包含光电器件的光谱范围（主要是峰值点）在内即可。

5.2.2　常用光源

1）热辐射光源

热辐射光源是通过将一些物体加热后产生热辐射来实现照明的，温度越高，光越亮。

最早的热辐射光源，就是钨丝灯（即白炽灯）。近年来，卤素灯的使用越来越普遍。它是在钨丝灯内充入卤素气体（常用碘），同时在灯杯内壁镀以金属钨，用以补充长期受热而产生的钨丝损耗，从而大大延长了灯的使用寿命。

热辐射光源的特点：(1)光源谱线丰富，主要涵盖可见光和红外光，峰值约在近红外区，因而适用于大部分光电传感器；(2)发光效率低，一般仅有15%的光谱处在可见光区；(3)发热大，约超过80%的能量转化为热能，属于典型的热光源；(4)寿命短，一般为1 000 h左右；(5)易碎，电压高，使用有一定危险性。

热辐射光源主要用作可见光光源，它具有较宽的光谱，适应性强。当需要窄光带光谱时，可以使用滤色片来实现，且可同时避免杂光干扰，尤其适合各种光电仪器。有时热辐射光源也可以用作近红外光源，适用于红外检测传感器。

2）气体放电光源

气体放电光源是通过气体分子受激发后，产生放电而发光的。气体放电光源光辐射的持续，不仅要维持其温度，而且有赖于气体的原子或分子的激发过程。原子辐射光谱呈现许多分离的明线条，称为线光谱。分子辐射光谱是一段段的带，称为带光谱。线光谱和带光谱的结构与气体成分有关。

气体放电光源主要有碳弧灯、水银灯、钠弧灯、氙弧灯等。这些灯的光色接近日光，而且发光效率高。另一种常用的气体放电光源就是荧光灯，它是在气体放电的基础上，加入荧光粉，从而使光强更高，波长更长。由于荧光灯的光谱和色温接近日光，因此被称为日光灯。荧光灯效率高，省电，因此也被称为节能灯，可以制成各种各样的形状。

气体放电光源的特点是：效率高，省电，功率大；有些气体发电光源含有丰富的紫外线和频谱；有的其废弃物含有汞，容易污染环境，玻璃易碎，发光调制频率较低。

气体放电光源一般应用于有强光要求且色温接近日光的场合。

3）发光二极管

发光二极管（LED）是一种电致发光的半导体器件。发光二极管的种类很多，常用材料与发光波长见表5-1。

表5-1　发光二极管的光波长

材料	Ge	Si	GaAs	$GaAs_{1-x}P_x$	GaP	SiC
λ /nm	1 850	1 110	867	867~550	550	435

与热辐射光源和气体放电光源相比,发光二极管具有以下极为突出的特点:(1)体积小,可平面封装,属于固体光源,耐振动;(2)无辐射,无污染,是真正的绿色光源;(3)功耗低,功耗仅为白炽灯的 1/8,荧光灯的 1/2,发热少,是典型的冷光源;(4)寿命长,一般可达 10 万 h,是荧光灯的数十倍;(5)响应快,一般点亮只需 1 ms,适于快速通断或光开关;(6)供电电压低,易于数字控制,与电路和计算机系统连接方便;(7)在达到相同照度的条件下,发光二极管价格较白炽灯贵,单只发光二极管的功率低,亮度小。

目前,发光二极管的应用越来越广泛。特别是随着白色 LED 的出现和价格的不断下降,发光二极管的应用将越来越多,越来越普遍。

4) 激光器

激光(light amplification by stimulated emission of radiation,LASER)是"受激辐射放大产生的光"。激光具有以下极为特殊而卓越的性能:(1)激光的方向性好,一般激光的发散角很小(约 0.18°),比普通光小 2～3 个数量级;(2)激光的亮度高,能量高度集中,其亮度比普通光高几百万倍;(3)激光的单色性好,光谱范围极小,频率几乎可以认为是单一的(例如氦氖激光器的中心波长约为 632.8 nm,而其光谱宽度仅有 10^{-6} nm);(4)激光的相干性好,受激辐射后的光在传播方向、振动方向、频率、相位等参数的一致性极好,因而具有极佳的时间相干性和空间相干性,是干涉测量的最佳光源。

常用的激光器有氦氖激光器、半导体激光器、固体激光器等。其中,氦氖激光器由于亮度高、波长稳定而被广泛使用。而半导体激光器由于体积小、使用方便而被用于各种小型测量系统和传感器中。

5.3 常用光电器件

光电器件是光电传感器的重要组成部分,对传感器的性能影响很大。光电器件是基于外光电效应和内光电效应工作的,种类很多。因此,光电器件也随之分为外光电器件和内光电器件两类。

5.3.1 外光电器件

基于外光电效应原理工作的光电器件有光电管和光电倍增管。

光电管种类很多,它是个装有光阴极和阳极的真空玻璃管,如图 5-3 所示。光阴极有多种形式:①在玻璃管内壁涂上阴极涂料即成;②在玻璃管内装入涂有阴极涂料的柱面形极板而成。阳极为置于光电管中心的环形金属板或置于柱面中心线的金属柱。

光电管的阴极受到适当的照射后便发射光电子,这些光电子被具有一定电位的阳极吸引,在光电管内形成

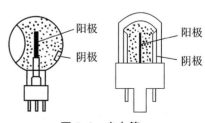

图 5-3 光电管

空间电子流。如果在外电路中串入一适当阻值的电阻，则该电阻上将产生正比于空间电流的电压降，其值与照射在光电管阴极上的光成函数关系。

如果在玻璃管内充入惰性气体(如氩、氖等)即构成充气光电管。由于光电子流对惰性气体进行轰击，使其电离，产生更多的自由电子，从而提高光电变换的灵敏度。

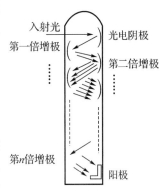

图 5-4　光电倍增管

光电管的主要特点是：结构简单，灵敏度较高(可达 20～220 μA/lm)，暗电流小(最低可达 10^{-14}A)，体积比较大，工作电压高达几百伏到数千伏，玻璃管壳容易破碎。

光电倍增管的结构如图 5-4 所示。在玻璃管内除装有光电阴极和光电阳极外，尚装有若干个光电倍增极。光电倍增极上涂有在电子轰击下能发射更多电子的材料。光电倍增极的形状及位置设置得正好能使前一级倍增极发射的电子继续轰击后一级倍增极。在每个倍增极间均依次增大加速电压。

光电倍增管的主要特点是：光电流大，灵敏度高，其倍增率为 $N = \delta^n$，其中 δ 为单极倍增率(3～6)，n 为倍增极数(4～14)。

5.3.2　内光电器件

1) 光电导效应器件

(1) 光敏电阻

光敏电阻是一种电阻器件，其工作原理如图 5-5 所示。使用时，可加直流偏压(无固定极性)，或加交流电压。

光敏电阻中光电导作用的强弱是用其电导的相对变化来标志的。禁带宽度较大的半导体材料，在室温下热激发产生的电子-空穴对较少，无光照时的电阻(暗电阻)较大。因此光照引起的附加电导就十分明显，表现出很高的灵敏度。光敏电阻常用的半导体有硫化镉(CdS，禁带宽度 $E_g = 2.4$ eV) 和硒化镉(CdSe，禁带宽度 $E_g = 1.8$ eV) 等。

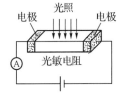

图 5-5　光敏电阻的
工作原理

为了提高光敏电阻的灵敏度，应尽量减小电极间的距离。对于面积较大的光敏电阻，通常采用光敏电阻薄膜上蒸镀金属形成梳状电极，如图 5-6 所示。为了减小潮湿对灵敏度的影响，光敏电阻必须带有严密的外壳封装，如图 5-7 所示。光敏电阻灵敏度高，体积小，重量轻，性能稳定，价格便宜，因此在自动化技术中应用广泛。

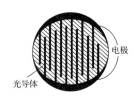

图 5-6　光敏电阻梳状电极

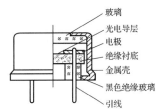

图 5-7　金属封装的 CdS 光敏电阻

（2）光敏二极管

PN 结可以光电导效应工作，也可以光生伏特效应工作。如图 5-8 所示，处于反向偏置的 PN 结，在无光照时具有高阻特性，反向暗电流很小。当光照时，结区产生电子-空穴对，在结场作用下，电子向 N 区运动，空穴向 P 区运动，形成光电流，方向与反向电流一致。光的照度愈大，光电流愈大。由于无光照时的反偏电流很小，一般为纳安数量级，因此光照时的反向电流基本与光强成正比。

（3）光敏三极管

它可以看成是一个 bc 结为光敏二极管的三极管。其原理和等效电路见图 5-9。在光照作用下，光敏二极管将光信号转换成电流信号，该电流信号被晶体三极管放大。显然，在晶体管增益为 β 时，光敏三极管的光电流要比相应的光敏二极管大 β 倍。

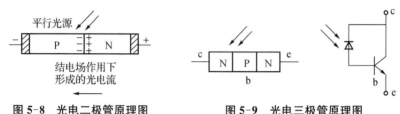

图 5-8　光电二极管原理图　　　　图 5-9　光电三极管原理图

光敏二极管和三极管均用硅或锗制成。由于硅器件暗电流小、温度系数小，又便于用平面工艺大量生产，尺寸易于精确控制，因此硅光敏器件比锗光敏器件更为普遍。光敏二极管和三极管使用时应注意保持光源与光敏管的合适位置（见图 5-10）。因为只有在光敏晶体管管壳轴线与入射方向接近的某一方位（取决于透镜的对称性和管芯偏离中心的程度）入射光恰好聚焦在管芯所在的区域，光敏管的灵敏度才最大。为避免灵敏度变化，使用中必须保持光源与光敏管的相对位置不变。

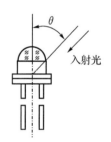

图 5-10　入射光方向与管壳轴线夹角示意图

2）光生伏特效应器件

硅光电池是用单晶硅制成的。在一块 N 型硅片上用扩散方法掺入一些 P 型杂质，从而形成一个大面积 PN 结，P 层极薄能使光线穿透到 PN 结上。硅光电池也称硅太阳能电池，为有源器件。它轻便、简单，不会产生气体污染或热污染，特别适用于宇宙飞行器作仪表电源。硅光电池转换效率较低，适宜在可见光波段工作。

5.3.3　光电器件的特性

光电传感器的光照特性、光谱特性及峰值探测率等几个主要参数，都取决于光电器件的性能。为了合理选用光电器件，有必要对其主要特性做简要介绍。

1）光照特性

光电器件的灵敏度可用光照特性来表征，它反映了光电器件输入光量与输出光电流（光电压）之间的关系。

光敏电阻的光照特性呈非线性，且大多数如图 5-11（a）所示。因此不宜用作线性检测元件,但可在自动控制系统中用作开关元件。

光敏晶体管的光照特性如图 5-11(b)所示。它的灵敏度和线性度均好,既可作线性转换元件,也可作开关元件。

光电池的光照特性如图 5-11(c)所示。短路电流在很大范围内与光照度呈线性关系。开路电压与光照度的关系呈非线性,在照度 2 000 lx 以上即趋于饱和,但其灵敏度高,宜用作开关元件。光电池作为线性检测元件使用时,应工作在短路电流输出状态。负载电阻愈小,光电流与照度之间的线性关系愈好,且线性范围愈宽。对于不同的负载电阻,可以在不同的照度范围内使光电流与光照度保持线性关系。

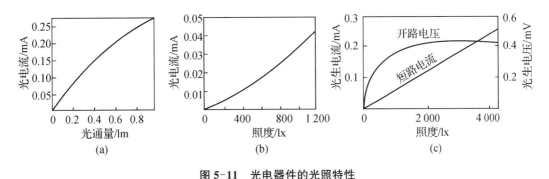

图 5-11　光电器件的光照特性
(a) 光敏电阻;(b) 光敏二极管;(c) 硅光电池

光照特性常用响应率 R 来描述。对于光生电流器件,输出电流 I_p 与光输入功率 P_i 之比,称为电流响应率 R_I,即

$$R_I = I_p / P_i \tag{5-1}$$

对于光生伏特器件,输出电压 V_p 与光输入功率 P_i 之比,称为电压响应率 R_V,即

$$R_V = V_p / P_i \tag{5-2}$$

2) 光谱特性

光电器件的光谱特性是指相对灵敏度 K 与入射光波长 λ 之间的关系,又称光谱响应。光敏晶体管的光谱特性如图 5-12(a)所示。由图可知,硅的长波限为 1.1 μm,锗为 1.8 μm,其大小取决于它们的禁带宽度。短波限一般在 0.4~0.5 μm 附近。这是由于波长过短,材料对光波的吸收剧增,使光子在半导体表面附近激发的光生电子-空穴对不能到达 PN 结,因而使相对灵敏度下降。硅器件灵敏度的极大值出现在波长 0.8~0.9 μm 处,而锗器件则出现在 1.4~1.5 μm 处,都处于近红外光波段。采用较浅的 PN 结和较大的表面,可使灵敏度极大值出现的波长和短波限减小,以适当改善短波响应。

光敏电阻和光电池的光谱特性分别如图 5-12(b)和 5-12(c)所示。

3) 响应时间

光电器件的响应时间反映它的动态特性。响应时间越短,表示动态特性越好。对于采

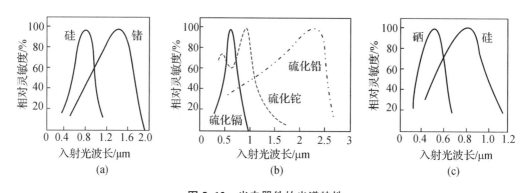

图 5-12　光电器件的光谱特性

（a）光敏晶体管；（b）光敏电阻；（c）光电池

用调制光的光电传感器，调制频率上限受响应时间的限制。光敏电阻的响应时间一般为 $10^{-1}\sim10^{-3}$ s，光敏晶体管约为 2×10^{-5} s，光敏二极管的响应速度比光敏三极管高一个数量级，硅管比锗管高一个数量级。

4）峰值探测率

峰值探测率源于红外探测器，后来沿用到其他光电器件。无光照时，由于器件存在着固有的散粒噪声及前置放大器输入端的热噪声，光探测器件将产生输出。这一噪声输出常以噪声等效功率 P_{NE} 表征。P_{NE} 定义为：产生与器件暗电流大小相等的光电流的入射光量。它等于入射到光敏器件上能产生信号噪声比为 1 的辐射功率值。探测器件的性能常用峰值探测率 D^* 表征，D^* 值大，噪声等效功率小，光电器件性能好。即

$$D^* = \frac{1}{P_{NE}/\sqrt{A\cdot\Delta f}} = \frac{\sqrt{A\cdot\Delta f}}{P_{NE}} \tag{5-3}$$

光电二极管的暗电流是反向偏置饱和电流，而光敏电阻的暗电流是无光照时偏置电压与体电阻之比。一般以暗电流产生的散粒噪声计算器件的 P_{NE}：

$$P_{NE} = \sqrt{2q\,I_D}/R_I\ (\text{W}\cdot\text{Hz}^{-\frac{1}{2}}) \tag{5-4}$$

式中　q ——电子电荷（1.6×10^{-19} C）；

　　　I_D ——暗电流（A）；

　　　R_I ——电流响应率（A·W^{-1}）。

5）温度特性

温度变化不仅影响光电器件的灵敏度，同时对光谱特性也有很大影响。在室温条件下工作的光电器件由于灵敏度随温度而变，因此高精度检测时有必要进行温度补偿或使它在恒温条件下工作。

6）伏安特性

在一定的光照下，对光电器件所加端电压与光电流之间的关系称为伏安特性。它是传

感器设计时选择电参数的依据。使用时应注意不要超过器件最大允许的功耗。

5.4　新型光电器件

随着制造工艺的不断完善,特别是集成电路技术的不断发展,近年来出现了一批新型光电器件,以满足不同应用领域的需要。本节将着重介绍几种典型的新型光电器件。

5.4.1　光位置敏感器件

光位置敏感器件是利用光线检测位置的光敏器件,如图 5-13 所示。当光照射到硅光电二极管的某一位置时,结区产生的空穴载流子向 P 层漂移,而光生电子则向 N 层漂移。到达 P 层的空穴分成两部分:一部分沿表面电阻 R_1 流向 1 端形成光电流 I_1;另一部分沿表面电阻 R_2 流向 2 端形成光电流 I_2。当电阻层均匀时,$R_2/R_1 = x_2/x_1$,则光电流 $(I_1/I_2) = (R_2/R_1) = x_2/x_1$,故只要测出 I_1 和 I_2 便可求得光照射的位置。

上述原理同样适用于二维位置检测,其原理如图 5-14(a)所示。a、b 极用于检测 x 方向,a'、b' 极用于检测 y 方向。其结构见图 5-14(b)。目前上述器件用于感受一维位置的尺寸已超过 100 mm;二维位置也达数十毫米乘数十毫米。光位置检测器在机械加工中可用作定位装置,也可用来对振动体、回转体做运动分析及作为机器人的眼睛。

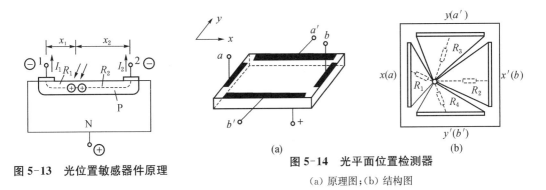

图 5-13　光位置敏感器件原理

图 5-14　光平面位置检测器

(a)原理图;(b)结构图

5.4.2　集成光敏器件

为了满足差动输出等应用的需要,可以将两个光敏电阻对称布置在同一光敏面上[图5-15(a)];也可以将光敏三极管制成对管形式[5-15(b)],构成集成光敏器件。光电池的集成工艺较简单,它不仅可制成两元件对称布置的形式,而且可制多个元件的线阵或 10×10 的二维面阵。光敏元件阵列传感器相对 5.4.3 节将要介绍的 CCD 图像传感器而言,每个元件都需要相应的输

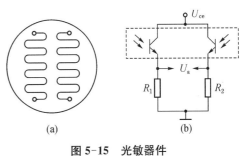

图 5-15　光敏器件

(a)光敏电阻;(b)光敏三极管对管

出电路,故电路较庞大,但是用 HgCdTe 元件、InSb 等制成的线阵和面阵红外传感器,在红外检测领域中仍获得较多的应用。

5.4.3 固态图像传感器

图像传感器是电荷转移器件与光敏阵列元件集为一体构成的具有自扫描功能的摄像器件。它与传统的电子束扫描真空摄像管相比,具有体积小、重量轻、使用电压低(低于 20 V)、可靠性高和不需要强光照明等优点。因此,在军用、工业控制和民用电器中均有广泛使用。图像传感器的核心是电荷转移器件(charge transfer device,CTD),其中最常用的是电荷耦合器件(charge coupled device,CCD)。

5.4.3.1 CCD 的基本原理

CCD 的最小单元是在 P 型(或 N 型)硅衬底上生长一层厚度约 120 nm 的 SiO_2 层,再在 SiO_2 层上依一定次序沉积金属(Al)电极而构成金属-氧化物-半导体(MOS)的电容式转移器件。这种排列规则的 MOS 阵列再加上输入与输出端,即组成 CCD 的主要部分,如图5-16所示。

当向 SiO_2 上表面的电极加一正偏压时,P 型硅衬底中形成耗尽区,较高的正偏压形成较深的耗尽区。其中的少数载流子——电子被吸收到最高正偏压电极下的区域内(如图中 Φ_2 电极下),形成电荷包。人们把加偏压后在金属电极下形成的深耗尽层谓之"势阱"。阱内存储少

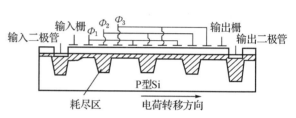

图 5-16 组成 CCD 的 MOS 结构

子(即少数载流子)。对于 P 型硅衬底的 CCD 器件,电极加正偏压,少子为电子;对于 N 型硅衬底的 CCD 器件,电极加负偏压,少子为空穴。

实现电极下电荷有控制的定向转移,有二相、三相等多种控制方式。图 5-17 为三相时钟控制方式。所谓"三相",是指在线阵列的每一级(即像素)有三个金属电极 P_1、P_2 和 P_3,在其上依次施加三个相位不同的时钟脉冲电压 Φ_1、Φ_2、Φ_3。CCD 电荷注入的方法有光注入法(对摄像器件)、电注入法(对移位寄存器)和热注入法(对热像器件)等。如图 5-17 所示,采用输入二极管电注入法,可在高电位电极 P_1 下产生一电荷包($t=t_0$)。当电极 P_2 加上同样的高电位时,由于两电极下势阱间的耦合,原来在 P_1 下的电荷包将在这两个电极下分布($t=t_1$);而当 P_1 回到低电平时,电荷包就全部流入 P_2 下的势阱中($t=t_2$)。然后 P_3 的电位升高且 P_2 的电位回到低电平,电荷包又转移到 P_3 下的势阱中[即 $t=t_3$

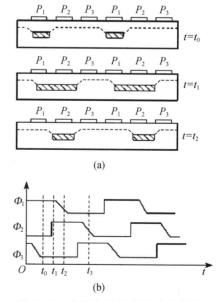

(a)

(b)

图 5-17 电荷在三相 CCD 中的转移

的情况。图 5-17(a)中只表示电极 P_1 下势阱的电荷转移到电极 P_2 下势阱的过程]。由此可见,经过一个时钟脉冲周期,电荷将从前一级的一个电极下转移到下一级的同号电极下。这样,随着时钟脉冲有规则地变化,少子将从器件的一端转移到另一端;然后通过反向偏置的 PN 结(如图5-17中的输出二极管)对少子进行收集,并送入前置放大器。由于上述信号输出的过程中没有借助扫描电子束,故称为自扫描器件。

5.4.3.2　电荷耦合(CCD)图像传感器

利用电荷耦合技术组成的图像传感器称为电荷耦合图像传感器。它由成排的感光元件与电荷耦合移位寄存器等构成。CCD 图像传感器通常可分为线型 CCD 图像传感器和面型 CCD 图像传感器。

1) 线型 CCD 图像传感器

线型 CCD 图像传感器是由一列感光单元(称为光敏元阵列)和一列 CCD 并行而构成的。光敏元和 CCD 之间有一个转移控制栅,其基本结构如图 5-18 所示。

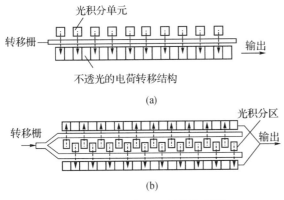

图 5-18　线型 CCD 图像传感器

（a）单行结构；（b）双行结构

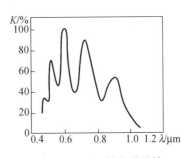

图 5-19　CCD 的光谱特性

每个感光单元都与一个电荷耦合元件对应。感光元件阵列的各元件都是一个个耗尽的 MOS 电容器。它们具有一个梳状公共电极,而且由一个称为沟阻的高浓度 P 型区,在电气上彼此隔离。为了使 MOS 电容器的电极不遮住入射光线,光敏元的电极最好用全透光的金属氧化物制造。但由于这些材料不能与硅工艺相容,因此目前光敏元的电极大多采用多晶锗电极。这种电极对于波长大于 450 nm 左右的光是透明的,而对可见光谱的蓝区响应较差。由于用多晶硅电极及工艺等原因,使光敏的光谱特性产生如图 5-19 所示的多峰状。

当梳状电极呈高电压时,入射光所产生的光电荷由一个个光敏元收集,实现光积分。各个光敏元中所积累的光电荷与该光敏元上所接收到的光照强度成正比,也与光积分时间成正比。在光积分时间结束的时刻,转移栅的电压提高(平时为低压),与光敏元对应的电荷耦合移位寄存器(CCD)电极也同时处于高电压状态。然后,降低梳状电极电压,各光敏元中所积累的光电荷并行地转移到移位寄存器中。当转移完毕,转移栅电压降低,梳状电极电压恢复原来的高压状态以迎接下一次积分周期。同时,在电荷耦合移位寄存器上加上时钟脉冲,将存储的电荷迅速从 CCD 中转移,并在输出端串行输出。这个过程重复地进行就得到相继的行输出,从而读出电荷图形。

为了避免在电荷转移到输出端的过程中产生寄生的光积分,移位寄存器上必须加一层不透光的覆盖层,以避免光照。目前实用的线型 CCD 图像传感器如图 5-18(b)所示为双行结构。在一排图像传感器的两侧,布置有两排屏蔽光线的移位寄存器。单、双数光敏元中的信号电荷分别转移到上、下面的移位寄存器中,然后信号电荷在时钟脉冲的作用下自左向右移动。从两个寄存器出来的脉冲序列,在输出端交替合并,按照信号电荷在每个光敏元中原来的顺序输出。

目前生产的 CCD 线阵已高达 1 万个分辨单元以上,每单元 6~12 μm,最小为 3 μm。近年又出现以光电二极管为光敏元的高灵敏度 CCD 图像传感器。由于光电二极管上只有透明的 SiO_2,提高了器件的灵敏度和均匀性,对蓝光的响应也较 MOS 型光敏元有所改善。

线型 CCD 图像传感器本身只能用来检测一维变量,如工件尺寸、回转体偏摆等。为获得二维图像,必须辅以机械扫描(例如采用旋转镜),这使得机构庞大。但由于线型 CCD 图像传感器只需一列分辨单元,芯片有效面积小,读出结构简单,容易获得沿器件方向上的高空间分辨率,上述方式在空中及宇宙对地面的摄像、传真记录与慢扫描电视中均获得应用。

2) 面型 CCD 图像传感器

线型 CCD 图像传感器只能在一个方向上实现电子自扫描,而为获得二维图像则必须采用庞大的机械扫描装置,其另一个突出的缺点是每个像素的积分时间仅相当于一个行时,信号强度难以提高。为了能在室内照明条件下获得足够的信噪比,有必要延长积分时间。于是出现了类似于电子管扫描摄像管那样在整个帧时内均接受光照积累电荷的面型 CCD 图像传感器。这种传感器在 x、y 两个方向上都能实现电子自扫描。

面型 CCD 图像传感器在感光区、信号存储区和输出转移部分的安排上,迄今为止有如图 5-20 所示的三种方式。

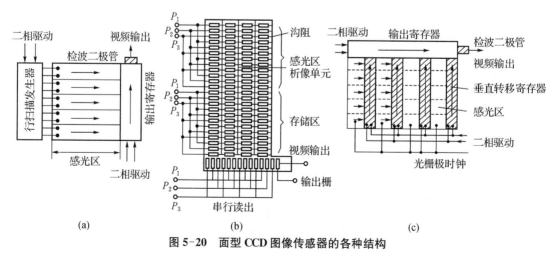

(a)　　　　　　　　(b)　　　　　　　　(c)

图 5-20　面型 CCD 图像传感器的各种结构

如图 5-20(a)所示为由行扫描发生器将光敏元内的信息转移到水平方向上,然后由垂直方向的寄存器向输出检波二极管转移的方式。这种面型 CCD 图像传感器易引起图像模糊。如图 5-20(b)所示的方式具有公共水平方向电极的感光区与相同结构的存储区。该存储器为不透光的信息暂存器。在电视显示系统的正常垂直回扫周期内,感光区中积累起来的电荷同样迅速地向下移位进入暂存区内。在这个过程结束后,上面的感光区回复光积分状态。在水平消隐周期内,存储区的整个电荷图像向下移动,每一次将底部一行的电荷信号移位至水平读出器,然后这一行电荷在读出移位寄存器中向右移动以视频输出。当整幅视频信号图像以这种方式自存储器移出并显示后,就开始下一幅的传输过程。这种面型 CCD 图像传感器的缺点是需要附加存储器,但它的电极结构比较简单,转移单元可以做得较密。如图 5-20(c)表示一列感光区和一列不透光的存储器(垂直转移寄存器)相间配置的方式。这样帧的传输只要一次转移就能完成。在感光区光敏元积分结束时,转移控制栅打开,电荷信号进入存储器。之后,在每个水平回扫周期内,存储区中整个电荷图像一次一行地向上移到水平读出移位寄存器中。接着这一行电荷信号在读出移位寄存器中向右移位到输出器件,形成视频输出信号。这种结构的器件操作比较简单,但单元设计较复杂,且转移信号必须遮光,使感光面积减小约 30%～50%。由于这种方式所得图像清晰,是电视摄像器件的最好方式。

最早可供工业电视使用的面型 CCD 图像传感器有 100×100 像元,采用如图 5-20(c)所示的结构。之后,器件分辨单元的规模越来越大,最大达 1 亿个像元以上。

5.4.3.3　CMOS 摄像器件

CMOS 摄像器件是充分体现 20 世纪 90 年代国际视觉技术水平的新一代固体摄像器件。CMOS 型摄像头将图像传感部分和控制电路高度集成在一块芯片上,构成一个完整的摄像器件。

CMOS 型摄像头内部结构如图 5-21 所示,主要由感光元件阵列、灵敏放大器、阵列扫描电路、控制电路、时序电路等组成。CMOS 型摄像头体积很小,机心直径大小近似 1 元硬币,便于系统安装。这种器件功耗很低,可以使用电池供电,长时间工作,同时具有价格便宜、重量轻、抗震性好、寿命长、可靠性高、工作电压低、抗电磁干扰等特点。

CMOS 摄像头还有一个最突出的特点,即对人眼不可见的红外线发光源特别敏感,尤适于防盗监控。与 CCD 相比较,CMOS 摄像头具有许多独特的优点,如表 5-21 所示。其中最突出的是,它能单片集成,而 CCD 摄像头由于制造工艺与 CMOS 集成电路不兼容,除感光阵列外,摄像头所必需的其他电路不能集成在同一芯片上。目前,CMOS 摄像器件正在继续朝高分辨率、高灵敏度、超微型化、数字化、多功能的方向发展。

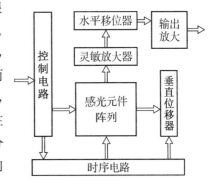

图 5-21　CMOS 摄像器件结构

表 5-2　CMOS 与 CCD 摄像器件的对比

特性	CCD	CMOS
基本原理	光信号→信号电荷 电荷耦合、电荷传输、时钟自扫描	光信号→模拟信号电压 将模拟信号电压串行扫描
电信号读出方式	逐行读取	从晶体管开关阵列中直接读取
结构	较复杂	简单
制造成本	高	低
灵敏度	高	较低
分辨率	高	较低
暗电流	小	大
信噪比（S/N）	高	较低
与其他芯片结合	较难	容易
摄像机系统组成	多芯片	单芯片
数据传输速度	较低	高
集成度	低	高
电源电压	12 V DC	5 V 或 3.3 V DC
功耗	高（>1.5 W）	低（<150 mW）
尺寸	大	小
应用	广泛	更广泛

5.4.4　高速光电器件

光电传感器的响应速度是一项重要指标。随着光通信及光信息处理技术的提高，一批高速光电器件应运而生。

1) PIN 结光电二极管(PIN-PD)

PIN 结光电二极管是以 PIN 结代替 PN 结的光电二极管，在 PN 结中间设置一层较厚的 I 层(高电阻率的本征半导体)而制成，故简称为 PIN-PD。其结构原理如图 5-22 所示。PIN-PD 与普通 PD 不同之处是入射信号光由很薄的 P 层照射到较厚的 I 层时，大部分光能被 I 层吸收，激发产生载流子形成光电流，因此 PIN-PD 比 PD 具有更高的光电转换效率。此外，使用 PIN-PD 时往往可加较高的反向偏置电压，这样一方面使 PIN 结的耗尽层加宽，另一方面可大大加强 PN 结电场，使光生载流子在结电场中的定向运动加速，缩短了漂移时间，大大提高了响

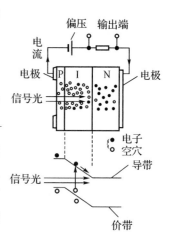

图 5-22　PIN-PD 的
构造及原理

应速度。PIN-PD 具有响应速度快、灵敏度高、线性较好等特点,适用于光通信和光测量技术。

2) 雪崩式光电二极管(APD)

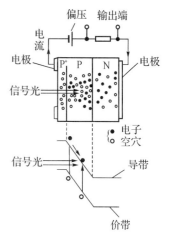

图 5-23　APD 的结构原理

APD 是在 PN 结的 P 型区一侧再设置一层掺杂浓度极高的 P^+ 层而构成。使用时,在元件两端加上近于击穿的反向偏压,如图 5-23 所示。此种结构由于加上强大的反向偏压,能在以 P 层为中心的结构两侧及其附近形成极强的内部加速电场(可达 10^5 V/cm)。受光照时,P^+ 层受光子能量激发跃迁至导带的电子,在内部加速电场作用下,高速通过 P 层,使 P 层产生碰撞电离,从而产生出大量的新生电子-空穴对,而它们也从强大的电场获得高能,并与从 P^+ 层来的电子一样再次碰撞 P 层中的其他原子,又产生新电子-空穴对。这样,当所加反向偏压足够大时,不断产生二次电子发射,并使载流子产生雪崩倍增,形成强大的光电流。

雪崩式光电二极管具有很高的灵敏度和响应速度,但输出线性较差,故它特别适用于光通信中脉冲编码的工作方式。

由于 Si 长波长限较低,目前正研制适用于长波长的、灵敏度高的,用 GaAs、GaAlSb、InGaAs 等材料构成的雪崩式光敏二极管。

5.5　光电传感器

5.5.1　光电式传感器的类型

光电式传感器按照其输出量的性质,可以分为模拟式和开关式两种。

1) 模拟式光电传感器

这类传感器将被测量转换成连续变化的光电流,要求光电元件的光照特性为单值线性,而且光源的光照均匀恒定。

2) 开关式光电传感器

这类光电传感器利用光电元件受光照或无光照时有无电信号输出的特性将被测量转换成断续变化的开关信号。为此,要求光电元件灵敏度高,而对光照特性的线性要求不高。这类传感器主要应用于零件或产品的自动计数、光控开关、电子计算机的光电输入设备、光电编码器,以及光电报警装置等方面。

5.5.2　光电式传感器的应用

5.5.2.1　光电式数字转速表

图 5-24 为光电式数字转速表工作原理图。图 5-24(a)表示转轴上涂黑白两种颜色的

工作方式。当电机转动时,反光与不反光交替出现,光电元件间断地接收反射光信号,输出电脉冲。经放大整形电路转换成方波信号,由数字频率计测得电机的转速。图 5-24(b)为电机轴上固装一齿数为 z 的调制盘[相当于图 5-24(a)电机轴上黑白相间的涂色]的工作方式,其工作原理与图 5-24(a)相同。若频率计的计数频率为 f,由下式

$$n = 60f/z \tag{5-5}$$

即可测得转轴转速 n(r/min)。

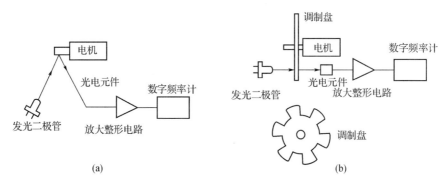

图 5-24　光电式数字转速表工作原理图

(a) 电机轴涂色式;(b) 调制盘式

5.5.2.2　光电式物位传感器

光电式物位传感器多用于测量物体之有无、个数、物体移动距离和相位等。按结构可分为遮光式、反射式两类,如图 5-25 所示。

遮光式光电物位传感器是将发光元件和光电元件以某固定距离对置封装在一起构成的。反射式光电物位传感器则是将两元件并置(同向但不平行)。发光元件一般采用 GaAs-LED、GaAsP-LED 等,最常用的是 Si 掺杂的 GaAs-LED。光敏元件均采用光敏三极管。为了提高传感器的灵敏度,常用达林顿接法。其主要缺点是响应速度较慢、信噪比略低。

这类传感器的检测精度常用"物位检测精度曲线"表征。图 5-26 是遮光式物位传感器检测精度曲线。该曲线用移动遮光薄板的方法来获得。如果考虑到首尾边缘效应的影响,可取输出电流值的 10%~90% 所对应的移动距离作为传感器的测量范围。

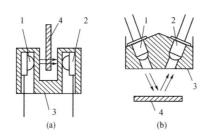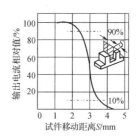

图 5-25　光电式物位传感器结构

(a) 遮光式　(b) 反射式

1—发光元件;2—光电元件;3—支撑体;4—被测对象

图 5-26　遮光式光电物位传感器的精度曲线

当用光电式物位传感器进行计数时,对检测精度和信噪比要求不高,但当用于精确测位(如光码盘开孔位置或其他设备的安装位置与相位)时,则必须考虑检测精度。为提高精度,可在传感器的光电元件前方加一开有 0.1 mm 左右狭缝的遮光板。

反射式传感器光电元件接收的是反射光,因此输出电流小于遮光式,而受被测对象材质、形状及被测物与传感器端面距离等多种因素影响。当被测对象的材质和形状一定时,被测对象距传感器端面的距离 s 对检测精度和灵敏度影响较大。图 5-27 表明距离 s 与输出电流 I_0 的关系。由此可见,不同结构参数的传感器有不同的输出电流峰值,并对应于不同的 s 值。因此反射式光电传感器设计制成后应先作标定曲线,然后视被测参数及具体工作情况合理选择距离 s。

图 5-28 是反射式光电物位传感器检测横向物位时的检测精度曲线。该曲线系用移动反射率为 90% 的硬白纸而获得。为了提高反射式光电物位传感器的精度,可缩小光电元件的指向角范围,也可在光电元件前设置一个开有狭缝的遮光板。

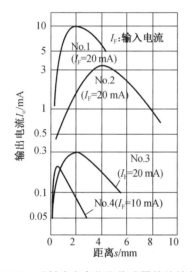

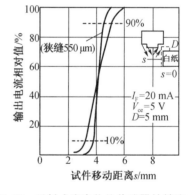

图 5-27　反射式光电物位传感器的特性曲线　　图 5-28　反射式光电物位传感器的精度曲线

5.6　视觉传感器

在人类感知外部信息的过程中,通过视觉获得的信息占全部信息量的 80% 以上。因此,能够模拟生物宏观视觉功能的视觉传感器得到越来越多的关注。特别是 20 世纪 80 年代以来,随着计算机技术和自动化技术的突飞猛进,计算机视觉理论得到长足进步和发展,视觉传感器及视觉检测与控制系统不断在各个领域得到应用,应用层次逐渐加深,智能化、自动化、数字化的发展水平也越来越高。

5.6.1 视觉传感器定义及原理

视觉传感器是指利用光学元件和成像装置获取外部环境图像信息的仪器,通常用图像分辨率来描述视觉传感器的性能。计算出目标图像的特征如位置、数量、形状等,并将数据和判断结果输出到传感器中。视觉传感器的构成如图5-29所示,一般由光源、镜头、摄像器件、图像存储体、监视器,以及计算机系统等环节组成。光源为视觉系统提供足够的照度,镜头将被测场景中的目标成像到视觉传感器(即摄像器件)的像面上,并转变为全电视信号。图像存储体负责将电视信号转变为数字图像,即把每一点的亮度转变为灰度级数据,并存储一幅或多幅图像。后面的计算机系统负责对图像进行处理、分析、判断和识别,最终给出测量结果。狭义的视觉传感器可以只包含摄像器件,广义的视觉传感器除了镜头和摄像器件外,还可以包括光源、图像存储体和微处理器等部分,而摄像器件相当于传感器的敏感元件。目前已经出现了将摄像器件与图像存储体以及微处理器等部分集成在一起的数字器件,这是完整意义上的视觉传感器。

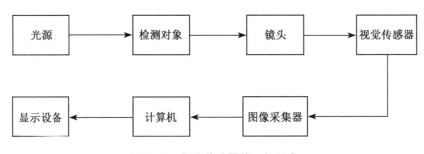

图 5-29 视觉传感器的一般组成

镜头是视觉传感器必不可缺的组成部分,它的作用相当于人眼的晶状体,主要具有成像、聚焦曝光、变焦等功能。镜头的主要指标有焦距、光圈、安装方式。镜头的种类比较多,分类方法也多种多样。按焦距大小可以分为广角镜头、标准镜头、长焦距镜头;按变焦方式可以分为固定焦距镜头、手动变焦距镜头、电动变焦距镜头;按光圈方式可以分为固定光圈镜头、手动变光圈镜头、自动变光圈镜头。

摄像器件是视觉传感器的另一必不可缺的重要组成部分,它的作用相当于人眼的视网膜。摄像器件的主要作用是将镜头所成的像转变为数字或模拟电信号输出,它是视觉传感器的敏感元件。因此,摄像器件性能的好坏将直接影响视觉检测质量。目前摄像器件的种类也比较多,按颜色分类可分为黑白器件、彩色器件和变色器件(可根据需要在彩色与黑白之间转换);按工作维数分类可分为点式、线阵、面阵和立体摄像器件;按输出信号分类又可分为模拟式(只输出标准模拟电视信号)和数字式(直接输出数字信号)两种;按照工作原理可分为CCD式和CMOS式。

图像存储体是视觉传感器的重要组成部分,对传感器的性能影响很大。图像存储体的主要作用包括:接收来自模拟摄像机的模拟电视信号或数字摄像机的数字图像信号;存储一幅或多幅图像数据；对图像进行预处理，例如灰度变换、直方图拉伸与压缩、滤波、二值化，以及图像图形叠加等；将图像输出到监视器进行监视和观察，或者输出到计算机内存中，以便进行图像处理、模式识别及分析计算。

光源是视觉传感器必不可缺的组成部分。在视觉检测过程中，由于视觉传感器对光线的依赖性很大，照明条件的好坏将直接影响成像质量。具体地讲，就是将影响图像清晰度、细节分辨率、图像对比度等。因此，照明光源的正确设计与选择是视觉检测的关键问题之一。用于视觉检测的光源应满足以下几点要求：照度要适中、照度要可调、亮度要均匀、亮度要稳定、不应产生阴影等。

在视觉传感器获得一幅图像数据后，需要进行一系列图像处理工作。其中包括图像增强、图像滤波、边缘检测、图像描述与识别等。视觉传感器提取的图像特征优劣直接影响着目标检测的结果，也会影响到后续运动控制系统的实现效果，为了提高识别的精准性，设计出合适的图像识别与处理的算法尤为重要，从而能最大限度削弱噪声的影响。常用的处理是使用平滑滤波的方式对图像进行处理，目前常用的图像平滑方法有高斯滤波、均值滤波、中值滤波等，以及基于几种滤波的一系列改进策略。如一种自适应均值滤波方法，通过比较像素相似性的方式对噪声进行滤除，Schuler 等人首次应用卷积神经网络去模拟经典的基于优化的图像去模糊过程，在现有非盲去模糊的方法中，真实的模糊核涉及很多因素，比如相机抖动、离焦和物体运动，估计的模糊核难以模拟真实退化的模糊核。

视觉传感器的精度不仅与分辨率有关，而且同被测物体的检测距离相关。被测物体距离越远，其绝对的位置精度越差。视觉传感器是整个机器视觉系统信息的直接来源，主要由一个或者两个图形传感器组成，有时还要配以光投射器及其他辅助设备。视觉传感器的主要功能是获取足够的机器视觉系统要处理的最原始图像。视觉传感器技术的实质就是图像处理技术，通过截取物体表面的信号绘制成图像从而呈现在研究人员的面前。

5.6.2　视觉传感器主要类型及性能

5.6.2.1　按图像传感器分类

图像传感器主要有两种：一种是 CCD；另一种是 CMOS。

CCD 成像器提供更加自然的色彩，大大改善了低亮度时的性能，提高了清晰度。另外，CCD 成像器的质量一致性更高，同一部件之间的变化非常小。但 CCD 成本高，成像器设计也更加复杂。

CMOS 具有功耗低、体积小，实现功能集成、迅速设计，缩短产品开发周期、价格低等一系列优点，但同时存在以下缺点：为在降低黑色噪声的情况下生成明亮的图片，需要的光线要高于 CCD；制造变化的一致性不如 CCD 成像器；不能支持非常高的分辨率（一般超过 500 万像素）。

这两种视觉传感器相比，CCD 成像品质较高，且具有一维图像摄成的线阵 CCD 和二维平面图像摄成的面阵 CCD,因此在实际的工业应用中,CCD 类型的传感器应用较多。

5.6.2.2 按相机数目分类

大多数视觉传感器是基于相机的,根据相机数目可以分为单目相机、双目相机等。

1) 单目相机

单目相机定位和建图具有和现实世界的真实比例关系,但没有真实的深度信息和绝对尺度,这称为尺度模糊。基于单目相机的 SLAM 必须进行初始化来确定尺度,而且面临漂移问题,但单目相机价格低廉、计算速度快,在 SLAM 领域受到广泛应用。

2) 双目相机

双目相机是两个单目相机的组合,其中两个相机之间的距离(称为基线)是已知的。使用双目相机,可以通过定标、较正、匹配和计算 4 个步骤获取深度信息,进而确定尺度信息,但这个过程会消耗很大的计算资源。

5.6.2.3 按控制方式分类

1) 被动视觉

典型的被动视觉传感器最基本原理是基于立体视差法。该方法从人的双眼成像机理出发,通过两台(或更多台)相对位置固定的摄像机,完全利用现有的非结构光照明条件获取同一场景的两幅(或多幅)图像,计算空间点在两幅(或多幅)图像中的视差(disparity),再由此推导出物体表面的深度信息。在基于立体视差的视觉传感器中,最困难的部分是视差本身的计算,它要求特征匹配,即找出左右两幅图像中的对应点,而这在被测物体上各点反射率没有明显差异,也没有先验知识和明显标志的条件下是十分困难的。因此,该类传感器主要适用的场合要求有一定的已知的约束条件,如平行直线、已知距离的线段、建筑物的直角等,有了这些受限物体后,该类传感器对图像中的简单特征可以进行精确匹配,速度也较快。

2) 主动视觉

主动视觉传感器采用结构光照明方式。它向待重建三维场景投射特定结构光,而三维场景表面对结构光场的空间或时间进行调制,那么观察到的光场中就携带了三维表面的信息,对该光场进行解调,可以得到三维表面数据。由于这种方法具有较高的测量精度,因此大多数以三维测量为目的的三维传感系统都采用主动视觉传感方式。基于不同的测量原理,又可以进一步细分为如下两类形式的主动视觉传感器:基于三角原理的主动视觉传感器和基于相位测量原理的主动视觉传感器,其中基于三角原理的主动视觉传感器还可分为点结构、线结构、多线结构和编码结构光传感器。

5.6.2.4 其他种类

1) RGB-D 相机

RGB-D 可以直接以像素形式输出深度信息。RGB-D 相机可以通过立体视觉、结构光和飞行时间(time off light, TOF)技术来实现。结构光理论是指红外激光向物体表面发射具有结构特征的图案,红外相机收集不同深度的表面图案的变化信息。TOF 通过测量激光飞行的时间来计算距离。

2）事件相机（神经形态视觉传感器）

事件相机不是以固定的速率捕获即时消息，而是异步地测量每个像素的亮度变化，具有高动态范围、高时间分辨率和低功耗等优点，并且不会出现运动模糊。因此，事件相机在高速、高动态范围的情况下性能优于传统相机。事件相机包含动态视觉传感器（DVS）、动态主动像素视觉传感器（DACES）、基于异步时间的图像传感器（ATIS）。

事件相机借鉴生物视觉系统的神经网络结构和视觉信息采样加工处理机理，以器件功能层次模拟、扩展或超越生物视觉感知系统。近年来，一大批有代表性的神经形态视觉传感器涌现，是人类探索仿生视觉技术的雏形，有模拟视网膜外周感知运动功能的差分型视觉采样模型，也有模拟视网膜中央凹感知精细纹理功能的积分型视觉采样模型。事件相机具有时域高分辨率的优势，其输出的脉冲信号在时域和空域实现三维的稀疏点阵。事件相机有着高动态范围、低延迟、高时间分辨率、低能耗的优点，非常适合应用于高速运动的追踪和高动态范围的目标识别等场景。然而，作为一种新型的相机，事件相机有着和传统相机不同的输出信息，这就带来了算法和数据处理等方面的挑战。该技术仍处于研究的初级阶段，想要达到人类视觉系统在复杂环境下的感知能力仍需要大量研究。

5.6.3 视觉传感器的应用

视觉感知技术因其非接触、精度高、速度快、现场抗干扰能力强等优点得到了广泛的运用，在对目标物体识别、特征判断和检测方面具有很广阔的应用前景。目前视觉传感器的应用日益普及，无论是工业现场，还是民用科技，到处可以看见视觉检测的足迹。例如：工业过程检测与监控、生产线上零件尺寸的在线快速测量、零件外观质量及表面缺陷检测、产品自动分类和分组、产品标志及编码识别等等；在机器人导航中，视觉传感器还可用于目标辨识、道路识别、障碍判断、主动导航、自动导航、无人驾驶汽车、无人驾驶飞机、无人战车、探测机器人等领域。在医学临床诊断中，各种视觉传感器得到广泛应用，例如 B 超（超声成像）、CT（计算机层析成像）、MRI（磁共振成像）、胃窥镜等设备，为医生快速、准确地确定病灶提供了有效的诊断工具。各种遥感卫星，例如气象卫星、资源卫星、海洋卫星等，都是通过各种视觉传感器获取图像资料。在交通领域，视觉传感器可用于车辆自动识别、车辆牌照识别、车型判断、车辆监视、交通流量检测等；在安全防卫方面，视觉传感器可用于指纹判别与匹配、面孔与眼底识别、安全检查（机场、海关）、超市防盗等场合。

5.6.3.1 视觉目标检测识别

在流水线上运用图像识别技术来检测产品外观的缺损情况、商品标签印刷错误情况、电路板焊接质量缺陷情况等，发挥着机器视觉的重要作用。常用目标检测识别基本流程如图 5-30 所示。

图 5-30　目标检测识别基本流程

此外,视觉识别技术使得机器人也更加智能化。通过视觉、雷达等多种传感器感知环境,并对测量的数据做分析处理,再把指令发送给控制系统,实现对现场设备的运动控制,这种智能化的机器人也更能适应复杂的工业环境。如图 5-31 所示机器人完成对不合格工件的检测与分拣,通过视觉系统检测工件是否有缺陷,将检测不合格工件的位置信息反馈给运动执行机构,运动控制系统在接收到视觉系统反馈的位置信息后,依据运动学求解算法及轨迹规划方法,完成分拣操作任务。

图 5-31　机器人视觉检测与分拣

5.6.3.2　视觉里程计

视觉里程计(visual odometry,VO)作为视觉同步定位与地图构建技术的前端,性价比非常高,其成本低廉,长距离定位较为精准,主要通过相机来分析图像序列信息和预估机器人的位置信息。目前视觉里程计已广泛运用在多个领域,在无人驾驶、虚拟现实、全自主无人机方面都发挥着重要的作用。

视觉里程计的实现方法可以分为 3 类:基于滤波器、基于关键帧优化和基于直接跟踪的方法。基于滤波器和基于关键帧优化的方法都需要提取图像的特征,进行特征匹配跟踪。特征点的提取与描述通常比较耗时,而且在纹理信息较少等特征缺失的地方,过少的特征点数量会导致位姿估计精度不高甚至失败。而基于直接跟踪法则假设同一个空间点的像素灰度,在不同视角的图像中是固定不变的,通过最小化光度误差(photometric error)来估计位姿。前两种方法依赖场景特征,而第三种方法则需要高性能的 GPU 运行。视觉里程计一方面要从每一帧的传感器数据中提取出地表观测信息,另一方面要利用数据关联法来判断新一帧数据中的观测地标是首次观测到的新地标还是某一已经被观测到的旧地标。近年来涌现出了各类新颖的视觉里程计系统,如基于 RGB-D 传感器的自适应视觉里程计,可以根据是否有足够的纹理信息来自动地选择最合适的视觉里程计算法(即间接法或者直接法)来估计运动姿态。RGB-D 视觉里程计主要包含特征提取与匹配、位姿估计、BA 优化三个部分,如图 5-32 所示。由相机采集环境的彩色 RGB 图像和深度图,并将其按照时间戳对齐。采用基于四叉树的 ORB 均匀算法和快速近似最近邻(fast library for approximate nearest neighbors,FLANN)算法进行特征提取和匹配;根据已知匹配的特征点,建立 3D-2D 和 3D-3D 运动估计模型,采用 PnP 和 ICP 的融合算法完成机器人位姿估计;用光束平差法建立 BA 问题,构建优化模型,使用 g2o 优化库求解得到位姿最优估计。

5.6.3.3　视觉运动感知

光流传感器,即视觉运动感知系统,可以用来确定目标的运动情况,其原理是利用一个或多个视觉传感器系统,通过在时间上采集图像序列,并利用图像序列中的像素强度数据的时域变化和相关性来确定各自像素位置的"运动",从而通过算法识别出图像中物体结构及其运动的关系。一般情况下,光流是由相机运动、场景中目标运动或两者的共同运动产生的相对运动引起的,如果所拍摄的物体本身是相对惯性系静止的,那么系统所识别的相

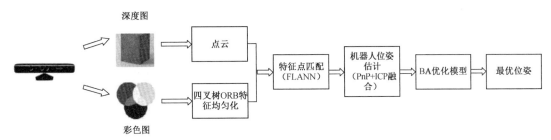

图 5-32　RGB-D 视觉里程计系统框图

对运动就是视觉传感器即光流传感器设备本身所在的载体相对于惯性系的运动。光流计算方法大致可分为三类：基于匹配的方法、基于频域的方法和基于梯度的方法。一幅图像是由很多个像素点组成的,在一个二维平面中每个像素点都有一个坐标,可以抽象地对比为一个鼠标传感器在这幅图像的位置,只要鼠标传感器运动,根据鼠标传感器与像素点坐标的对比,便可以知道移动的方向及坐标,根据当前的高度可以计算出移动的距离。

　　理论上来说视觉传感器也能够获取飞行器的 15 个状态量,但是由于它本身的很多缺陷,例如成像质量限制、视觉尺度限制、光线噪声污染、工作范围和性能缺陷、算法复杂,以及运算量大等,实际应用中也是与其他传感器组合使用。当光流传感器安装于四旋翼无人机底部,并将镜头对准地面时,可以感知无人机与地面的相对运动关系,从而测量无人机的运动速度。在如图 5-33 所示的坐标系中,单目摄像机固连于飞行器质心,镜头垂直于机身向下安装。为了简便,假设摄像机坐标系与机体坐标系重合,用 $O_b x_b y_b z_b$ 表示,地面近似为平面,记为 $p_{z_e} = 0$。

　　图中 p 为地理坐标系 $O_e x_e y_e z_e$ 中一点,d_{sonar} 表示摄像机中心距离地面点 p 的距离,$T_{O_b}^e$ 为地理坐标系原点到机体系原点距离向量在地理坐标系下的表示。光流传感器算法中,应用最广泛的算法是 Lucas-Kanade 算法,这种算法可以算出连续拍摄图像序列上的光流信息,并从中提取相对运动速度。但算法本身提取出的相对运动信息是基于图像传感器的像素点信息,没有包含尺度信息,因此只能得到运动速度是每秒多少个像素点,但无法得知每秒运动了多少米。恢复尺度的方法是增加一个测距传感器以测量拍摄对象

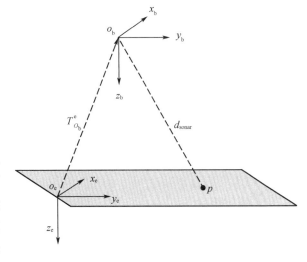

图 5-33　光流测速原理示意图

到视觉传感器平面之间的距离,从而把像素运动恢复成实际的相对运动。

5.6.3.4 视觉三维建模

视觉三维建模主要通过视觉传感器采集二维图像的纹理分布等信息以恢复深度信息，进而实现三维重建，可用于自动驾驶、虚拟现实、运动目标监测、行为分析、安防监控和重点人群监护等，具有操作简单、实时性较高、对光照要求较低，以及对场景没有要求等优点，近年来越来越受到业界的关注。

在传统三维重建算法中引入深度学习方法进行改进，将两者相互融合，实现优势互补。基于深度学习的三维重建主要包括三个部分：图像特征提取（编码）、特征处理和三维重建（解码）。深度学习是一种训练人工神经网络技术，在输入层和输出层之间具有大量隐藏层。深度神经网络是一种基本的监督深度学习模型，以逐层结构组织。卷积神经网络或ConvNet 是一种深度神经网络，使用卷积层和池化层，目前广泛用于计算机视觉、图像分类和机器人系统。这种流行的技术使用卷积滤波器结构在一维、二维和三维矩阵数据和图像中进行特征提取作为输入。卷积神经网络是大多数神经网络算法的主要核心，可以以监督或无监督的方式进行训练。对于 SLAM 方法，有几种深度学习技术用于系统学习，如深度递归卷积神经网络、深度递归神经网络、生成对抗网络等，目前提出了几种基于卷积神经网络算法的深度学习系统。图 5-34 显示了用于三维成像的基于卷积神经网络的符号网络。输入、输出和多个卷积层（池化、全连接和归一化层）是卷积神经网络系统的主要部分。

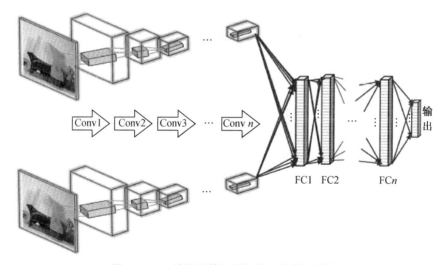

图 5-34　三维卷积神经网络的一种典型结构

5.6.3.5 视觉组合导航

视觉导航系统的研究已经有二十多年的历史，研究人员们提出了许多定位算法与系统。依靠单一的导航方法已经不能满足高精度、实时跟踪定位控制的导航需求，于是组合导航系统应运而生，从而达到优势互补来满足人们的需求。视觉/惯性组合的导航定位，通过 CCD 传感器感知环境，由计算机对图像进行处理分析获取载体的位姿等导航信息，进而修正惯性误差。一方面，视觉导航为惯性导航提供误差补偿信息，弥补了惯性误差随时间漂移的不足；另一方面，惯性导航凭借系统数据更新率高、不受光照等环境影响且短时定位精度高的优势,弥补了视觉导航处理实时性不足的缺陷。

随着计算机视觉技术的发展,移动机器人视觉自定位和地图重建成为可能,并成为目前移动机器人导航技术的研究热点。SLAM 系统中,移动机器人运动过程中,通过摄像机和其他传感器,在线生成环境地图,同时定位机器人自身位置。已有大量视觉/惯性相对导航 SLAM 算法,不仅可以实时地提供相对位置、速度和姿态导航信息,还考虑了视觉导航设备输出信息延时的状况,并做了相关处理分析。视觉/惯性组合的视觉惯性系统(visual-inertial system,VINS),又称视觉惯性里程计(visual-inertial odometry,VIO),是融合相机和 IMU 数据实现 SLAM 的算法,如图 5-35 所示。

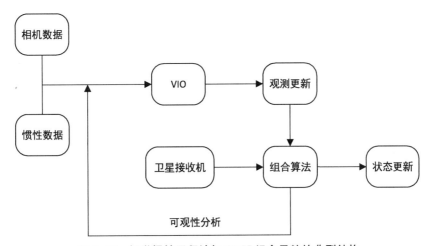

图 5-35 视觉惯性里程计与 GNSS 组合导航的典型结构

首先通过将惯性测量单元(inertial measurement unit,IMU)估计的位姿序列和相机估计的位姿序列对齐可以估计出相机轨迹的真实尺度,而且 IMU 可以很好地预测出图像帧的位姿,以及上一时刻特征点在下帧图像的位置,提高特征跟踪算法匹配速度和应对快速旋转的算法鲁棒性,最后 IMU 中加速度计提供的重力向量可以将估计的位置转为实际导航需要的世界坐标系中。

习题与思考题

5-1 简述光电式传感器的特点和应用场合,用方框图表示光电式传感器的组成。

5-2 何谓外光电效应、光电导效应和光生伏特效应?

5-3 简述 CCD 图像传感器的工作原理及应用。

5-4 简述光电传感器的主要形式及其应用。

5-5 举出您熟悉的光电传感器应用实例,画出原理结构图并简单说明原理。

5-6 试说明光电式数字测速仪的工作原理。若采用红外发光器件为光源,虽看不见灯亮,电路却能正常工作,为什么? 当改用小白炽灯作光源后,却不能正常工作,试分析原因。

5-7 简述视觉传感器概念、结构组成和工作原理。

5-8 简述视觉传感器的主要应用。

参考文献

［1］Serdar E，Erkan U，Memis S，et al. Pixel similarity-based adaptive Riesz mean filter for salt-and-pepper noise removal［J］. Multimedia Tools and Applications，2019，78（24）：35401-35418.

［2］Costante G，Ciarfuglia T A.LS－VO：learning dense optical subspace for robust visual odometry estimation［J］. IEEE Robotics and Automation Letters，2018，3(3)：1735-1742.

［3］刘慧杰,陈强.基于 ORB 特征的改进 RGB-D 视觉里程计［J］.制造业自动化,2022,44(7)：56-59,106.

［4］Meier L，Tanskanen P，Fraundorfer F，et al. A system for autonomous flight using onboard computer vision［C］//Proceedings of the IEEE International Conference on Robotics and Automation，2011，5：2992-2997.

［5］Karpinsky N，Zhang S. High-resolution，real-time 3D imaging with fringe analysis［J］. Journal of Real-Time Image Processing，2012，7(1)：55-66.

［6］Dai H，Ying W H，Xu J. Multi-layer neural network for received signal strength-based indoor localisation［J］. IET Communications，2016，10(6)：717-723.

第6章 光纤传感器

光纤是 20 世纪后半叶的重要发明之一。光纤的最初研究是为了通信;由于光纤具有许多新的特性,因此在其他领域也发展出了许多新的应用,其中之一就是构成光纤传感器。

光纤传感器(fiber optic sensor)以其高灵敏度、抗电磁干扰、耐腐蚀、可挠曲、体积小、结构简单,以及与光纤传输线路相容等独特优点受到广泛重视。光纤传感器可应用于位移、振动、转动、压力、弯曲、应变、速度、加速度、电流、磁场、电压、湿度、温度、声场、流量、浓度、pH 值等多种多样的物理量的测量,几乎涉及国民经济和国防上所有重要领域,以及人们的日常生活,尤其是可以安全有效地在恶劣环境中使用。

6.1 光纤传感器基础

6.1.1 光纤波导原理

光纤波导简称光纤,它是用光透射率高的电介质(如石英、玻璃、塑料等)构成的光通路。如图 6-1 所示,它由折射率 n_1 较大(光密介质)的纤芯和折射率 n_2 较小(光疏介质)的包层构成的双层同心圆柱结构。

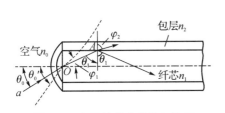

图 6-1 光纤的基本结构与波导

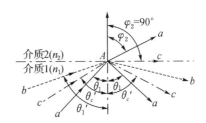

图 6-2 光在两介质界面上的折射和反射

根据几何光学原理,当空气 ($r_0 = 1$) 中的子午光线(即光轴平面内的光)由纤端 O 以入射角 θ_0 进入光纤,经折射后又以 θ_1 由纤芯 (n_1) 射向包层 $n_2(n_1 > n_2)$ 时,则一部分入射光将以折射角 φ_2 折射入介质 2,其余部分仍以 θ_1 反射回介质 1。依据光折射和反射的斯涅尔(Snell)定律,有

$$n_0 \sin \theta_0 = n_1 \sin \varphi_1 = n_1 \cos \theta_1 \tag{6-1}$$

$$n_1 \sin \theta_1 = n_2 \sin \varphi_2 \tag{6-2}$$

在纤芯和包层界面 A 处(见图 6-2)当 θ_1 角逐渐增大,使 $\theta_1 \rightarrow \theta_c'$ 时,透射入介质 2 的折射光也逐渐折向界面,直至沿界面传播。这时, $\theta_1 = \theta_c'$, $\varphi_2 = 90°$,对应于 $\varphi_2 = 90°$ 时的入射角 θ_1 称为界面 A 处入射光的临界角 θ_c' ;由式(6-2)则有

$$\sin \theta_1 = \sin \theta_c' = \frac{n_2}{n_1} \tag{6-3}$$

因此,入射光在 A 处产生全内反射的条件是: $\theta_1 > \theta_c'$,即

$$\sin \theta_1 > \frac{n_2}{n_1} \text{ 或 } \cos \theta_1 < \sqrt{1 - \frac{n_2^2}{n_1^2}} \tag{6-4}$$

这时,光线将不再折射入介质 2,而在介质(纤芯)内产生连续向前的全反射,直至由终端面射出。这就是光纤波导的工作基础。

同理,由式(6-4)和式(6-1)可导出光线由折射率为 $n_0 = 1$ 的空气,从界面 O 处射入纤芯时实现全反射的临界角(始端最大入射角)为

$$\sin \theta_c = \sin \theta_0 = \frac{1}{n_0} \sqrt{n_1^2 - n_2^2} = \sqrt{n_1^2 - n_2^2} = NA \tag{6-5}$$

式中 NA 定义为"数值孔径",它是衡量光纤集光性能的主要参数。它表示:无论光源发射功率多大,只有 $2\theta_c$ 张角内的光,才能被光纤接收、传播(全反射);NA 愈大,光纤的集光能力愈强。产品光纤通常不给出折射率,而只给出 NA 。石英光纤的 NA 为 0.2~0.4。

按纤芯横截面上材料折射率分布的不同,光纤又可分为阶跃型和渐变型,如图 6-3 所示。阶跃型光纤纤芯的折射率不随半径而变,但在纤芯与包层界面处折射率有突变。渐变型光纤纤芯的折射率沿径向由中心向外呈抛物线由大渐小,至界面处与包层折射率一致。因此,这类光纤有聚焦作用;光线传播的轨迹近似于正弦波,如图 6-4 所示。

光纤传输的光波,可以分解为沿纵轴向传播和沿横切向传播的两种平面波成分。后者在纤芯和包层的界面上会产生全反射。当它在横切向往返一次的相位变化为 2π 的整数倍时,将形成驻波。形成驻波的光线组称为模;它是离散存在的,亦即某种光纤只能传输特定模数的光。

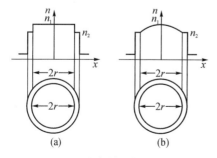

图 6-3　光纤的折射率断面

(a) 阶跃型;(b) 渐变型

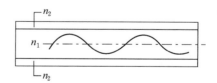

图 6-4　光在渐变型光纤的传输

6.1.2　光纤的特性

信号通过光纤时的损耗和色散是光纤的主要特性。

1) 损耗

引起光纤损耗的因素可归结为吸收损耗和散射损耗两类。物质的吸收作用将使传输的光能变成热能,造成光能的损失。散射损耗是由于光纤的材料及其不均匀性或其几何尺寸的缺陷引起的。光导纤维的弯曲也会造成散射损耗。这是由于光纤边界条件的变化,使光在光纤中无法进行全反射传输所致。光导纤维的弯曲半径越小,造成的损耗越大。

2) 色散

所谓光纤的色散就是输入脉冲在光纤传输过程中,由于光波的群速度不同而出现的脉冲展宽现象。光纤色散使传输的信号脉冲发生畸变,从而限制了光纤的传输带宽。光纤的色散是表征光纤传输特性的一个重要参数。特别是在光纤通信中,它反映传输带宽,关系到通信信息的容量和品质。在光纤传感的某些应用场合,有时也需要考虑信号传输的失真问题。

6.1.3　光纤传感器的分类

光纤传感器是通过被测量对光纤内传输光进行调制,使传输光的强度(振幅)、相位、频率或偏振等特性发生变化,再通过对被调制过的光信号进行检测,从而得出相应被测量的传感器。

光纤传感器一般可分为两大类:一类是功能型光纤传感器(function fibre optic sensor),又称 FF 型光纤传感器;另一类是非功能型光纤传感器(non-function fibre optic sensor),又称 NF 型光纤传感器。前者是利用光纤本身的特性,把光纤作为敏感元件,所以又称传感型光纤传感器;后者是利用其他敏感元件感受被测量的变化,光纤仅作为光的传输介质,用以传输来自远处或难以接近场所的光信号,因此,也称传光型光纤传感器。

6.2　光调制与解调技术

光的调制和解调技术在光纤传感器中极为重要。光的调制过程是将一携带信息的信号叠加到载波光波上;光的解调过程通常是将载波光波携带的信号转换成光的强度变化,然后由光电探测器进行检测。本小节主要介绍光纤传感器中常用的各种光调制与解调技术。

6.2.1　光强度调制与解调

光纤传感器中光强度调制是被测对象引起载波光强度变化,从而实现对被测对象进行检测的方式。光强度变化可以直接用光电探测器进行检测。解调过程主要考虑的是信噪比是否能满足测量精度的要求。

6.2.1.1　几种常用的光强度调制技术

1) 微弯效应

微弯损耗强度调制器的原理如图 6-5 所示。当垂直于光纤轴线的应力使光纤发生弯曲时，传输光有一部分会泄漏到包层中去。利用光在微弯光纤中强度的衰减原理，将光纤夹在由两块具周期性波纹的微弯板组成的变形器中构成调制器。

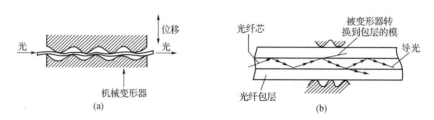

图 6-5　微弯损耗强度调制器

(a) 微弯效应示意图；(b) 微弯损耗强度调制器原理图

2) 光强度的外调制

外调制技术的调制环节通常在光纤外部，因而光纤本身只起传光作用。这里光纤分为两部分：发送光纤和接收光纤。两种常用的调制器是反射器和遮光屏。

反射式光强度调制器的结构原理如图 6-6(a) 所示。在光纤端面附近设有反光物体 A，光纤射出的光被反射后，有一部分光再返回光纤。通过测出反射光强度，就可以知道物体位置的变化。为了增加光通量，也可以采用光纤束。

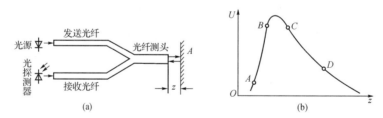

图 6-6　反射式光强度调制器

(a) 原理图；(b) 输出电压-位移关系曲线

图 6-7 为遮光式光强度调制器原理图。发送光纤与接收光纤对准，光强度调制信号加在移动的光闸上，如图 6-7(a)，或直接移动接收光纤，使接收光纤只接收到发送光纤发送的一部分光，如图 6-7(b)，从而实现光强度调制。

3) 折射率光强度调制

利用折射率的不同进行光强度调制的原理包括：

(1) 利用被测物理量引起传感材料折射率的变化：在一全内反射系统中，利用被测物理量(如温度和压力等)引起介质折射率的变化，使全内反射条件发生变化，再通过检测反射光强，就可监测物理量的变化。

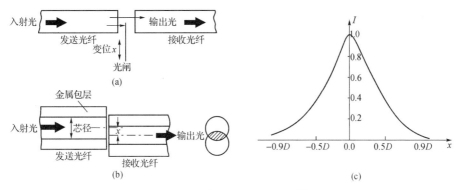

图 6-7 遮光式光强度调制器

（a）动光闸式；（b）动光纤式；（c）光强度-位移变化曲线

（2）利用渐逝场耦合：渐逝场出现在全内反射的情况下,理论分析表明,这时在纤芯外存在一透射光波(电磁场),但以总体来看,它不能把能量带出边界。图 6-8(a)为光波导中的渐逝场衰减曲线,$E_y(x)$为电场幅度。通常,渐逝波在光疏媒质中深入距离有几个波长时,能量就可以忽略不计了。如果采用一种办法使渐逝场能以较大的振幅穿过光疏介质,并伸展到附近的折射率高的光密介质材料中,能量就能穿过间隙,这一过程称为受抑全反射。利用这一原理设计的一种传感器敏感部分如图 6-8(b)所示。

（3）利用折射率不同的介质之间的折射与反射：利用不同物质对光的不同反射特性,可以构成光纤物性传感器,图 6-9 为反射系数式强度型光纤传感器原理图。这里利用光纤光强反射系数的改变来实现对透射光强的调制。图 6-8(a)表示光纤左端射入纤芯的光,一部分沿这段光纤反射回来,然后由光分束器 M 偏转到光探测器。6-8(b)为光纤右端的放大图。

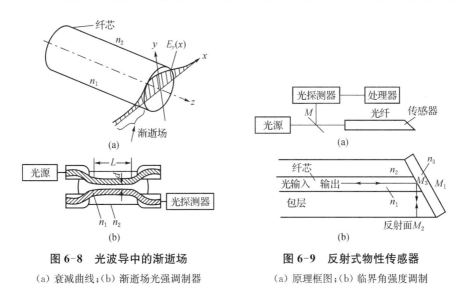

图 6-8 光波导中的渐逝场

（a）衰减曲线；（b）渐逝场光强调制器

图 6-9 反射式物性传感器

（a）原理框图；（b）临界角强度调制

6.2.1.2 光强度调制的解调

光强度调制型光纤传感器的关键是信号功率与噪声功率之比要足够大,其功率信噪比

R_{SN} 可用下列公式计算：

$$R_{SN} = \frac{i_s^2}{i_{phN}^2 + i_{RN}^2 + i_{dN}^2} \qquad (6-6)$$

式中　i_s——信号电流，Ri_s^2 为信号功率；

　　　i_{phN}——光信号噪声电流，Ri_{phN}^2 为光子噪声功率；

　　　i_{RN}——前置放大器输入端等效电阻热噪声电流，Ri_{RN}^2 为等效电阻热噪声功率，增加了放大器噪声因子 F，这里已考虑放大器噪声；

　　　i_{dN}——光电探测器噪声电流，Ri_{dN}^2 为探测器噪声功率。

如果采用硅 PIN 二极管光电探测器，则可略去暗电流噪声效应；进一步假设调制频率远离 $1/f$ 噪声效应区域，则可略去探测器噪声，式(6-6)可简化为

$$R_{SN} = \frac{i_s^2}{i_{phN}^2 + i_{RN}^2} \qquad (6-7)$$

应该指出，利用式(6-7)计算的信噪比，对大部分信号处理和传感器应用来说已绰绰有余。但是，光源与光纤、光纤和转换器之间的机械部分引起的光耦合随外界影响的变化，调制器本身随温度和时间老化出现的漂移，光源老化引起的强度变化及探测器的响应随温度的变化等，比信号噪声和热噪声对测量精度的影响往往要大得多。因此，应在传感器结构设计中和制造工艺中设法减小这些影响。

6.2.2　偏振调制与解调

光波是一种横波。光振动的电场矢量 E 和磁场矢量 H 和光线传播方向 s 正交。按照光的振动矢量 E、H 在垂直于光线平面内矢端轨迹的不同，又可分为线偏振光（又称平面偏振光）、圆偏振光、椭圆偏振光和部分偏振光。利用光波的这种偏振性质可以制成光纤的偏振调制传感器。

光纤传感器中的偏振调制器常利用电光、磁光、光弹等物理效应。在解调过程中应用检偏器。

6.2.2.1　调制原理

1）普克耳(Pockels)效应

如图 6-10 所示，当压电晶体受光照射并在其正交的方向上加以高电压，晶体将呈现双折射现象——普克耳效应。在晶体中，两正交的偏振光的相位变化

$$\varphi = \frac{\pi n_0^3 r_e U}{\lambda_0} \cdot \frac{l}{d} \qquad (6-8)$$

式中　n_0——正常光折射率；

　　　r_e——电光系数；

　　　U——加在晶体上的横向电压；

λ_0 ——光波长；

l ——光传播方向的晶体长度；

d ——电场方向晶体的厚度。

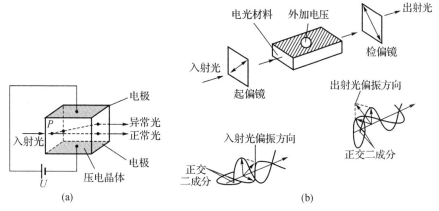

图 6-10 普克耳效应(a)及其应用(b)

2) 法拉第磁光效应

如图 6-11 所示，平面偏振光通过带磁性的物体时，其偏振光面将发生偏转，这种现象称为法拉第磁光效应，光矢量旋转角

$$\theta = V\int_0^L H \cdot \mathrm{d}l \tag{6-9}$$

式中 V ——物质的费尔德常数；

L ——物质中的光程；

H ——磁场强度。

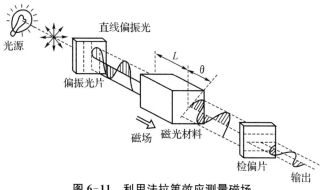

图 6-11 利用法拉第效应测量磁场

3) 光弹效应

如图 6-12 所示，在垂直于光波传播方向施加应力，材料将产生双折射现象，其强弱正比于应力。这种现象称为光弹效应。偏振光的相位变化

$$\varphi = 2\pi k p l / \lambda_0 \tag{6-10}$$

式中 k ——物质光弹性常数；

p ——施加在物体上的压强；

l ——光波通过的材料长度。

6.2.2.2 解调原理

这里我们仅讨论线偏振光的解调。利用偏振光分束器能把入射光的正交偏振线性分量在输出方向分开。通过测定这两束光的强度,再经一定的运算就可确定偏振光相位 φ 的变化。

图 6-13 是偏振矢量示意图。当取向偏离平衡位置 θ 时,轴 1 的光分量振幅是 $A\sin(\pi/4 + \theta)$,轴 2 则为 $A\cos(\pi/4 + \theta)$。两分量对应的光强度 I_1 和 I_2 正比于这两个分量振幅的平方。从而可以得出

$$\sin 2\theta = \frac{I_1 - I_2}{I_1 + I_2} \tag{6-11}$$

上式表明偏振角 θ 与光源强度和通道能量衰减无关。

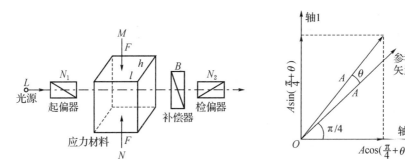

图 6-12 光弹效应实验装置   图 6-13 偏振矢量示意图

6.2.3 相位调制与解调

相位调制的光纤传感器,其基本原理是:通过被测能量场的作用,使能量场中的一段敏感单模光纤内传播的光波发生相位变化,利用干涉测量技术把相位变化变换为振幅变化,再通过光电探测器进行检测。

6.2.3.1 几种实现相位调制的物理效应

1)应力应变效应

当光纤受到纵向(轴向)的机械应力作用时,将产生三个主要的物理效应,导致光纤中光相位的变化:①光纤的长度变化——应变效应;②光纤芯的直径变化——泊松效应;③光纤芯的折射率变化——光弹效应。

2)热胀冷缩效应

在所有的干涉型光纤传感器中,光纤中传播光的相位响应 φ 都是与待测场中光纤的长度 L 成正比。这个待测场可以是变化的温度 T。由于干涉型光纤传感器中的信号臂光纤

可以是足够长的,因此信号光纤对温度变化有很高的灵敏度。

6.2.3.2 相位解调原理

两束相干光束(信号光束和参考光束)同时照射在一光电探测器上,光电流的幅值将与两光束的相位差成函数关系。两光束的光场相叠加,合成光场的电场分量为

$$E(t) = E_1 \sin \omega t + E_2 \sin(\omega t + \varphi) \tag{6-12}$$

式中　E_1——参考光束中的光场振幅;

　　　　E_2——调制(信号)光束中的光场振幅;

　　　　φ——干涉光束之间的时变光相位差,$\varphi = \varphi(t)$;

　　　　ω——光角频率,$\omega = 2\pi f$,f 为光频率。

光电探测器对合成光束的强度产生响应,其最终探测信号电流为

$$i(t) = \sigma \left[\frac{1}{2}(E_1^2 + E_2^2) + E_1 E_2 \cos \varphi(t) \right] \tag{6-13}$$

当 $E_1 = E_2 = E/2$ 时,上式可进一步简化为

$$i(t) = I[1 + \cos \varphi(t)] \tag{6-14}$$

式中　$I = \sigma E^2 / 4$。对式(6-14)进行微分,即可得光强对于两干涉光束之间微小相对相位变化的响应

$$\mathrm{d}i(t) = -I \sin \varphi_0 \mathrm{d}\varphi \tag{6-15}$$

上式表明,探测器输出电流变化取决于两光束的初相位 φ_0 和相位变化 $\mathrm{d}\varphi$。如果 $\sin \varphi_0 = 1$,即干涉光束初相位正交,相位差 $\varphi_0 = \pi/2$,那可较容易地把这种相位变化提取出来。这种探测方式称为零差检测。

6.2.4　频率调制与解调

频率调制并不以改变光纤的特性来实现调制。这里,光纤往往只起着传输光信号的作用,而不作为敏感元件。目前主要是利用光学多普勒效应实现频率调制。在图 6-14 中,S 为光源,P 为运动物体,Q 是观察者所处的位置。如果物体 P 的运动速度为 v,方向与 PS 及 PQ 的夹角分别为 θ_1 和 θ_2,则从 S 发出的频率为 f_1 的光经过运动物体 P 散射,观察者在 Q 处观察到的频率为 f_2。根据多普勒原理可得

$$f_2 = f_1 \left[1 + \frac{v}{c}(\cos \theta_1 + \cos \theta_2) \right] \tag{6-16}$$

如图 6-15 所示是一个典型的激光多普勒光纤测速系统。其中,激光沿着光纤投射到测速点 A 上,然后,被测物的散射光与光纤端面的反射光(起参考光作用)一起沿着光纤返回。为消除从发射透镜和光纤前端面 B 反射回来的光,在光电探测器前面装一块偏振片 R,使光探测器只能检测出与原光束偏振方向相垂直的偏振光。这样,频率不同的信号光

与参考光共同作用在光电探测器上,并产生差拍。光电流经频谱分析器处理,求出频率的变化,即可推知速度。

光频率调制的解调原理与相位调制的解调相同,仍然需要两束光干涉。探测器的信号电流公式的推导亦与相位调制的解调相同;其实只要用 $2\pi\Delta ft$ 代替式(6-14)中的 $\varphi(t)$,即可得

$$i(t)=I[1+\cos(2\pi\Delta ft)] \tag{6-17}$$

式中,$\Delta f=f_2-f_1$;由 $i(t)$ 的交流分量我们可以得到 Δf。

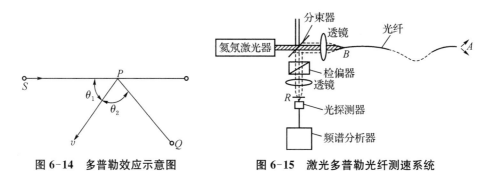

图 6-14　多普勒效应示意图　　　　图 6-15　激光多普勒光纤测速系统

6.3　光纤光栅传感器

光纤光栅传感技术是 20 世纪 90 年代末发展起来的新型光纤传感技术。所谓光纤光栅,就是一小段芯区折射率周期性调制的光纤。光纤光栅传感器(fiber optic raster sensor)就是通过检测每小段光栅反射回来的信号光波长值的变化来实现对被测参数的测量。

6.3.1　光纤光栅的结构和工作原理

光纤光栅的结构如图 6-16(a)所示。渐变型光纤的纤芯内掺杂有单晶锗离子。光栅的制作是通过写入技术,即通过紫外光干涉图案(周期图案)照射光纤,利用光纤材料的光敏性(入射光子与纤芯内锗离子相互作用)而造成折射率 $(10^{-5}\sim10^{-3})$ 的永久性变化,从而在纤芯内形成一小段一小段折射率周期性变化的空间相位光栅。这种光栅被称为光纤布拉格(Bragg)光栅(FBG)。

若光栅间隔周期 Λ 较短,当光束向光栅以一定的角度入射时,光波在介质中要穿过光栅的多个变化间隔,介质内各级衍射光会相互干涉,其中高级次的衍射光相互抵消,只出现 0 级和 1 级衍射光,即 Bragg 衍射。因此,入射进光纤的宽带光,只有满足一定条件的波长的光才能被反射回来,其余光即被透射出去,如图 6-16(b)所示。

由耦合模理论可知,光纤光栅的 Bragg 中心波长为

$$\lambda_B=2n_{eff}\Lambda \tag{6-18}$$

式中 n_{eff} 为光纤有效折射率；Λ 为光栅周期。

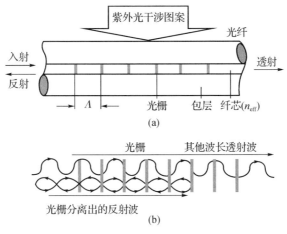

图 6-16 布拉格光纤光栅

（a）结构示意图；（b）工作原理图

由上式可见，λ_B 随 n_{eff} 和 Λ 变化而变化。而光纤受外界应变和温度影响将通过弹光效应和热光效应影响 n_{eff}；通过光纤长度变化和热膨胀影响 Λ，从而引起中心波长 λ_B 的改变。所以，光纤光栅传感器基本原理就是：利用光纤光栅有效折射率（n_{eff}）和周期（Λ）的空间变化对外界参量的敏感特性，将被测量变化转化为 Bragg 波长的移动，再通过检测该中心波长的移动来实现测量的。

6.3.2 解调技术

解调的目的就是要检测出反映被测量变化的 FBG 波长微小移动量。用于 FBG 波长编码解调的方法有滤波法、光谱编码/比例解调法、干涉法和可调光纤法布里-珀罗（Fabry-Perot，F-P）腔法。F-P 腔法具有体积小、价廉，并能直接输出对应于波长变化的电信号的优点。

图 6-17 为可调 F-P 腔的解调方案。其中 F-P 腔可视为窄带滤波器。入射 F-P 腔的平行光只有是满足相干条件的特定波长的光，才能发生干涉，形成相干峰值。光路过程为：宽带光源入射光经隔离器进入 FBG 光栅，由它反射回的光经耦合器和透镜，形成平行光入射到 F-P 腔；出射光再经透镜汇聚输入光电探测器，输出电信号。驱动元件采用了 PZT 压电陶瓷的逆压电效应，外加电压使其产生电致伸缩，使构成 F-P 腔的两个高反射镜中的一个移动，从而改变 F-P 腔腔长，使透过 F-P 腔的光波长发生改变。当 F-P 腔的透射波长与 FBG 反射波长重合时，入射探测器的光强最大（出现波峰）。

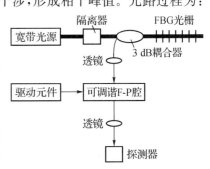

图 6-17 对 FBG 波长解调的可调 F-P 腔方案

6.4 光纤传感器的应用

6.4.1 光纤液位传感器

如图 6-18 所示为基于全内反射原理研制的液位传感器。它由 LED 光源、光电二极管、多模光纤等组成。它的结构特点是在光纤测头端有一个圆锥体反射器。当测头置于空气中没有接触液面时,光线在圆锥体内发生全内反射而返回到光电二极管。当测头接触液面时,由于液体折射率与空气不同,全内反射被破坏,将有部分光线透入液体内,使返回到光电二极管的光强变弱;返回光强是液体折射率的线性函数。当返回光强发生突变时,则表明测头已接触到液位。

图 6-18(a)结构主要是由一个 Y 形光纤、全反射锥体、LED 光源,以及光电二极管等组成。

图 6-18(b)所示是一种 U 形结构。当测头浸入到液体内时,无包层的光纤光波导的数值孔径增加,液体起到了包层的作用,接收光强与液体的折射率和测头弯曲的形状有关。为了避免杂光干扰,光源采用交流调制。

图 6-18(c)结构中,两根多模光纤由棱镜耦合在一起,它的光调制深度最强,而且对光源和光电接收器的要求不高。

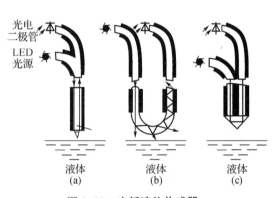

图 6-18 光纤液位传感器

(a) Y 形光纤;(b) U 形光纤;(c) 棱镜耦合

由于同一种溶液在不同浓度时的折射率也不同,所以经过标定,这种液位传感器也可作为浓度计。光纤液位计可用于易燃、易爆场合,但不能探测污浊液体,以及会黏附在测头表面的黏稠物质。

6.4.2 光纤角速度传感器(光纤陀螺)

光纤角速度传感器又名光纤陀螺,其理论测量精度远高于机械陀螺和激光陀螺仪。光纤陀螺的工作原理是基于萨格纳克(Sagnac)效应。萨格纳克效应是相对惯性空间转动的闭环光路中所传播光的一种普遍的相关效应,即在同一闭合光路中从同一光源发出的两束特征相等的光,以相反的方向进行传播,最后汇合到同一探测点。若绕垂直于闭合光路所在平面的轴线,相对惯性空间存在着转动角速度,则正、反方向传播的光束走过的光程不同,就产生光程差,其光程差与旋转的角速度成正比。因而只要知道了光程差及与之相应的相位差的信息,即可得到旋转角速度。

图 6-19 是光纤陀螺的最简单的结构。光劈的作用是将光分成两束。

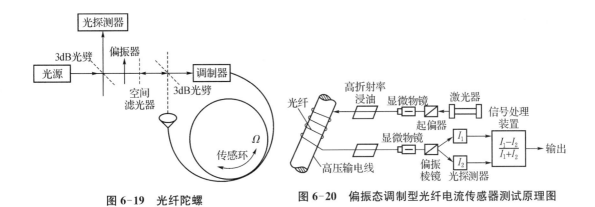

图 6-19 光纤陀螺　　　　图 6-20 偏振态调制型光纤电流传感器测试原理图

6.4.3 光纤电流传感器

图 6-20 为偏振态调制型光纤电流传感器测试原理图。根据法拉第磁光效应,由电流所形成的磁场会引起光纤中线偏振光的偏转;检测偏转角的大小,就可得到相应的电流值。如图 6-20 所示,从激光器发生的激光经起偏器变成偏振光,再经显微镜(×10)聚焦耦合到单模光纤中。为了消除光纤中的包层模,可把光纤浸在折射率高于包层的油中,再将单模光纤以半径 R 绕在高压载流导线上。设通过其中的电流为 I,由此产生的磁场 H 满足安培环路定律。对于无限长直导线,则有

$$H = I/2\pi R \tag{6-19}$$

由磁场 H 产生的法拉第磁光效应,引起光纤中线偏振光的偏转角为

$$\theta = VlI/2\pi R \tag{6-20}$$

式中　　V ——费尔德常数,对于石英,$V = 3.7 \times 10^{-4} (\mathrm{rad/A})$;

　　　　l ——受磁场作用的光纤长度。

由此得

$$I = \frac{2\pi R\theta}{Vl} \tag{6-21}$$

受磁场作用的光束由光纤出射端经显微物镜耦合到偏振棱镜,并分解成振动方向相互垂直的两束偏振光,分别进入光探测器,再经信号处理后输出信号

$$P = \frac{I_1 - I_2}{I_1 + I_2} = \sin 2\theta \approx \frac{VlI}{\pi R} = 2VNI \tag{6-22}$$

式中　　N ——输电线链绕的单模光纤匝数。

该传感器适用于高压输电线大电流的测量;测量范围 $0 \sim 1\,000\,\mathrm{A}$,精度可达 1%。

6.4.4 光纤光栅传感器

光纤布拉格光栅(FBG)是一种新型光纤无源器件,具有体积小、灵敏度高、抗电磁干扰能力强和可实现绝对测量等优点,而且易于多路复用和构成传感网络(如图 6-21 所示),能有效克服传统电学类传感系统在长期稳定性、耐久性和分布范围方面存在的不足,可实现高精度、远距离、分布式和长期性的结构监测,近年来在航空航天、土木、机械等领域得到了广泛的应用。

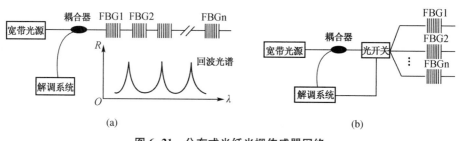

图 6-21 分布式光纤光栅传感器网络

(a) FBG 传感器网络波分复用示意图;(b) FBG 传感器网络空分复用示意图

图 6-22 为光纤光栅传感器在滑坡预警监测中的应用示意图。将多个 FBG 粘贴或嵌入弹性杆件,并将弹性杆件两端用固定桩固定于边坡内部岩体中,当边坡滑移体产生滑动变形时会带动弹性杆件产生弯曲变形,从而引起粘贴于弹性杆件上的 FBG 中心波长产生偏移,根据 FBG 的粘贴位置及波长的偏移量即可解算出该位置边坡表面产生的滑移量,其基本的应用方案如图 6-22(a)所示。边坡深部位移主要采用 FBG 悬臂梁弯曲结构进行监测,其原理与边坡表面滑移监测类似,具体应用方案如图 6-22(b)所示。

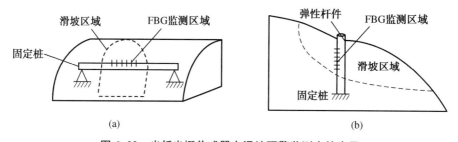

图 6-22 光纤光栅传感器在滑坡预警监测中的应用

(a)简支梁调谐 FBG 在边坡表面形变监测中的布设示意图;

(b)悬臂梁调谐 FBG 在边坡深部位移监测中的布设示意图

习题与思考题

6-1 简述光纤的结构和传光原理。

6-2 根据光折射和反射的斯涅尔(Snell)定律,证明光线由折射率为 n_0 的外界介质

（空气 $n_0 = 1$）射入纤芯时实现全反射的临界角（始端最大入射角）为：

$$\sin \theta_c = \frac{1}{n_0} \sqrt{n_1^2 - n_2^2}$$

并说明上式的意义。

6-3　举例说明光纤传感器各种调制方式的原理和应用。

6-4　简述光纤光栅的结构和工作原理。

6-5　简述利用光纤光栅对大型复杂构件进行健康监测的原理。

参考文献

[1]李殿奎. 光栅计量技术[M]. 北京：中国计量出版社, 1987.

[2]吴盘龙. 智能传感器技术[M]. 北京：中国电力出版社, 2015.

[3]颜全生. 传感器应用技术[M]. 北京：化学工业出版社, 2013.

[4]贾伯年, 俞朴, 宋爱国. 传感器技术[M]. 3 版. 南京：东南大学出版社, 2007.

[5]韩悦文. 面向物联网应用的大容量光纤光栅传感网络的研究[D]. 武汉：武汉理工大学, 2012.

[6]易金聪. 基于 FBG 传感阵列的智能结构形态感知与主动监测研究[D]. 上海：上海大学, 2014.

[7]李洪才, 刘春桐, 冯永保, 等. FBG 弯曲传感在滑坡预警监测中的应用研究[J]. 光电子・激光, 2015, 26 (2)：309-314.

[8]胡宸源. 大容量光纤光栅传感网络高速解调方法及关键技术研究[D]. 武汉：武汉理工大学, 2015.

第7章 传感器信号调理与校正技术

传感器输出的信号通常比较微弱,且伴有噪声或测量环境干扰,零漂及输入-输出非线性等问题。因此,传感器输出电信号在用作显示和控制信号之前,必须做必要的处理,这些处理称为传感器的信号调理与校正。

7.1 调制与解调

在测控系统中,进入后级电路的信号除了传感器的输出信号以外,还包括各类噪声及干扰信号,而传感器的输出信号通常又相对较弱,因此为了便于区别噪声与信号,给测量信号赋予一定的特征,例如压阻式传感器的幅值变化、谐振式传感器的频率变化等,以便更好地分离传感信号与噪声、干扰信号,提高电路的抗干扰能力,提高信噪比,这便是调制的过程。在获得已调信号后,将传感器的信息从信号中分离出来的过程,称之为解调。

7.1.1 调制的分类与功能

"调制"是使基带信号 $f(t)$ 控制载波信号的某一个(或几个)参数,使载波信号的这些参数按照基带信号 $f(t)$ 的变化规律而变化的过程。其中,载波可以是连续的正弦波,也可以是非正弦波(如周期性脉冲序列等)。以正弦信号作为载波的调制称为连续波调制。

对于连续波调制,信号可以表示为

$$F(t) = A(t)\cos(\omega_0 t + \varphi(t)) \tag{7-1}$$

该信号由振幅 $A(t)$、频率 ω_0,以及相位 $\varphi(t)$ 三个参数构成。通过改变三个参数中的任何一个都可以使信号携带特定的信息。因此,连续波调制可以分为调幅、调频、调相三种。

调制的基本功能是实现频率的迁移,在某些场合下,低频的信号在传输过程中可能存在较大损耗,此时通过调制使得低频信息包含在高频载波中,跟随载波发送到信号接收端,以降低传输中的信号失真,提升信号传输质量。

此外,调制也可以实现信道的复用。一般来说被传输信号占用的带宽小于信道带宽,因此,一个信道同时只传输一个信号是很浪费的,此时通过调制将多个信号频谱迁移到指定位置,互不重叠,从而实现统一信道的多个信号传输。

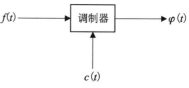

图7-1 调制器的一般模型

大部分调制系统,可以将调制器视作一个六端网络分为三个端对,分别为输入端对

$f(t)$、输入载波 $c(t)$、输出已调波 $\varphi(t)$。

调制的方法有多种,其分类方法一般包括:

(1) 按照调制信号的类型分类。模拟调制,即调制信号是连续变化的模拟量,如音视频图像信号。数字调制,即调制信号为数字化编码符号或者脉冲编码波形。

(2) 按照载波信号的类型分类。连续波调制,即载波信号为连续波形的调制方法,通常以正弦波作为载波信号。脉冲调制,即载波信号为脉冲波形序列的调制方法。

(3) 按照调制参数的不同分类。幅度调制,以调制信号去控制载波信号的幅度变化,如模拟调幅(AM)、脉冲调幅等。频率调制,以调制信号控制载波信号的频率变化,如模拟调频(FM)、脉宽调制、脉冲频率调制。相位调制,以调制信号控制载波信号的相位变化,如模拟调相(PM)、脉冲相位调制等。

(4) 按照调制器的传输函数分类。线性调制,已调信号的频谱与调制信号频谱是线性的位移关系,如各种幅度调制、幅移键控,以及窄带角度调制。非线性调制,已调信号的频谱与调制信号频谱不只是进行了频谱的搬移,同时还改变了频谱结构,产生了交叉调制或者交叉乘积边带,即调制后派生出许多不同于调制信号频谱的新频率成分,或者说已调信号是调制信号频谱的非线性变换,如宽带调频、宽带调相、频移键控等。

7.1.2　幅度调制

根据频谱特性的不同,通常可以把幅度调制分为调幅(AM)、抑制载波双边带调幅(DSB)、单边带调幅(SSB)和残留边带调幅(VSB)等。

(1) 调幅(AM),是指用调制信号控制载波信号的振幅,使得已调波的包络线按照调制信号的变化规律线性变化的过程(见图 7-2)。

假设调制信号为 $f(t)$,载波信号为

$$c(t) = A_0 \cos(\omega_0 t + \theta_0) \tag{7-2}$$

则已调信号可以写作

$$\varphi_{AM}(t) = [A_0 + f(t)]\cos(\omega_0 t + \theta_0) \tag{7-3}$$

式中,A_0 为未调载波的振幅,ω_0 为载波角频率,θ_0 为载波初始相位。

由式(7-3)可知,调幅过程主要靠乘法以及加法运算,因此调幅的数学模型如图 7-3 所示。

在实际组成调幅器时,加法作用通常只需在乘法器件基础上加上一定的直流偏置即可完成,而乘法器则可由各种二极管、晶体管、电子管组成。图 7-4 为常用的高电平调幅电路。

(2) 抑制载波双边带调幅(DSB)。在调幅波中,载波本身并不携带有用信息,但却占据了较大功率,在正弦波调制下,100% 调制时的最大效率仅为 33%,实际效率可能更低。因此,将载波分量完全抑制掉,将有效的功率完全用到调制信号的传输上,即可提高调制效率。因此 DSB 的表达式为

$$\varphi_{DSB}(t) = f(t)\cos(\omega_0 t + \theta_0) \tag{7-4}$$

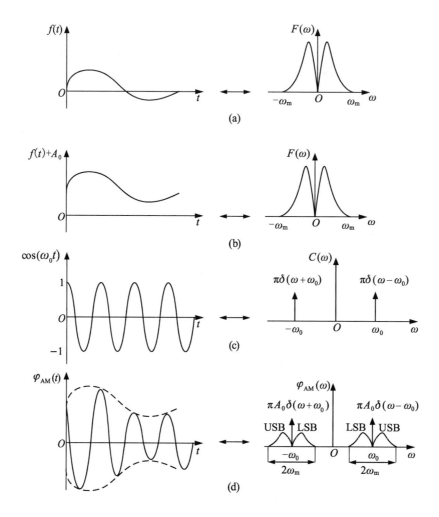

图 7-2 调幅过程

（a）调制信号及其频谱；（b）经过幅度偏移后的调制信号及其频谱；
（c）载波信号及其频谱；（d）已调信号及其频谱

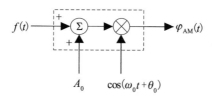

图 7-3 调幅的数学模型

DSB 的频谱中不存在载波分量，因此理论效率可达 100%。图 7-5 为 DSB 波形以及频谱图。

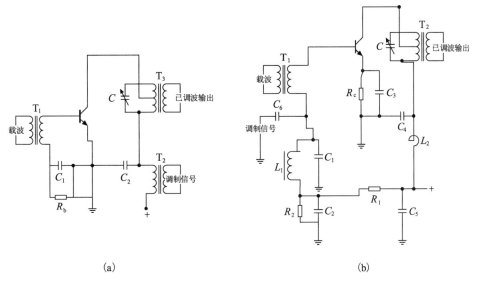

图 7-4　常用高电平调幅电路

（a）集电极调幅电路；（b）基极调幅电路

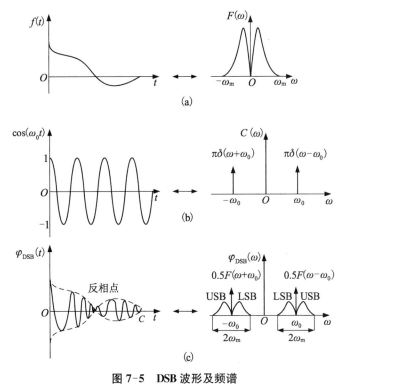

图 7-5　DSB 波形及频谱

（a）调制信号及其频谱；（b）载波及其频谱；（c）已调波及其波形

图 7-6 为常用的 DSB 调制器,图 7-6(a)为平衡调制器,图 7-6(b)为环形调制器,平衡调制器的优点在于结构简单稳定,平衡性能好;而环形调制器输出频谱更为纯净,输出效率更高。

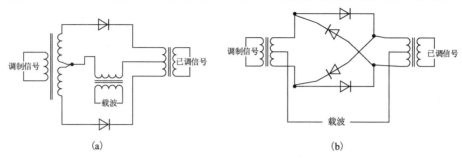

图 7-6　常用 DSB 调制器

(a) 平衡调制器;(b) 环形调制器

(3) 单边带调幅(SSB)。在 AM 和 DSB 中,调制结果将原始频谱搬移了 $\pm \omega_0$,同时信号带宽增加了一倍,在发送整个频谱时发送了多余的信息,但是只传输其中一半频谱是不可能的,因为任何可以实现的信号其频谱均为 ω 的偶函数,通过垂直轴不对称的频谱不能表示实际信号,因此不能被传送。但是将以 $\pm \omega_0$ 为中心的频谱分为 USB 与 LSB 后,两个 USB 与两个 LSB 就包了调制信号的全部信息,因此只需传输两个 USB 或者两个 LSB 即可。

实现单边带调幅的方法,最常用的方法为滤波法,其结构是在双边带调制后接一个边带滤波器来组成,边带滤波器可以采用适当的带通滤波器,也可以采用高通滤波器或者低通滤波器,其目的是抑制掉无用的边带。

滤波法的主要缺点在于要求滤波器的特性十分接近理想特性,即要求在 ω_0 处能够完全截止。实际上来讲,载频在数百千赫兹下可以采用机械滤波器,载频在几兆赫兹下可以采用石英晶体滤波器或者陶瓷滤波器,频率更高则难以获得符合要求的滤波器。通常的解决办法是采用多

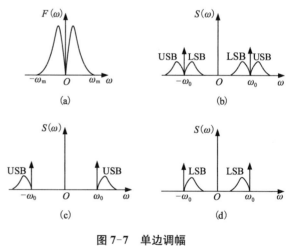

图 7-7　单边调幅

(a) 原始信号频谱;(b) 双边带调幅频谱;
(c) USB 单边带调幅频谱;(d) LSB 单边带调幅频谱

级频率搬移的方法,即在低载频上形成单边带信号,之后通过变频将频谱搬移到更高的载频上。

(4) 残留边带调幅(VSB)。当调制信号频谱存在较多低频分量时(例如电视和电报信号),上下边带的分离很困难,不易采用 SSB 来对信号进行调制,为了解决这个问题,残留边带调幅被提出。VSB 与 SSB 类似,但是区别在于 VSB 不对边带完全抑制,而是使其逐渐截止,截止特性使传输边带在载频附近被抑制的部分被不需要边带的残留部分精确地补偿,这样,在接收端经解调后将两个频谱搬移到一起,就可以不失真地恢复信号。残留边带调

幅的优点在于既可以节省带宽,又可以在低频信号分量的传输上有较好的效果。

7.1.3　幅度调制信号的解调

解调即调制的逆过程,是指从已调信号中分离出调制信号的过程。为了不失真地还原信号,要求载波和接收信号的载波保持同频同相,因此又称为相干解调、同步检测(同步检波)、相干检测(相干检波)。

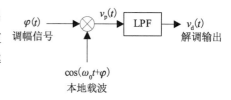

图 7-8　相干解调的数学模型

(1) 当本地载波同步时,设接收端输入为调幅信号

$$\varphi_{AM}(t) = [A_0 + f(t)]\cos(\omega_0 t + \theta_0) \tag{7-5}$$

调幅信号与本地载波 $\cos(\omega_0 t + \varphi)$ 相乘,有

$$v_p(t) = [A_0 + f(t)]\cos(\omega_0 t + \theta_0)\cos(\omega_0 t + \varphi) = \frac{1}{2}[A_0 + f(t)][\cos(\theta_0 - \varphi)$$
$$+ \cos(2\omega_0 t + \theta_0 + \varphi)] \tag{7-6}$$

经低通滤波器将 $2\omega_0$ 分量滤除后,得输出信号为

$$v_d(t) = \frac{1}{2}[A_0 + f(t)]\cos(\theta_0 - \varphi) \tag{7-7}$$

设 $\theta_0 - \varphi$ 为常数,则

$$v_d(t) = \frac{1}{2}G[A_0 + f(t)] \tag{7-8}$$

则输出信号包含直流分量 A_0 以及调制信号 $f(t)$,将直流分量消除后,就完成了对已调信号的解调,其中 G 为常数。

需要指出的是,$\theta_0 - \varphi$ 会影响解调输出:

① $\theta_0 - \varphi =$ 常数 $\neq 0$ 时,此时仅会影响输出信号的幅值而不会对信号本身产生影响。

② $\theta_0 - \varphi = \pm\dfrac{\pi}{2}$ 时,$G = 0$,无输出。

③ $\theta_0 - \varphi = \pm\pi$ 时,$G = -1$,输出信号反相,对模拟信号影响不大,但会严重影响数字信号。

(2) 上述相干解调的前提条件需要保证本地载波同步,而针对现实情况,本地载波完全同步难以实现,可以采取非相干解调的方法对已调信号进行解调。调幅信号的非相干解调,最常用也最简单的方法为包络线检波。图 7-9 为串联包络线检波电路及其检

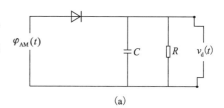

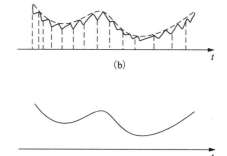

图 7-9　包络线检波

(a) 包络线检波电路;(b) 电路充放电波形;(c) 低通滤波后波形

波过程。

设二极管为理想二极管,在载波信号的正半周,二极管导通,电容器充电,由于时间常数很小,很快充电到输入信号峰值。当载波信号来到负半周,二极管截止,电容器通过电阻进行放电,当下一正半周到来时,二极管重新导通,继续重复上述过程,此时获得的波形如图 7-9(b)所示,是包含调制幅度信号的带有载波频率 ω_0 纹波的波形信号,经低通滤波器滤除后即可还原获得调制信号。包络线检波中的时间常数 RC 要选取适当,一般来讲需满足

$$\frac{1}{\omega_0} \ll RC \ll \frac{1}{\omega_m} \tag{7-9}$$

式中 ω_m 为调制信号的最大调制角频率。

7.1.4 非线性调制(调频、调相)

区别于幅度调制,调频(FM)与调相(PM)信号的幅度均恒定,因此可认为调频信号与调相信号为幅值为 A,瞬时相角为 $\theta(t)$ 的正弦信号。

$$\varphi(t) = A\cos[\theta(t)] \tag{7-10}$$

(1) 调相(PM)。若正弦信号的瞬时相角 $\theta(t)$ 与调制信号 $f(t)$ 呈线性变化关系,则称相应的已调信号波形为调相波,即

$$\theta_{PM}(t) = \omega_0 t + \theta_0 + K_p f(t) \tag{7-11}$$

式中 ω_0 与 θ_0 为常数,K_p 为比例系数,单位 rad/V。

因此,PM 波的表达式为

$$\varphi_{PM}(t) = A\cos[\omega_0 t + \theta_0 + K_p f(t)] \tag{7-12}$$

(2) 调频(FM)。若正弦信号的瞬时频率与调制信号 $f(t)$ 呈线性变化关系,则称相应的已调波为调频波,即

$$\omega(t) = \omega_0 t + K_f f(t) \tag{7-13}$$

$$\theta_{FM}(t) = \omega_0 t + \theta_0 + K_f \int f(t)\mathrm{d}t \tag{7-14}$$

因此 FM 波的表达式为

$$\varphi_{FM}(t) = A\cos\left[\omega_0 t + \theta_0 + K_f \int f(t)\mathrm{d}t\right] \tag{7-15}$$

接下来我们介绍窄带调频(NBFM)。在调频中,如果我们认为调制所引起的最大相位偏移 $\left[K_f \int f(t)\mathrm{d}t\right]_{max}$ 远小于1,则利用三角函数展开式可得 NBFM 的表达式为

$$\varphi_{NBFM}(t) = A\cos[\omega_0 t + \theta_0]\cos\left[K_f \int f(t)\mathrm{d}t\right]$$

$$-A\sin\left[\omega_0 t+\theta_0\right]\sin\left[K_f\int f(t)\mathrm{d}t\right] \tag{7-16}$$

当 $\left[K_f\int f(t)\mathrm{d}t\right]_{max}$ 远小于 1 时,上式近似为

$$\varphi_{\mathrm{NBFM}}(t)=A\cos\left[\omega_0 t+\theta_0\right]-A\sin\left[\omega_0 t+\theta_0\right]\left[K_f\int f(t)\mathrm{d}t\right] \tag{7-17}$$

将式(7-17)进行傅里叶变换,并假设 $F(0)=0$,则有

$$\begin{aligned}\varphi_{\mathrm{NBFM}}(\omega)=&\pi A\left[\delta(\omega-\omega_0)\,\mathrm{e}^{j\theta_0}+\delta(\omega-\omega_0)\,\mathrm{e}^{-j\theta_0}\right]\\&+\frac{AK_f}{2}\left[\frac{F(\omega-\omega_0)}{\omega-\omega_0}\,\mathrm{e}^{j\theta_0}\right.\\&\left.-\frac{F(\omega+\omega_0)}{\omega+\omega_0}\,\mathrm{e}^{-j\theta_0}\right]\end{aligned} \tag{7-18}$$

由此我们可以得知 AM 与 NBFM 在频域上的区别,即 NBFM 的负频域边带频谱要进行反相,且在正负频域分别要乘以频率因子 $1/(\omega-\omega_0)$ 和 $1/(\omega+\omega_0)$。

类似地,我们假设最大相位偏移较小,则调相的表达式经傅里叶变换可得窄带调相(NBPM)的频域表达式为

$$\begin{aligned}\varphi_{\mathrm{NBPM}}(\omega)=&\pi A\left[\delta(\omega-\omega_0)\,\mathrm{e}^{j\theta_0}+\delta(\omega-\omega_0)\,\mathrm{e}^{-j\theta_0}\right]\\&+\frac{jAK_p}{2}\left[F(\omega-\omega_0)\,\mathrm{e}^{j\theta_0}-F(\omega+\omega_0)\,\mathrm{e}^{-j\theta_0}\right]\end{aligned}$$
$$(7-19)$$

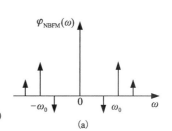

图 7-10　角调频谱图

(a) NBFM 的频谱图;

(b) NBPM 的频谱图

由图 7-10 可以看出,NBPM 的频谱不会带来频率特性,即不会乘以频率因子。

7.1.5　调频波与调相波的产生与解调

1) 调频波与调相波的产生

调频与调相虽是不同的调制方法,但本质上并无较大区别,因为改变相位与频率其中的一个必然会对另外一个产生影响。产生调频与调相信号的方法有很多,常用的为直接法,即直接利用信号控制振荡器的频率,使之按照控制信号的变化规律呈线性变化。对于 FM 来说,控制信号采用 $f(t)$,而 PM 则采用 $\dfrac{\mathrm{d}f(t)}{\mathrm{d}t}$ 作为控制信号。

常用的直接调制电路包括变容二极管调频电路

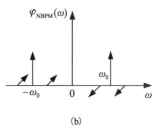

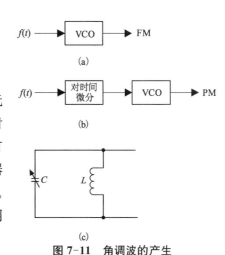

图 7-11　角调波的产生

(a) 直接 FM 过程;(b) 直接 PM 过程;

(c) 常见 LC 振荡电路

和晶体振荡器调频电路,后者的中心频率稳定度要明显高于前者,很容易做到 10^{-6} 量级,而变容二极管调频电路一般低于 10^{-4}。除直接调频、调相外,也可采用窄带调频—倍频的方式来产生需要的调频波。

2）调频与调相信号的解调

（1）窄带信号解调。窄带频率调制（NBFM）与窄带相位调制（NBPM）均可由乘法器实现,因此其解调也可由相干解调器实现。图 7-12 为窄带信号的相干解调框图,BPF 为带通滤波器,用于滤除不需要的信号,经乘法器进行相干解调后输入低通滤波器完成 FM 与 PM 信号的解调。

（2）宽带信号解调。针对宽带信号的解调,通常采用鉴频器进行非相干解调。鉴频器不仅适用于宽带解调,也适用于窄带信号的解调,因此是一种非常广泛的解调方式。鉴频器的功能为把输入信号的频率变化变成输出电压瞬时幅度的变化,即鉴频器输出电压的瞬时幅度与输入调频波的瞬时频率偏移成正比,典型鉴频器的输入-输出特性曲线如图7-13所示。

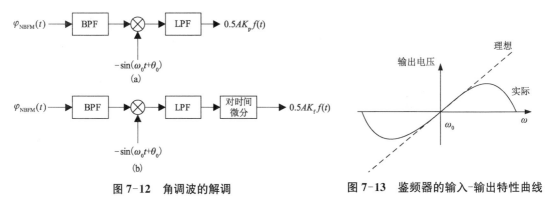

图 7-12　角调波的解调	图 7-13　鉴频器的输入-输出特性曲线
（a）PM 的解调过程；（b）FM 的解调过程	

通常鉴频器的使用方法为,首先进行波形变换,将等幅 FM 波变换成幅度按照调制信号规律变化的调幅调频波,然后采用包络线检波器把幅度变化抽取出来以获得所需的原调制信号,包括斜率鉴频器、相位鉴频器、比例鉴频器、晶体鉴频器等,其中应用较多的为比例鉴频器与相位鉴频器。图 7-14 为利用鉴频器进行频率解调的一般流程图。

图 7-14　鉴频器频率解调一般流程

7.2　滤波器

传感器的输出信号中,除了我们需要的测量信息外,通常还包含着许多噪声和与测量无关的其他信号,并且输出信号在各种电缆和信号处理电路中传输时也会混入各种形式的噪声,这对测量精度有很大影响。因此,对传感器输出信号的噪声消除至关重要,这就需要引入传感器信号调理系统的重要组成部分——滤波器。

7.2.1　滤波器工作原理

滤波器是一种能够对频率进行选择的信号处理系统,即可以通过输入信号中的特定频率,并极大地衰减其他频率成分。实际上,滤波器就是一个由电容、电阻、电感和其他元器件组成的选频电路。利用滤波器的这种选频作用,能够滤除信号噪声或进行频谱分析。广义上来讲,凡是能够让特定频率信号通过,并极大地抑制其他频率成分的系统都可以叫作滤波器。

滤波器之所以能够滤除噪声,是因为当有用信号与噪声分布在不同频带中时,使滤波器对于不同频率的输入信号具有不同的衰减作用,从频率域上对信号进行分离。在传感器的实际测量电路中,信号与干扰噪声的频带通常存在部分重叠的情况。例如各种测量系统中都常见的白噪声,其功率谱密度在整个频域内都为常数。也就是说,在较宽的频率范围内白噪声的功率是均匀分布的,在这种干扰噪声和信号频带重叠不是特别严重的情况下,如果白噪声频带远大于信号的频带,通过选用合适的滤波器就可以滤除信号频带之外的白噪声信号,大大提高信号的信噪比。一般来说,信号测量精度通常取决于其信噪比,即信号频带内有用信号功率与噪声功率之比,信噪比越大,说明信号中的相对干扰噪声越小。

滤波器不仅可以滤除信号中的干扰噪声,还能够对各种不同信号进行分离。比如将调制信号和载波信号进行分离并提取特定的频率成分。此外,在使用 A/D 转换电路对模拟信号进行量化处理时,使用滤波器进行抗混叠滤波,可以滤除信号中高于采样频率 1/2 的频率成分,减小量化误差。

7.2.2　滤波器的类型

（1）滤波器按照所处理的信号可以分为模拟滤波器和数字滤波器两种。其中模拟滤波器处理连续的模拟信号,数字滤波器用来处理离散的数字信号,二者的结构组成有很大差别。模拟滤波器使用模拟电路实现,数字滤波器通常需要用到 A/D 或 D/A 转换器,滤波处理也在数字芯片如 FPGA、单片机中实现。

模拟滤波器通常使用元器件较多,电路参数也随着元器件而确定,一旦确定就很难修改,且模拟滤波器也更受外部环境噪声的影响,但是在宽频带信号滤除中,模拟滤波器与 A/D 采样率无关,能够避免 A/D 采样时将其他频带的信号混叠在有用信号中,适用于做抗混叠滤波器。并且对于微弱信号的噪声滤除和信噪比提高,模拟滤波器也更适用。数字滤波器通常由数字乘法器、加法器和延时单元组成,可以使用软件或者可编程硬件实现滤波算法处理离散的数字信号。相比于模拟滤波器,数字滤波器受外界环境影响较小,可靠性更高,对于信号的处理更加灵活,参数修改也更方便,目前数字滤波器技术正快速发展,精度也越来越高,但是数字滤波器无法完全取代模拟滤波器,当需要处理产生混叠的信号时,模拟滤波器是必要的。

（2）按照所采用的元器件可分为无源滤波器、有源滤波器和开关电容滤波器。其中,无源滤波器指的是仅由电阻、电容和电感组成的滤波器,主要工作原理是利用电容和电感元件的电路阻抗值随频率变化而变化。无源滤波器包括 LC 无源滤波器和 RC 无源滤波器等,其构成电路简单,不需要电源供电,制作成本低,可靠性高。但是其缺点也很明显,无源滤波器对于输入信号的能量有损失,运行稳定性较差,对于使用了电感元件的滤波器还会引发电磁感应,并且电感元件体积和重量较大,因此无源滤波器目前应用得不多。

有源滤波器指的是包含电阻、电容等无源元件和集成运算放大器的滤波器,其中,运算放大器是有源滤波器的核心元件,通过引入具有能量放大作用的运算放大器,可以补偿无源元件损失的能量,此外,这类滤波器可以通过级联方式构成高阶滤波器。

开关电容滤波器是一种由 MOS 模拟开关、电容器和运算放大器组成的离散时间模拟滤波器,开关电容滤波器可以对模拟信号直接进行采样和处理,即不需要 A/D、D/A 转换器,这不仅简化了电路结构,还提高了系统的可靠性,广泛应用于通信系统。

(3)按照所通过信号的频段划分可以分为低通、高通、带通和带阻滤波器。在滤波器中,把信号可以通过或受到较小衰减的频率范围称为通带,将信号受到较大衰减或抑制的频率范围称为阻带,而在通带和阻带之间的频率范围称为过渡带。

低通滤波器允许信号中的低频和直流分量通过,而极大衰减信号中的高频分量和干扰噪声;高通滤波器允许信号中的高频分量通过,并抑制信号中的低频和直流分量,以及低频噪声;带通滤波器允许一定频段的信号通过,并抑制低于或高于该频带的信号和噪声;带阻滤波器与带通滤波器相反,它抑制一定频段内的信号和噪声,但是允许低于或高于该频带的信号通过。上述四种滤波器的幅频特性如图 7-15 所示,通带和阻带之间的分界频率称为截止频率,对于通带和阻带来说,通带并不是指此频带内信号完全不衰减,阻带也不是指信号完全被抑制,只不过是两者衰减的程度不同。

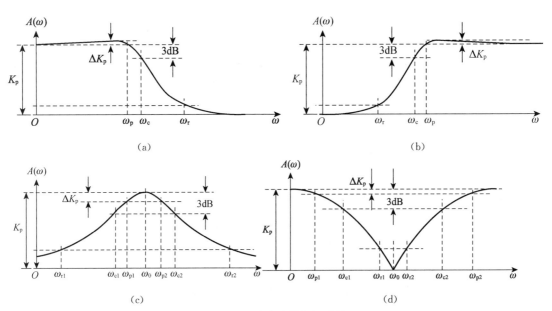

图 7-15 四种滤波器幅频特性图

(a) 低通滤波器;(b) 高通滤波器;(c) 带通滤波器;(d) 带阻滤波器

7.2.3　滤波器的主要参数及特性指标

通带增益 K_p：指滤波器在通带内的电压放大倍数。滤波器的通带增益并不是常数，对于低通和高通滤波器而言，通带增益分别指的是 $\omega=0$ 和 $\omega \to \infty$ 时的增益；对于带通滤波器而言，K_p 指的是中心频率处的增益，而带阻滤波器对应有阻带衰减，即 $1/K_p$。

截止频率 f_c：指的是电压增益下降 $-3\,\mathrm{dB}$ 位置（即 $|A_0/\sqrt{2}|$）时所处的频率，一般作为通带和阻带的边界点。对于低通和高通滤波器分别为低通截止频率和高通截止频率，带通和带阻滤波器有两个截止频率，即 f_L、f_H。

特征频率 f_0：指的是滤波器通带的频率 f_0，对于带通或带阻滤波器来说，特征频率 f_0 也为中心频率，是通带（或阻带）中电压增益最大（或最小）点所对应的频率，一般取 $f_0=(f_L+f_H)/2$。特征频率一般与滤波器的元件参数有关。

通带(或阻带)带宽 B：指带通（或带阻）滤波器中可以通过（或衰减）的一段频谱宽度，即 $B=(f_H-f_L)$。

阻尼系数 α 和品质因数 Q：阻尼系数体现了滤波器对频率为 f_0 的信号的阻尼作用，是滤波器中一项表示能量衰减的指标。品质因数 $Q=1/\alpha$，是一项用来对带通和带阻滤波器的频率选择特性进行评价的指标。对带通和带阻滤波器来说，品质因数 Q 等于中心角频率与通带或阻带带宽 B 的比值，即 $Q=\omega_0/B$。

灵敏度：滤波器的灵敏度受很多因素影响，每个滤波器组成元件参数的变化都会影响滤波器的工作性能。滤波器的灵敏度与测量仪器或电路系统灵敏度的表征含义不同，滤波器灵敏度越小，标志着滤波电路容错能力越强，系统越稳定。

群时延函数：群时延函数 $\tau(\omega)$ 通常用来评价信号经滤波后相位失真程度。在设计滤波器时不仅要满足幅频特性设计要求还要保证输出信号的相位失真满足要求，此时，群时延函数 $\tau(\omega)=\dfrac{\mathrm{d}\varphi(\omega)}{\mathrm{d}\omega}$（$\varphi(\omega)$ 为相频特性函数）。群时延函数越接近常数，表示输出信号的相位失真越小。

7.2.4　基本滤波器

1）一阶低通和高通滤波器

一阶滤波电路只能组成低通和高通滤波器，一阶低通和高通滤波器的传递函数分别为：

$$H(s)=\frac{K_p \omega_c}{\omega_c+s} \tag{7-20}$$

$$H(s)=\frac{K_p s}{\omega_c+s} \tag{7-21}$$

式中　K_p 为通带增益，ω_c 为截止角频率，s 为拉氏变量（$s=\sigma+\mathrm{j}\omega$）。

2）二阶低通和高通滤波器

二阶低通滤波器的传递函数为

$$H(s) = \frac{K_p \omega_0^2}{s^2 + \omega_0^2 + \alpha \omega_0 s} \tag{7-22}$$

式中　α 为滤波器阻尼系数，ω_0 为滤波器特征频率。

对于不同的阻尼系数 α 值，二阶低通滤波器的幅频特性和相频特性曲线如图 7-16 所示，从图中可以看出，α 值在一定程度上影响着滤波器的频率特性。对于 RC 无源滤波器而言，其极点必为实数，则 α 需要大于或等于 2。当阻尼 α 较大时，过渡带下降平缓，此时滤波器频率选择特性变差。当阻尼 α 很小时，其幅频特性在 ω_0 附近将产生较大的过冲，这对于二阶低通滤波器十分不利。

将低通滤波器传递函数中的 s/ω_0 换成 ω_0/s，就可以得到二阶高通滤波器的传递函数：

$$H(s) = \frac{K_p s^2}{s^2 + \omega_0^2 + \alpha \omega_0 s} \tag{7-23}$$

如图 7-17 所示为二阶高通滤波器的幅频和相频特性曲线图，对比图 7-16 和图 7-17 可以发现，在不同的阻尼系数 α 值下，二阶高通滤波器和二阶低通滤波器的频率特性曲线在 $\omega = 0$ 和 $\omega \to \infty$ 部分进行了对调。

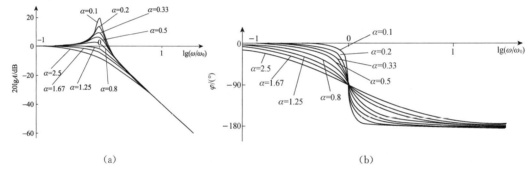

(a)　　　　　　　　　　　　　　　　(b)

图 7-16　二阶低通滤波器的幅频和相频特性曲线

（a）幅频特性；（b）相频特性

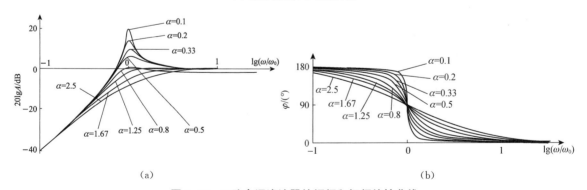

(a)　　　　　　　　　　　　　　　　(b)

图 7-17　二阶高通滤波器的幅频和相频特性曲线

（a）幅频特性；（b）相频特性

3）二阶带通和带阻滤波器

二阶带通和带阻滤波器的传递函数分别为

$$H(s) = \frac{K_{\mathrm{p}}(\omega_0/Q)s}{s^2 + \omega_0^2 + (\omega_0/Q)s} \tag{7-24}$$

$$H(s) = \frac{K_{\mathrm{p}}(s^2 + \omega_0^2)}{s^2 + \omega_0^2 + (\omega_0/Q)s} \tag{7-25}$$

式中 Q 为滤波器的品质因数。

图 7-18 和图 7-19 为不同 Q 值下二阶带通和带阻滤波器的频率特性曲线图,对于二阶带通滤波器来说,当 $\omega = 0$ 或 $\omega \to \infty$ 时,$A(\omega) = 0$,当 $\omega = \omega_0$ 时,$A(\omega)$ 为最大值,而带阻滤波器的幅频特性则相反。

由图 7-18 和图 7-19 可以看出,二阶带通和带阻滤波器的幅频特性没有出现二阶低通和高通滤波器那样存在较大过冲的现象,其原因是二阶带通和带阻滤波器其实是由一阶滤波器变换得到的。

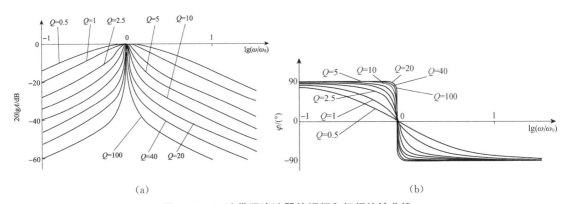

图 7-18 二阶带通滤波器的幅频和相频特性曲线

(a) 幅频特性;(b) 相频特性

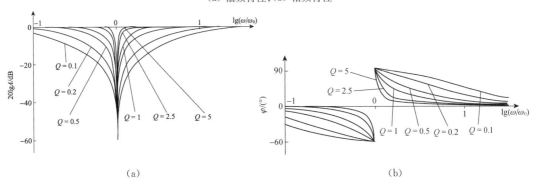

图 7-19 二阶带阻滤波器的幅频和相频特性曲线

(a) 幅频特性;(b) 相频特性

7.2.5 滤波器特性的逼近

实际上,理想滤波器是不存在的,在实际滤波器的幅频特性曲线图中,过渡带内的频率成分并不会完全衰减,而是受到的衰减不同。因此,实际设计滤波器时,总是通过各种方法使其尽量逼近理想滤波器。通过增加电路的阶数并选择合适的电路元件参数是其中一个方法,但是这会增加系统复杂性。实际上在确定电路阶数后,往往选择合适的逼近方法,以实现对理想滤波器的最佳逼近。

1）巴特沃斯逼近

巴特沃斯逼近是从幅频特性出发,而不考虑相频特性,其基本原则是使幅频特性在通带内最为平坦,并且是单调变化。巴特沃斯逼近的幅频特性表达式为:

$$A(\omega) = \frac{K_p}{\sqrt{1 + (\omega/\omega_c)^{2n}}} \tag{7-26}$$

式中 n 为滤波器的阶数。

对于 n 阶的巴特沃斯低通滤波器,其传递函数 $H(s)$ 是以最高阶泰勒级数的形式逼近理想滤波器的特性。

$$H(s) = \begin{cases} K_p \prod_{k=1}^{N} \dfrac{\omega_c^2}{s^2 + \omega_c^2 + 2\sin\theta_k \omega_c s}, & n = 2N \\[3mm] \dfrac{K_p \omega_c}{s + \omega_c} \prod_{k=1}^{N} \dfrac{\omega_c^2}{s^2 + \omega_c^2 + 2\sin\theta_k \omega_c s}, & n = 2N+1 \end{cases} \tag{7-27}$$

式中 $\theta_k = (2k-1)\pi/2n$。

图 7-20 为不同阶数巴特沃斯低通滤波器的频率特性曲线图。从图 7-20(a)可以看出,巴特沃斯低通滤波器的幅频特性随频率逐渐下降,并且阶数 n 越大越逼近滤波器的理想矩形特性。与幅频特性相反,巴特沃斯低通滤波器相频特性随阶数增加线性度变差。

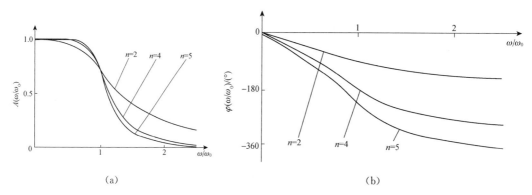

（a）   （b）

图 7-20 不同阶数巴特沃斯低通滤波器频率特性曲线

（a）幅频特性；（b）相频特性

2）切比雪夫逼近

切比雪夫逼近也是从幅频特性出发,其基本原则是允许通带内有一定的波动量,使其幅频特性曲线更接近矩形。切比雪夫逼近的幅频特性为:

$$A(\omega) = \frac{K_p}{\sqrt{1 + (\omega / \omega_p)\, \varepsilon^2\, c_n^2}} \tag{7-28}$$

式中　ε 为通带增益波纹系数，ω_p 为通带截频，$c_n(\omega / \omega_p)$ 为 n 阶切比雪夫多项式。

对于 n 阶切比雪夫低通滤波器，其传递函数如下：

$$H(s) = \begin{cases} K_p \displaystyle\prod_{k=1}^{N} \dfrac{\omega_p^2(\sinh^2\beta + \cos^2\theta_k)}{s^2 + 2\,\omega_p\sinh\beta\sin\theta_k s + \omega_p^2(\sinh^2\beta + \cos^2\theta_k)}, & n = 2N \\[4mm] \dfrac{K_p\,\omega_p\sinh\beta}{s + \omega_p\sinh\beta} \displaystyle\prod_{k=1}^{N} \dfrac{\omega_p^2(\sinh^2\beta + \cos^2\theta_k)}{s^2 + 2\,\omega_p\sinh\beta\sin\theta_k s + \omega_p^2(\sinh^2\beta + \cos^2\theta_k)}, & n = 2N+1 \end{cases}$$

$$\tag{7-29}$$

式中　$\beta = [\mathrm{arcsinh}(1/\varepsilon)] / n$。

3）贝塞尔逼近

不同于巴特沃斯和切比雪夫逼近，贝塞尔逼近侧重于相频特性，其基本原则是使通带内相频特性线性度最高（即群时延函数最接近常数），从而使相频特性引起的相位失真最小。对于贝塞尔逼近而言，其相频特性曲线为相移和频率的线性曲线，但是它的幅频特性就不尽如人意了，这也限制了它的应用。

7.3　传感器自校正技术

传感器是一种将被测物理量转换为相应的易于精确处理并测量的另一种物理量的测量装置，一般来说，是将非电学物理量信号转换为可测量的电学信号输出。对于理想的传感器而言，输入的物理量与转换后的物理量大致呈线性关系，其线性度和传感器的精度相关，线性度越高则传感器精度越高。然而在传感器的生产加工中，加工工艺会带来传感器的非线性误差，而且在传感器测量过程中，由于其自身内部器件的零漂和外界温度的影响也会产生测量误差，因此，对传感器的自校正技术进行研究是有必要的。

7.3.1　传感器的非线性校正技术

从传感器自身变换原理可以看出，传感器输出电学信号量和被测物理量之间存在非线性关系是十分普遍的，其中数据采集系统产生的误差和测量电路的非线性是造成传感器非线性误差的主要原因。对传感器进行非线性校正不仅有利于读数，还有利于分析处理测量结果，减少测量误差等。

i. 传感器变换原理导致的非线性

例如使用热敏电阻测量，热敏电阻 R_T 和该电阻温度 T 的关系如下：

$$R_T = \mathrm{e}^{B/T} \cdot A \tag{7-30}$$

式中 R_T 是温度为 T 时电阻值,而 A 和 B 均是与材料相关的常数,可以看出,R_T 与温度呈非线性关系。

ii. 测量转换电路导致的非线性

例如传感器中常用的电桥电路,当电桥在单臂工作时,即电桥阻抗关系为 $Z_1 = Z_2 = Z_3 = Z_4$, $Z_i = \infty$,此时电桥输出电压 U_o 为:

$$U_o = \frac{\Delta Z}{2\Delta Z + 4Z} U \tag{7-31}$$

可以看出,电桥阻抗的变化和 U_o 的关系不是线性的。

诸如上述非线性的问题在传感器中十分普遍,传感器转换电路的线性关系也存在一定的范围。因此为了提高系统的测量精度,使传感器输出物理量和被测物理量尽可能呈线性关系,需要在传感器中增加非线性校正环节。传感器的非线性校正可以从硬件电路和软件两方面实现。

1) 传感器硬件电路的非线性校正

(1) 传感器敏感元件的线性化

敏感元件作为传感器对被测物理量的感受元件,它的线性程度对后级影响很大。对于部分非线性传感器来说,采用合适阻值的串联和并联电阻网络便可以实现较好的非线性校正。如上文的热敏电阻测量中,热敏电阻的阻值与温度呈指数关系,如果使用一个附加线性电阻 R 和热敏电阻并联,如果该线性电阻的阻值合适,那么就会使等效电阻 R_{eq} 和温度 T(式 7-32)之间存在线性关系,其中附加电阻可由下式(7-33)确定:

$$R_{eq} = \frac{R_T \cdot R}{R_T + R} \tag{7-32}$$

$$R = \frac{R_B(R_A + R_C) - 2R_A \cdot R_C}{R_A + R_C - 2R_B} \tag{7-33}$$

式中 R_A、R_C、R_B 分别为热敏电阻在低温、中温、高温时的电阻阻值。这种非线性校正方法可以用在热电阻的非线性校正中,使用元件较少,成本低,结构简单,但是在校正范围较宽时准确度不高,主要应用于被测量变化范围不大的场合。

(2) 选择与被测物理量呈线性关系的输出量

在传统传感器输出物理量中,绝大多数输出量为电学信号,然而有时候改变输出信号量会改善传感器的线性特性。例如在使用电容传感器测量位移时,极板位移 Δd 和电容量之间为非线性关系,若改变传感器的输出信号量为容抗 X,则 X 与位移的关系如下:

$$C = \frac{\varepsilon S}{d_0 - \Delta d} \tag{7-34}$$

$$X = \frac{d_0 - \Delta d}{\omega \varepsilon S} \tag{7-35}$$

此时,式(7-35)为校正函数,X 与位移物理量之间为线性关系。这种校正方法具有很高的校正准确度,并且对于某些传感器输出信号起到了 A/D 转换的作用,适用于数字化的测量系统,但是电路结构较复杂,调试也较为麻烦。

(3) 通过改变被测物理量的零值输出

对于某些传感器来说,其特性曲线在其中一段会呈现较好的线性部分,如果可以直接利用到此线性部分,对传感器的非线性也会有较好的校正,通过改变被测量的零值输出可以实现此方法。例如在振弦式传感器的实验中,其特性曲线如图 7-21 所示,输出信号量为振动频率 f,输入为张力 F,可以看出特性曲线呈抛物线,在 $F_1 \sim F_2$ 范围内,振动频率和张力近似呈现线性关系。因此,可以通过对振弦施加一定的初始张力 F_0 来改变被测频率的初始值,便可以对该线性部分加以利用。这种非线性校正方法十分简单,可以应用于被测量变化范围不大的情况。

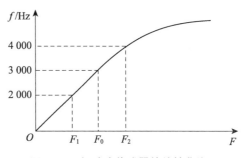

图 7-21 振弦式传感器的特性曲线

在实践中对各种传感器非线性校正时证明,采用硬件方法对传感器实现非线性校正具有实时性强、方案简单等优点,但是硬件电路复杂、成本高,在实际中通常不能够做到完全校正。

2) 软件的非线性校正

传感器非线性校正技术的软件方法利用智能传感器的微处理器功能通过不同的算法进行数据处理,既能节省硬件资源又能达到比较理想的效果。非线性校正软件方法可分为查表法、公式法以及非线性校正新算法等,如近几年出现的神经网络、遗传算法和支持向量机方法等也正越来越多地应用于各个领域。

(1) 公式法

公式法即以传感器及测量电路的标定实验测得数据为基础,以输出电路信号为自变量,输入被测量为因变量,用各种拟合方法如最小二乘法等拟合曲线函数。曲线函数可以有很多种,如多项式函数、指数函数和双曲线函数等。传感器输出的电信号输入微处理器,微处理器完成上述拟合曲线函数的解算,输出被测量,从而实现被测量至被测量的非线性校正。当测量范围比较宽时,需要把传感器的输入输出关系曲线分成若干段。若表达式涉及复杂数学运算时,也可以采用查表法。

(2) 查表法

查表法即根据 A/D 转换精度的要求把测量范围内的参数划分为若干等分点,并按从小到大顺序计算每个点对应的输出值,利用这些数据组成的表来进行软件处理的方法就为查表法。当被测参数经过 A/D 转换后的数据传输到程序中后,通过查表程序即可查出对应的输出参数值。在实际中,也常常将计算法和查表法结合起来使用,即插值法。

(3) 非线性校正新算法

随着计算机技术的快速发展,新型传感器非线性校正方法也不断出现,近几年利用神经网络高度的非线性表达能力,建立传感器工作曲线的神经网络模型成了传感器校正的新方向,这种方法具备拟合快速、适应性强、精度高等优点,但同时也存在着网络结构复杂、物理意义不明确的缺陷。

7.3.2 传感器的自校零和自校准技术

在传感器的测量过程中,外界温度的变化和传感器自身零件的精度,会导致传感器出现零漂等问题,产生测量的误差。

传感器的校准,即在规定条件下,用一个可参考的标准,对包括参考物质在内的测量器具的特性赋值,并确定其示值误差。校准是在一组规定条件下的操作,第一步是确定由测量标准提供的量值与相应实际测量示值之间的关系,测量标准提供的量值与相应实际测量示值都具有测量不确定度;第二步则是用这些信息来确定所获得的测量值与指示值之间的关系。而传感器的自校准的实现校准是将测量器具所指示或代表的量值,按照校准链将其溯源到标准所复现的量值。传感器进行自校准不仅可以使测试仪表在原有的环境下进行校准,提高了便利性,而且对于大型设备等可无须拆卸即可实现校准甚至自动校准。

因此传感器的自校零技术对传感器的测量精度十分重要。通过实现传感器的实时自校零和自校准,能够消除测量系统误差,降低外界环境干扰因素的影响,并提高系统的精度和稳定性。

在理想传感器测量系统中,输出信号 y 和输入信号 x 之间的关系为

$$y = a_0 + a_1 x \tag{7-36}$$

而在实际使用时,传感器系统存在着零位漂移和灵敏度漂移的现象,即

$$y = (p + \Delta a_0) + (s + \Delta a_1)x \tag{7-37}$$

式中 a_0 为零位值,a_1 为灵敏度,Δa_0 为零位误差,$\Delta a_1 x$ 为测量误差。

传感器系统的自校零和自校准技术主要是基于实时校准,实现传感器的自校零和自校准有如下几种方法。

(1)多信号测量法

对于包含传感器系统的自校准,其系统构成包括:

① 标准信号发生器,包括零点标准值和测量标准值,并且标准信号发生器输出信号与传感器的被测信号量具有相同属性。

② 多路转换器,分为电动、气动、液压等不同类型。

③ 传感器测量系统。

④ 微处理器系统。

如图 7-22 所示为传感器系统采用多信号测量法实现自校准功能的原理框图。

多信号测量法即在每一个测量周期内,通过微处理器系统控制多路转换器执行传感器的校零、标定和测量。其中校零输入零点标准值,输出得到 $y_0 = a_0$;标定输入标准值 U_R,输出 y_R;测量输入传感器的输出量 U_x,输出 y_x。由校零和标定可得到 a_0,a_1 和 U_x,其中

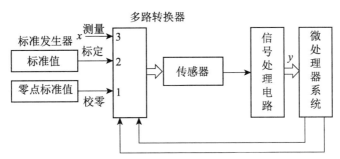

图 7-22　传感器系统实现自校准功能原理框图

$U_x = \dfrac{y_x - y_0}{y_R - y_0} U_R$。此种方法常用于系统响应频率不高,零点和灵敏度变化范围大的场合。

（2）自校准传感激励器

该方法即在一个智能传感器中集成传统校准,包括传感器和激励器,其中激励器生成一个校准信号 X_{REF},被增加到传感器输入端的外部被测量值 X_{EXT} 上,在传感器的输出端,参考信号的响应 Y_{REF} 被分离出来并且与被期望运用到激励器上的信号产生的响应相比较,进而通过传感器对外部信号的响应 Y_{EXT} 来修正由传感器引起的误差。如图 7-23 所示为该方法原理框图。

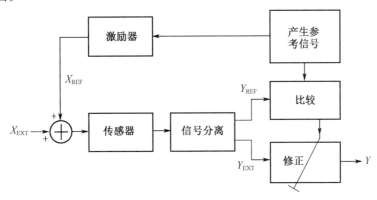

图 7-23　自校准传感激励器的原理框图

此种方法需要一个精确度较高的激励器,激励器的精度与该系统总体精度紧密相关,同时它可以区分传感器对激励器产生的校准信号的响应和传感器对外在被测量值的响应,比如通过调制校准信号来实现。

校准是确立传感器精度的过程,一个正确的校准程序可以确保传感器的读数符合国际标准并可进行修正,而传感器的自校准技术通过增加传感器的智能性来提高系统的精度和稳定性,改善传感器的性能。在当今智能传感器的市场越来越广泛的情况下,自校准技术将发挥更重要的作用。

7.4 噪声抑制技术与自补偿

7.4.1 噪声抑制技术

传感器获取的信号会受到诸多因素的干扰,在这种情况下,就会产生强烈的噪声,噪声的出现不仅会影响传感器运行的精准度,同时还会影响到传感器的作用发挥,因此需要对噪声进行抑制。

广义上讲,噪声是扣除被测信号真实值之后的各个测量值。通常情况下,常把可以减小或消除的外部扰动称为干扰。也就是说,干扰是由非被测信号或非测量系统引起的,是由外界影响造成的,而把由于材料或器件的物理原因引起的扰动称为噪声。

理论上讲,干扰是属于理想上可排除的噪声。不少干扰源发出的干扰是有规律的,有些是周期性的,有些则是瞬时的,因此可以通过接地、屏蔽、滤波等手段加以消除或削弱。而来自被测对象、传感器乃至整个测控系统内部的噪声,往往由大量的短尖脉冲组成,其幅度和相位都是随机的,这类噪声不可能完全消除,只能设法减小。常用的噪声抑制技术包括滤波和相关分析等,是依据噪声和有用信号频谱的分布特点来选取的。当噪声频谱和信号频谱不重叠时,可以考虑利用滤波技术滤除噪声;而当信号和噪声频谱有重叠时,则要考虑利用相关分析技术等方法来消除噪声。

1）滤波

滤波可以分为模拟滤波和数字滤波两种。模拟滤波器需要在原始信号后面增加新的元器件;若是有源滤波器,还要增加新的电源,因此就带来了新的干扰源。而数字滤波器只需对信号进行采集,然后送入微控制器/微计算机中进行处理,不需要增加额外的硬件设备,且数字滤波还可以实现很低频率信号的滤波。所以,数字滤波技术近年来得到了广泛的重视和应用。不过也应看到,模拟滤波器实时性好的特点也是数字滤波器不具备的。两者相比,性能各有千秋,应根据设计要求灵活选择。

对于数字滤波器,从实现方法上来讲,有无限冲激响应(infinite impulse response,IIR)滤波器和有限冲激响应(finite impulse response,FIR)滤波器之分。FIR 滤波器可以对给定的频率特性直接进行设计,而 IIR 滤波器常用的方法是利用成熟模拟滤波器的设计方法来进行设计。由于 FIR 系统只有零点,所以要获取好的衰减特性,阶数必须取得高。但它也有自己的特点:一是系统总是稳定的;二是易实现线性相位;三是允许设计多通带滤波器。后两项都是 IIR 滤波器难以实现的,而 IIR 滤波器的优势则在于较低的阶数即可获取较好的衰减性能。此外,同步加算平均滤波、移动平均滤波、中位值滤波等滤波方法也在噪声抑制中得到了有效应用。下面以同步加算平均滤波为例来说明滤波对噪声抑制的作用。

同步加算平均滤波的工作过程如下:

① 首先将记录信号 $x(t)$ 的长度分为 m 段,每段长度相同,得到 m 个样本函数,而

$x(t)$ 是有用周期信号 $s(t)$ 与噪声信号 $N(t)$ 之和,即

$$x(t) = s(t) + N(t) \tag{7-38}$$

② 假定 $N(t)$ 是随机噪声,则均值为零,故噪声的强度用均方值衡量,每个样本的均方值为 σ^2,m 个样本的总体均方值之和为 $m\sigma^2$,均方根值为 $\sqrt{m}\sigma$。 而对于周期信号 $s(t)$,m 个样本的总体均值为 $ms(t)$,所以样本平均后的信噪比为

$$\left(\frac{s}{N}\right)_m = \frac{ms(t)}{\sqrt{m}\sigma} = \sqrt{m}\left(\frac{s}{N}\right) \tag{7-39}$$

式中　$\left(\dfrac{s}{N}\right)_m$ 是样本平均后的信噪比,$\left(\dfrac{s}{N}\right)$ 是样本平均前的信噪比。

由此可见,采用同步加算平均滤波后信噪比提高了 $\sqrt{m}$ 倍。

2) 相关分析

相关分析是随机信号处理过程中的常用技术。相关分析按照不同的应用情况又分为自相关函数和互相关函数两种。"相关"实际上是讨论两变量间线性关联的程度,对于随机变量来说,人们只要通过大量的统计,便可发现它们之间存在的某些特征方面虽不精确但却具有近似的关联。例如,车间的噪声来源与各台机器振源有关,即与每一个振源都有一定的相关程度,通过对车间的噪声信号进行测试,并进行相关分析就可以找到密切联系的噪声源,以便加以抑制。

评价变量 $x(t)$ 和 $y(t)$ 间相关性程度的经典方法是通过相关系数 ρ 进行描述的,其定义为

$$\rho_{xy} = \frac{E[(x-\mu_x)(y-\mu_y)]}{\sigma_x\sigma_y} \tag{7-40}$$

式中　E 表示求均值或数学期望;μ_x、μ_y 分别为 $x(t)$ 和 $y(t)$ 的均值或数学期望;σ_x、σ_y 分别为 $x(t)$ 和 $y(t)$ 的标准差。根据柯西-施瓦茨不等式:

$$\{E[(x-\mu_x)(y-\mu_y)]\}^2 \leqslant E[(x-\mu_x)^2]E[(y-\mu_y)^2] \tag{7-41}$$

由此可知相关函数系数

$$|\rho_{xy}| \leqslant 1 \tag{7-42}$$

当 $\rho_{xy}=1$ 时,表明 $x(t)$ 和 $y(t)$ 两变量是理想的线性相关;当 $\rho_{xy}=-1$ 时,也是理想的线性相关,但直线斜率为负;当 $\rho_{xy}=0$ 时,$(x_i-\mu_x)(y_i-\mu_y)$ 的正积之和等于其负积之和,因而其平均积 σ_{xy} 为 0,此时表示 x、y 变量间完全不相关;$0<|\rho_{xy}|<1$ 表明 x、y 两变量有一定的相关程度,$|\rho_{xy}|$ 越小表明相关程度越低,$|\rho_{xy}|$ 越大表明相关程度越高。

自相关函数是区别信号类型的一个非常有效的手段。只要信号中含有周期成分,其自相关函数在时间间隔 τ 很大时都不衰减,并具有明显的周期性。不包含周期成分的随机信号,当 τ 很大时自相关函数就将趋近于零。宽带随机噪声的自相关函数很快衰减到零,窄带

随机噪声的自相关函数则有较慢的衰减特性。

在实际应用中,利用相关函数的特性可以解决许多问题,例如,通过相关分析可以进行信号的辨识,提出有用信号,剔除噪声,如利用不同类信号相关函数曲线的不同特点,可以从复杂信号中检出有用信号信息。

7.4.2 自补偿

传感器在实际运行过程中,会因多种误差因素的影响而导致性能下降,因此误差补偿技术的应用势在必行。特别是时域中的温度误差补偿,以及频域中工作频带的扩展,应用非常广泛。下面对这两种误差补偿技术进行简要介绍,其基本思想也可作为其他干扰因素误差补偿的借鉴。

1) 温度补偿

以压阻式压力传感器为例,因其敏感元件等基本部分由半导体材料制成,故工作特性易受温度影响,因此对其进行温度误差补偿具有典型性和重要的工程应用价值。

首先是温度信号的获取。一般来说,温度的测量需要放置测温元件,但对于压阻式压力传感器而言,可以通过"一桥二测"技术,即通过同一个电桥,实现温度和传感器输出信号的同时测量。图 7-24 给出了采用恒流源供电的压阻式压力传感器的典型结构图。

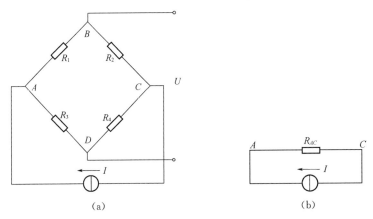

图 7-24 压阻式压力传感器

(a) 电路原理图;(b) 温度测量等效电路图

当被测压力和干扰温度同时作用时,各桥臂的阻值表达式为

$$R_1 = R_3 = R + \Delta R + \Delta R_T \tag{7-43}$$

$$R_2 = R_4 = R - \Delta R + \Delta R_T \tag{7-44}$$

进一步得等效电阻 R_{AC} 为

$$R_{AC} = R + \Delta R_T \tag{7-45}$$

因此

$$U_{AC} = IR + I \Delta R_T \tag{7-46}$$

式中　I 为恒流源电流值；R 为压阻式传感器初始值；ΔR_T 为温度改变所引起的桥臂电阻变化。

通过上述推导可以清楚地看到，A、C 两点的电压是随 ΔR_T 而变化的，是温度的函数，因此监测其数值就得到了与温度变化有固定函数关系的电压信号，之后按照函数关系解算即可得到温度信号。

而监测 B、D 两点的电压，得到的信号当中既包含真实压力变化引起的输出信号变化，也包含温度干扰引起的输出信号变化。下面的关键问题就是把温度引起的干扰信号分离出来，而干扰信号包含零点漂移和灵敏度漂移两个部分。

其次是零点和灵敏度温度漂移的补偿。零点漂移补偿的前提是传感器的特性具有重复性。补偿的基本思想与一般仪器消除零点的思想完全相同。也就是说，假定传感器的工作温度为 T，则应在传感器输出值 U 中减去该工作温度下对应的零点电压 $U_0(T_i)$。可见，补偿的关键是先测出传感器的零点漂移特性，并保存至内存中。大多数传感器的零点漂移特性曲线呈现出严重的非线性，如图 7-25 所示。

因此，由温度 T_i 求取该温度下的零点电压 $U_0(T_i)$，实际上相当于非线性校正中的线性化处理问题。

对于压阻式压力传感器，在输入压力保持不变的情况下，其输出信号将随温度的升高而下降，如图 7-26 所示。图中 $T > T_1$。

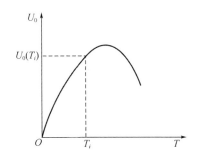

图 7-25　传感器的零点漂移特性曲线

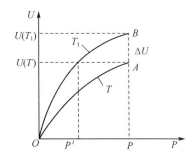

图 7-26　压阻式压力传感器的灵敏度温度漂移特性曲线

因此，若不考虑温度变化对灵敏度的影响，将会产生明显的测量误差。常用的补偿方法有两种：一种是在压阻式压力传感器的温度变化范围内，分成多组测量不同温度下的特性，然后，根据实际工作温度插值获取所应施加的补偿电压；另一种是非线性拟合的方法，拟合传感器输出量与温度间的非线性关系，嵌入微处理器中进行补偿。

2）频率补偿

频率补偿的实质是拓展智能传感器系统的带宽，以改善系统的动态性能。目前主要采用两种方法：数字滤波法和频域校正法。

数字滤波法的补偿思想是：给当前传感器系统［传递函数为 $W(s)$］附加一个传递函数为 $H(s)$ 的环节，于是新系统的总传递函数［$I(s) = H(s) \cdot W(s)$］可以满足动态性能要求。补偿过程的示意图如图 7-27 所示。

以一阶系统为例,其传递函数和频率特性分别为

$$W(s) = \frac{1}{1 + \tau s} \qquad (7-47)$$

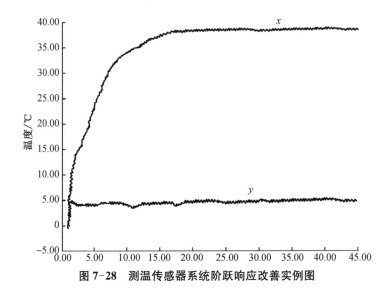

图 7-27　数字滤波法补偿示意图

$$W(j\omega) = \frac{1}{1 + j\omega\tau} \qquad (7-48)$$

若想将其频带扩展 K 倍,即转折角频率为

$$\omega'_\tau = K\omega_\tau \qquad (7-49)$$

这等价于将其时间常数缩小至 $1/K$。图 7-28 给出了一个测温传感器系统性能改进的实例。

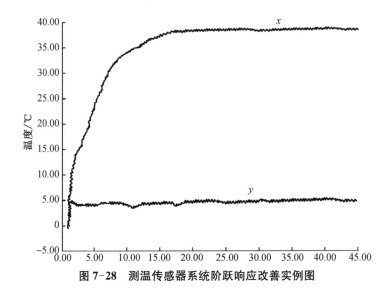

图 7-28　测温传感器系统阶跃响应改善实例图

从图 7-28 中可以看出,经数字滤波后,测温系统的阶跃响应 y 的上升沿明显改善,且由于数字滤波是由编程实现的,故调整灵活方便。

频域校正与数字滤波一样,前提是已知系统的传递函数。图 7-29 给出了系统动态特性频域校正的过程。

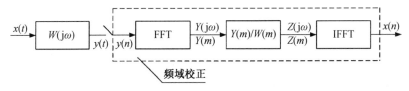

图 7-29　系统动态特性频域校正过程示意图

频域校正分为采样 $[y(t) \rightarrow y(n)]$、快速傅里叶变换(FFT)、复数除法运算

$[Y(m)/W(m)]$ 及快速傅里叶逆变换（IFFT）四步。其核心思想是：通过频域校正对畸变的 $y(t)$ 进行处理，得到能够真实反映输入信号 $x(t)$ 的频谱 $Z(m)$，然后进行傅里叶逆变换以求取输入信号的真值，从而达到消除误差的目的。

习题与思考题

7-1　什么是调制与解调？调制的类型分为哪些？其对应的解调方法有哪些？

7-2　设调制信号 $f(t)=A\cos(2\,000\pi t)$，载波频率为 10 kHz，试画出对应的 DSB 与 SSB 草图。

7-3　设一个调幅信号由载波电压 $100\cos(2\pi\times10^6 t)$ 加上电压 $10\cos(2\pi t)+50\cos(4\pi t)$ 组成。

(1) 试画出一个周期以内的包络图形。

(2) 试求已调信号并画出其频谱。

7-4　已知一角调信号为 $\varphi(t)=A\cos(\omega_0 t+100\cos\omega_m t)$，

(1) 若其为调相波，且 $K_p=4$，求 $f(t)$。

(2) 若其为调频波，且 $K_f=4$，求 $f(t)$。

7-5　简要描述滤波器的作用和工作原理，并说明滤波器的种类。

7-6　滤波器的主要特性参数有哪些？滤波器有几种逼近方法？它们的特点是什么？

7-7　简述传感器的非线性校正技术，并说明传感器自校准技术的原理和实现方法。

7-8　传感器频率补偿的实质是什么？请举例说明。

7-9　滤波和相关分析各自的应用特点是什么？试分别举例说明滤波和相关分析在噪声抑制中的作用。

参考文献

［1］徐科军.传感器与检测技术［M］.4 版.北京：电子工业出版社，2016.

［2］李醒飞.测控电路［M］.5 版.北京：机械工业出版社，2016.

［3］王秉钧，冯玉珉，田宝玉.通信原理［M］.北京：清华大学出版社，2006.

［4］贾伯年，俞朴，宋爱国.传感器技术［M］.3 版.南京：东南大学出版社，2007.

［5］周征.传感器原理与检测技术［M］.北京：北京交通大学出版社，清华大学出版社，2007.

［6］王福昌，熊兆飞，黄本雄.通信原理［M］.北京：清华大学出版社，2006.

［7］周浩敏，钱政.智能传感技术与系统［M］.北京：北京航空航天大学出版社，2008.

［8］闫艳燕.工程测试技术基础［M］.徐州：中国矿业大学出版社，2017.

第8章 传感器数据分析与智能感知技术

8.1 经典传感器数据分析原理

8.1.1 概述

传感器是获取数据的源头,数据是研究问题的开始,无论基于何种原理设计的传感器,都要在具体的应用领域发挥它的特定功能,那么适宜、可靠的传感器数据分析方法是探索数据之间潜在客观规律的必要途径。

传感器数据分析的基本原理和人类大脑综合处理信息有诸多相似之处。传感器感受到环境信息,然后通过不同的数据分析方法得到单一传感器数据的潜在信息以及多传感器数据之间的内在联系和规律,完成对传感器数据源的特征提取;进一步,为了挖掘数据深度特征,充分利用多个传感器数据资源,通过对传感器及其观测信息的合理分析,将同构或异构传感器在空间和时间上的冗余或互补特征信息以某种准则或方法进行融合,从而获得比单一传感器更多的信息,形成比单一信源更加可靠、更丰富的融合信息;之后,在拥有丰富的信息资源后,采用机器学习的方法对被测对象进行识别、描述和预测。综合来看,传感器数据的处理分析过程通常包括数据特征提取、数据融合和数据识别与预测,其基本原理如图 8-1 所示。

图 8-1 传感器数据分析基本原理

随着信息处理技术与人工智能技术的发展,数据分析的方法也从经典的手工特征提取方法发展到现在的深度学习自动特征提取方法。

8.1.2 传统特征提取方法

传统的数据处理方法主要提取传感器信号的时域、频域、时频域指标和熵值等作为传感器的特征。

(1)时域特征

时域信息是以时间为变量,描绘信号的波形情况。常见的时域特征提取方法主要原理是分析传感器信号在分布中的统计特性。在实际应用中,时域信号包括有量纲特征参数和无量纲特征参数。有量纲时域特征参数包括最大值、最小值、均值、方差、峰值、有效值和均方值等；无量纲指标包括峭度、偏度、峰值因子、脉冲因子、裕度因子、峭度因子和波形因子等。对于生物信号来说，可以直接从信号波形中通过观察来提取关键特征。以人体心电图为例，医生可以通过心电图的波形情况来初步进行临床诊断。

（2）频域特征

基于频域分析的特征提取技术旨在利用信号的频谱信息，如不同频率上的振幅或相位等隐含信息。原则上，任何信号都可以近似为以不同频率振荡的复指数或正弦波的叠加。因此，频域分析可以用来计算信号的频谱信息，从而作为提取可靠特征的重要技术。频域特征通常由快速傅里叶变换得到，常用且广泛应用的频域特征的方法包括离散傅里叶变换（DFT）、非参数功率谱密度（PSD）和基于参数自回归模型的频谱（ARS）。

（3）时频域特征

通常情况下，信息只在一个领域内进行计算，因此会丢弃部分具有高分辨力的重要特征，这恰恰就是时域和频域特征提取方法的局限所在。为解决这一局限，学者提出了时频分析方法。从精度来说，时频域方法就是描述传感器信号在一段时间内的频率内容。假设给定一个离散时间信号 $x(n)$，时频方法可以提供一个二维表示 $x(n, f)$，它是时间和频率的复函数。因此，可以提供信号的不同频率成分的幅度和相位如何随时间变化。常用的时频分析方法有短时傅里叶变换（STFT）、小波分析、希尔伯特变换（HHT）等。

（4）熵特征

美国数学家克劳德·艾尔伍德·香农（Claude Elwood Shannon）在信息论一书中香农首次提出，熵是对不确定性的一种度量。信息量越大，不确定性就越小，熵也就越小；反之，信息量越小，不确定性就越大，熵也就越大。根据熵具有的这一特性，可以通过计算熵值来判断事件的随机性及无序程度，也可以用熵值来判断某个指标的离散程度，指标的离散程度越大，该指标对综合评价的影响越大。在特征提取领域，能量熵、样本熵、排列熵、多尺度熵和模糊熵是较为常见的熵特征，这些熵特征可以用来表征信号序列的复杂程度，熵值越大代表信号复杂度越大。

8.1.3　数据融合方法

信息技术发展至今，出现了上百种信息融合算法，但尚无一种通用的算法能对各种传感器信息进行融合处理，一般都是依据具体的应用场合而定。在传感器信息融合过程中，信息处理的基本过程包括相关分析、估计和识别。相关分析要求对多信息的相关性进行定量分析，按照一定的判断原则，将信息分成不同的集合，每个集合中的信息源都与同一源（目标或事件）关联；估计处理是通过对各种已知信息的综合处理来实现对待测参数及目标状态的估计；识别技术包括物理模型识别技术、参数分类识别技术、神经网络及专家系统等机器学习方法。

8.1.3.1　基于估计的方法

基于估计的方法主要包括极大似然估计法、最小二乘估计法、加权平均值法、卡尔曼滤波法和扩展卡尔曼滤波法等[1]。

（1）极大似然估计法

作为概率论中常用的估计方法,极大似然估计理论已成为融合算法的重要研究方向。该方法是典型参数估计方法,其适用范围较广泛,不仅适用于线性模型也可用于非线性模型。

（2）最小二乘估计法

最小二乘估计法是通过数据回归线拟合到数据集中来进行计算,这些数据集为最小的平方差和。该方法计算简单,在进行运算时无需待测量或估计量的先验知识,能广泛地用于计算数据估计值。

（3）加权平均值法

加权平均值法指具有时序性的某变量将时间序数作为权重数,利用观察值的加权算数平均数预测该变量的未来值,这种预测法即为加权平均值法。该方法在数据融合中具有误差小、性能高的特点,故其应用较为广泛。在该算法中,数据权值的选择对融合结果有决定性作用,然而数据权值的选择无既定规则,所以如何确定数据的最优权值,并在实际应用中获得最佳融合效果是一个重要的研究方向。

（4）卡尔曼滤波法

卡尔曼滤波(Kalman filter, KF)是一种线性系统状态方程,其利用系统的观测数据实现状态值的最优估计。该方法较多应用于线性和离散的系统中,在通信、导航、制导与控制等多领域得到了较好的应用。斯坦利·施密特(Stanley Schmidt)首次实现了卡尔曼滤波器。卡尔曼滤波法能利用目标数据的动态信息,排除噪声干扰,获得目标位置的最优估计值。卡尔曼滤波的最优估计也被认作为滤波过程。

（5）扩展卡尔曼滤波法

扩展卡尔曼滤波(extended Kalman filter, EKF)是标准卡尔曼滤波在非线性情形下的一种扩展形式,它是一种高效率的递归滤波器。EKF的基本思想是利用泰勒级数展开将非线性系统做线性化处理,取其一阶线性部分作为该非线性模型的逼近,从而得到非线性系统在当前时刻的线性化描述,然后采用卡尔曼滤波框架对信号进行滤波,因此它是一种次优滤波。

8.1.3.2　基于统计的方法

基于统计的方法主要包括贝叶斯理论、多贝叶斯估计、D-S证据理论、带有置信因子的产生式规则和经典推理等方法,各方法的简单介绍如下:

（1）贝叶斯(Bayes)理论

在多传感器融合中,贝叶斯理论作为统计理论的核心方法之一被广泛地应用。它是关于随机事件 A 和 B 的条件概率或边缘概率的一则定理,指当分析样本大到接近总体数时,样本中事件发生的概率将接近于总体中事件发生的概率。该方法无需待测样本的先验知识,可通过贝叶斯公式的不断修正和计算获得其发生概率。

（2）多贝叶斯(Bayes)估计

将环境表示为不确定几何物体的集合,对系统的每个传感器做一种贝叶斯估计,将每个单独物体的关联概率分布组合成一个联合后验概率分布函数,通过队列的一致性观察来描述环境。

（3）D-S证据理论

D-S证据理论是用于处理不确定性问题的典型方法之一。该方法是贝叶斯理论方法的延伸和发展,通过贝叶斯条件概率对问题进行估计。算法无须样本数据的先验概率,对不确定性问题有较好的处理能力,较适用于专家系统、多属性决策分析领域。

（4）带有置信因子的产生式规则

用符号表达传感器信息和目标属性之间的关系,将不确定性描述为置信因子。此方法的缺点是当系统条件发生变化时（如引入新的传感器）,需要修改规则。

（5）经典推理

在经典推理算法中,首先假设时间发生的各种可能,基于这些假设性条件对当前时间发生的概率和观测数据进行推导。经典推理方法在面对大规模数据时的算法复杂性较高,有严格的数学推导过程。

8.1.3.3　信息论方法

信息论方法中的代表算法有模板法、聚类分析法和熵理论[2]。其中,模板法的基本原理是首先针对各个假设分别建立模板,对照这些模板进行样本数据的匹配,计算样本数据与模板间的支持程度值,进而评估支持度的总体情况。聚类分析法的基本原理是首先对目标设定相似标准,再对比这一标准与目标样本间相似性,从而将样本划分为若干子集合。对待测样本和划分好的子集合进行目标比对,划归各样本到对应的子集合中。在聚类分析方法的计算过程中,需要使用相似性度量方法完成两个元素间接近程度的计算。当聚类划分后,同一子集中的元素间相似性程度应最大,此时样本数据的划分才是最优的。熵理论方法是一种基于概率论基础上的理论方法,其定义事件发生的概率大时,则该事件重要,否则不重要。因此,在熵理论中,频繁发生的事情熵较小,偶发性事件熵较大。该方法适用于对实时性要求较高的应用问题或不可以使用先验统计信息的情况[3]。

8.1.3.4　机器学习方法

机器学习是当前较为热门的研究方法,主要包括神经网络、专家系统和模糊集理论等。下面对各方法进行简单阐述:

（1）神经网络

神经网络也称作人工神经网络,它将各个神经元单元组织在一起,拥有分布式存储、自组织学习和并行处理等能力[4]。该方法起源于脑神经元,是人类思维获得模拟的第二种方式。它具有很强的泛化能力和非线性映射能力,已经广泛地应用在智能控制、模式识别和故障诊断等领域。

（2）专家系统

专家系统是人工智能领域的另一分支,其原理是在某一领域内,将大量的专家经验、知识数字化,并进行推理,从而实现复杂问题求解的一种智能方法。在专家系统中,专家的知识经验的处理是其核心内容,当被应用到实际问题中时,首先需要建立基于经验知识的知识库,才能对不同的问题获得信息匹配和推理的依据。专家系统虽然具有一定的推理能力,但在自学习上仍不够自主,在不确定性大的问题处理上仍有待提高。

（3）模糊集理论

模糊集理论的基本原理是在计算隶属度函数的基础上,确定各元素对某个集合的隶属度为[0,1]间的值,这一理论改变了非1即0的绝对情况[5]。该方法具有随机性和模糊性,隶属度函数的选择对模糊集理论的结果产生了重要影响。当面对事件本身或信息的边界不明确时,可以使用该函数来处理这类不确定性事件的决策分析。

8.1.4　数据预测方法

传统的数据预测方法,主要包括回归分析法、时间序列法、马尔可夫法。

（1）回归分析法

回归分析法的基本原理是针对历史数据进行回归分析,并获得其对应的数学模型。一元线性回归分析主要用于研究单变量和自变量之间的线性关系,其重点是考虑一个特定因变量,将自变量看作影响这一变量的因素,通过建立适当的数学模型将变量之间的关系通过数学表达式的形式合理、准确地表现出来,进而通过自变量的取值来预测因变量的取值。多元线性回归分析是分析多个自变量与因变量的关系。Logistic 回归模型对因变量的分布没有要求,一般用于因变量是离散时的情况。此外,还有包括非线性回归、有序回归、Probit回归、加权回归等方法。

（2）时间序列法

在时间序列法的预测过程中,首先需要对时间序列变量进行分析;然后,选择合适的数学方法构建预测模型,通过延伸序列变化趋势可以获得序列的预测值。该方法计算复杂度低、结果直观,但不能综合考虑数据与其他因子间的关系。主要方法包括:白噪声序列、移动平均 MA 模型、自回归 AR 模型、自回归滑动平滑 ARMA 模型、ARIMA 模型。

（3）马尔可夫法

马尔可夫法是基于随机过程的预测方法,由于它的参数状态和时间均为离散的,故该方法可以用于对复杂系统状态转移进行描述。该方法在进行预测时无须大量数据的训练,短期内的少量数据即可实现趋势预测。

8.2　基于深度学习的数据特征分析

8.2.1　概述

事实上,机器学习算法的性能很大程度上依赖于给定数据的表达方式,很多人工智能的任务可以通过以下步骤实现对数据的利用:提取一个合适的特征集,然后将这个特征提供给一个学习算法[6]。但通常我们很难弄清该提取哪些特征。如图 8-2 所示,传统的传感器数据分析方法需要手动设计特征,这往往会耗费大量的人力和时间成本。因此,要在更多领域实现人工智能,就需要机器学习算法对数据自动地进行挖掘和表示,自动学习到的数据特征往往会比手工设计的特征更易于被机器学习算法理解,并且它们只需要很少的人工参与,就能在各种任务中有着出色的表现。但是,从原始的图像、音频等数据中提取抽象、高层次的特征是非常复杂的。深度学习通过多层神经网络来对数据进行建模,能将特征学习所需的复杂映射分解为一系列嵌套的简单映射来解决这一难题。它采用深层的非线性网络结构表征数据,从而实现对复杂函数的逼近,展现出强大的自动学习数据本质特征的能力。因此,深度学习是一种实现人工智能的有效途径。本节将介绍常用的基于深度学习的数据特征分析方法,并介绍在实际应用中,这些方法如何对传感器所采集的数据进行数据特征提取。

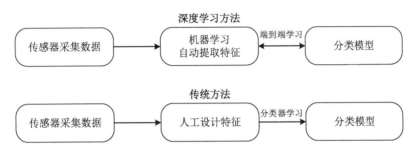

图 8-2　深度学习方法与传统方法进行特征提取的对比图

8.2.2　深度学习的方法介绍

1) 深度置信网络

深度置信网络是 2006 年 Hinton[7]提出的逐层贪婪预训练受限玻尔兹曼机的方法,大大提高了训练的效率,并且很好地改善了局部最优的问题,开启了深度神经网络发展的新时代。Hinton 将这种基于玻尔兹曼机预训练的结构称为深度置信网络(deep belief network,DBN)。

深度置信网络是概率统计学与机器学习、神经网络的融合,由多个带有数值的层组成,其中层与层之间存在关系,而数值之间没有关系。深度置信网络的主要目标是帮助系统将数据分成不同的类别。深度置信网络可以定义为一系列堆叠起来的受限玻尔兹曼机(restricted boltzmann machine,RBN),每个 RBM 层都与其前后层之间进行通信。单个层中的节点之间不会横向通信。深度置信网络可以直接用于处理无监督学习中的未标记数据聚类问题,也可以在 RBM 层的堆叠结构最后加上一个多分类(softmax)层来构成分类器。

下面以三层隐藏层结构的深度置信网络为例,介绍其网络结构的主要组成部分。如图 8-3 所示,该网络一共由 3 个受限玻尔兹曼机堆叠而成,其中 RBM 一共有两层,上层为隐层,下层为显层。堆叠成深度网络时,前一个 RBM 的输出层(隐层)作为下一个 RBM 的输入层(显层),依次堆叠,便构成了基本的深度置信网络结构,最后再添加一层输出层,就是最终的网络结构。

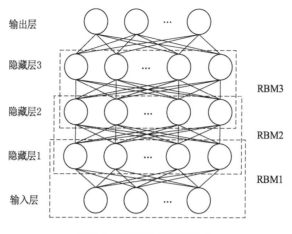

图 8-3　深度置信网络结构

2）卷积神经网络

卷积神经网络(convolutional neural network，CNN)是一类具有代表性的深度神经网络，其网络主要特点是卷积操作，该操作可以用来处理图像、文本、语音等结构数据，例如：将时间序列看成是在时间轴上的一维网络，将黑白图像看成是二维的像素网格，将彩色图像看成是三维的像素网格。卷积神经网络的设计受动物大脑视觉皮层的启发，在当前计算机视觉任务中占主导地位。

一个典型的卷积神经网络包括一个特征提取器和一个分类器。特征提取器由多个模块叠加而成，通常包括一个卷积层和一个池化层。后一个模块依次对前一个模块传递来的特征进行加工，从而获得更加高级的特征。最终获得的特征作为分类器的输入。分类器通常采用 2～4 层的全连接前馈神经网络，因此又称为全连接层。

图 8-4 是一个简单的卷积神经网络结构处理图像分类任务的流程图。此网络将输入图像前向传递给一些卷积层和池化层进行特征提取，之后采用全连接层对提取的信息进行处理，最后网络输出该图像的分类结果。

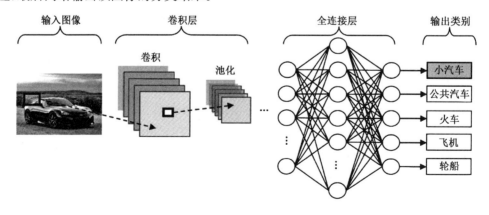

图 8-4　卷积神经网络图像识别流程图

3）自编码器

自编码器属于无监督模型的一种，是由 Rumelhart 等人[8]在 1986 年提出的一种模型。自编码器试图在输出层还原输入的数据，也就是说自编码器的训练目标是使得输出数据和输入数据的误差尽量减小，而不需要为数据提供标签，这就是自编码器能够应用于无监督学习的原因。

自编码器也是一类神经网络，由两部分构成：编码器和解码器。解码器的任务是将原始的输入数据转化为另一种数据表示，也可以理解为编码器是压缩数据或者提取数据特征的过程。解码器的任务是将编码器得到的数据表示重新还原为原始的输入数据。自编码器的关键任务就是学习数据的另一种表示，如果这种表示能够重新还原为原始的输入数据，那么可以认为这种数据表示是有意义的，可以作为数据特征来使用。

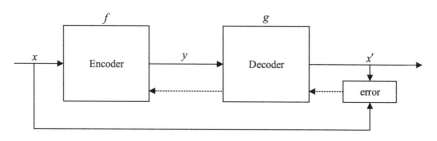

图 8-5　自编码器的简化版结构图

图 8-5 就是自编码器的一个简化版结构图。自编码器由两部分构成：编码器和解码器。编码器和解码器都是由深度神经网络构成的，例如全连接神经网络、卷积神经网络等。在图 8-5 中，x 表示输入数据，是输入层；Encoder 表示编码器；y 表示编码器输出的数据的另一种表示，也可以称为潜在变量；Decoder 表示解码器；x' 表示解码器输出的重构数据，是输出层；f 和 g 分别是编码器和解码器的抽象函数表示；error 表示重构误差。自编码器学习的目标是使重构数据 x' 和输入数据 x 尽可能地接近，也就是使 x' 和 x 的重构误差尽可能地小。

为了在大数据集中实现更加有效的推断和学习，Kingma 等人在 2013 年提出了变分自编码器[9]，在自编码器中引入变分推断。变分自编码器的特点主要有两方面：①使用变分下界（evidence lower bound，ELBO）生成潜在变量的分布，并引入重新参数化技巧，可以使用标准的随机梯度下降算法直接进行优化；②每个数据点具有连续的潜在变量空间，通过使用提出的变分下界，将难以处理的后验分布拟合成近似的容易处理的数据分布。

4）循环神经网络

自 20 世纪 90 年代起，循环神经网络（RNN）一直是人工智能研究与开发的重点，该网络能够学习序列数据的变化模式。序列数据既可以是上下文相关的文本数据，也可以是随时间连续或离散变化的时序数据。2015 年，美国贝勒医学院的研究者在 *Science* 上发表论文指出，在大脑的皮层中，可以通过一系列互联规则捕获局部回路的基本连接，而且这些规则在大脑皮层中处于不断循环之中[10]。相比于传统的前馈神经网络，RNN 更符合生物神经元的连接方式。

RNN 与前馈神经网络的本质区别在于 RNN 的神经元之间存在反馈机制,如图 8-6 所示。前馈神经网络如 CNN,其神经元连接方式都是从输入到输出方向,不具有任何的反馈连接,而循环神经网络至少有一个反馈连接,这意味着前一时间步(或多个时间步)的输入可以影响当前神经元的状态。RNN 通过带有自反馈的神经元,理论上可以处理任意长度的序列数据。由于循环神经网络允许神经元中的反馈连接,因此循环神经网络的拓扑结构多种多样,任何神经元都可以连接到网络中的其他神经元,甚至存在自己到自己的连接。这种反馈连接赋予网络一个显著的优点,可以在对网络进行分析的时候将它视为动态系统,其中网络在某一时刻的状态受到前一时刻状态的影响。

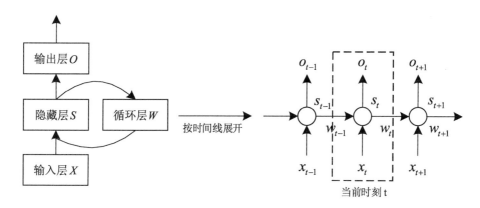

图 8-6　RNN 按时间线展开

当处理固定长度的句子时,传统的前馈神经网络给每个输入特征分配一个单独的参数,所以对句子中每个位置的语言规则来说,都需要分别学习。与前馈神经网络不同,RNN 的权重参数在所有时间步内共享,不再需要单独学习,同时 RNN 中输出的每一项都是通过对之前的输出应用相同的更新规则而得到的。在输出之间利用相同的规则进行循环,实现参数共享。

在基础的 RNN 被提出后,由于它仍然存在一些不足之处,所以基于原始的 RNN 的各种变体被提出。Hochreiter 等人[11]在 RNN 的基础上引入了门限机制,形成新的模型 LSTM,有效解决了长期依赖问题。Schuster 等人[12]提出了双向 RNN,能够同时处理历史信息和未来信息。Graves 等人[13]提出深度 RNN,通过堆叠 RNN 提升模型的效果。Cho 等人[14]提出 GRU,减少了 LSTM 中门的数目,降低了计算复杂度。Lei 等人[15]提出 SRU,极大地提高了 RNN 的计算速度。

5) 基于注意力机制的自监督模型(transformer model)

在心理学上,由于受限于处理瓶颈,人类倾向于选择性地集中于一部分信息,同时忽略其他可感知的信息,这一机制被称为注意力机制[16]。图像处理中的注意力机制会聚焦于一部分像素,类似于我们会专注于视野范围内的某一部分;机器翻译中的注意力机制会在生成一个目标单词的时候,主要参考部分源单词,类似于我们在读一句话的时候,会主要关注其中的几个单词。注意力机制通常是和其他模型配合的,一个典型的例子就是将注意力机制和自编码器架构搭配,用来解决机器翻译的问题。翻译过程中,一个目标语言单词有可能对应着几个源语言单词,因此注意力机制对这几个单词分配更多的权重,并且忽略其他单词。

如果把注意力机制从机器翻译的自编码器框架中抽离,就可以把注意力机制的本质抽象为图 8-7 所示。这个图是在给出源的情况下,根据某个查询,得到这个查询和源之间的相关程度,也就是注意力的值。

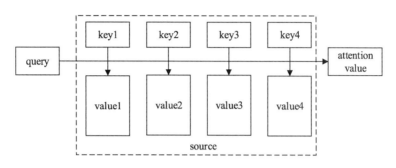

图 8-7　注意力机制的解释

对于句子〈source,target〉,将 source 中的元素看成是一系列键(key)和值(value)数据对构成的。对于给定 target 中的某个查询(query),通过计算 query 和每个 key 的相关性,得到每个 key 对于 value 的权重系数,然后对 value 进行加权求和,得到的结果就是最终的注意力的数值。从本质上讲,注意力机制就是对 source 中的元素的 value 值进行加权求和,而权重系数是由 query 和 key 的相关性计算得到的,可以将其本质思想写成如下公式:

$$\text{attention}(\text{query}, \text{source}) = \sum_{i=1}^{L_x} p(z = i \mid \text{key}_{1:N}, \text{query}) \times \text{value}_i \tag{8-1}$$

从式(8-1)中可以把注意力理解为从大量信息中有选择地筛选出最重要的信息并且聚焦于这些重要信息上,而忽略其余不重要的信息。聚焦的过程主要体现在权重系数的计算上,权重越大,越聚焦其对应的 value 值,可以说权重表示的是信息(value)的重要性。

8.3　云边协同的智能感知技术

8.3.1　云计算与智能感知

随着互联网、物联网技术的融合发展,信息世界正在从人机共生模式转变为人、机、物协同发展的三元世界,人机之间通过互联网进行交互,而机与物之间则是通过物联网进行泛互联。根据全球移动通信系统协会(GSMA)统计数据显示,2020 年,全球物联网设备连接数量高达 126 亿个。据 GSMA 预测,2025 年全球物联网设备(包括蜂窝及非蜂窝)联网数量将达到约 246 亿个。

物联网设备的快速增长,不可避免地带来了海量的数据,不同于传统互联网以人为中心的数据生产,这类新数据通常具有更加复杂的特性,同时包含更加丰富、更高价值的信息。这一数据处理的任务逐渐由本地计算转移至云计算(cloud computing)。云计算作为分布式计算的一种,通过网络"云"将巨大的数据计算程序分解为无数个小程序,然后通过多部服务器组成的系统进行处理及分析,并把结果返回给用户。广义上讲,云计算是一种服务,这种计算资源共享池称为"云"。云计算把许多计算资源集合起来,将计算能力作为商品向用户提供。在智能感知中,互联网、物联网和云计算的关系如图 8-8 所示。云计算构建了智能感知的"大脑",而物联网、互联网构建了智能感知的"神经网络",这两部分相互协同配合,从数据的采集、分析、推理到决策,全流程地实现智能感知。

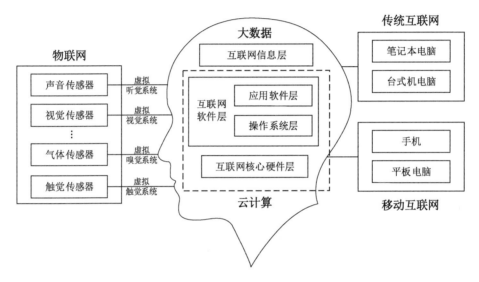

图 8-8　智能感知中互联网、物联网和云计算的关系

8.3.2　边缘计算与智能感知

以深度神经网络为代表的深度学习算法在诸多智能感知相关应用中取得了很好的效果,如图像识别、语音识别等。传统智能感知应用采取云计算的模式,即将数据传输至云端,然后云端运行算法并返回结果。随着边缘计算能力的发展,智能感知应用越来越多地迁移至边缘端进行。云计算和边缘计算在处理智能感知任务时分工有较大的不同,如图 8-9 所示,在图像识别应用场景中,云计算模式下边缘主要承担了数据采集任务,它将数据发送至云端,云端承担了分类模型的训练和预测任务,输出模型处理的结果;在边缘计算模式下,边缘除了数据采集以外,还将执行模型的预测任务,输出模型处理的结果,此时,云端更多的是进行智能模型的训练,并将训练后的模型参数更新到边缘。边缘计算架构中,用户数据不再需要全部上传到云数据中心,而是通过部署在网络边缘的边缘节点快速处理部分数据,从而大大减轻了网络带宽的压力,大幅降低了传感数据处理的延时,提高了实时性和可靠性。

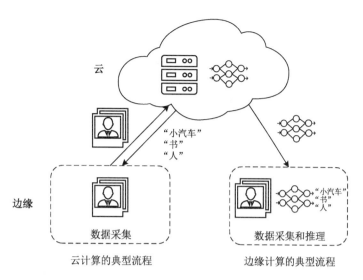

云计算的典型流程　　　　边缘计算的典型流程

图 8-9　云计算与边缘计算下的智能感知应用执行流程对比

　　考虑到边缘节点的计算存储资源有限,如何减小模型大小和优化模型在边缘设备的推理速度显得格外重要。相关研究工作主要从减少算法所需的计算量角度出发,该类工作主要分为两类:一类是深度模型压缩方法,即将目前在云端表现良好的算法通过压缩技术减少计算量,从而能够在边缘端运行;另一类是原生边缘智能算法,即直接针对边缘计算设备进行算法设计。

　　深度模型压缩方法可分为三种:一是参数量化、共享与剪枝,通过减少对性能不敏感的参数数量或者参数位数,实现对计算成本和存储成本的控制;二是低秩逼近,指重构低秩的密集矩阵取代高秩矩阵,以减少深度学习模型的计算量;三是知识迁移,也称为师生训练,该方法使用预先训练的网络来为同一任务训练紧凑型网络。

表 8-1　深度模型压缩方法的优缺点

压缩方法	描述	优点	缺点
参数量化、共享与剪枝	删除冗余连接和神经元	支持在训练中压缩	有损泛化性
低秩逼近	重构低秩矩阵减少模型计算量	最小化性能变化	重构计算量大
知识迁移	预训练网络构建紧凑型网络	最大化先验知识	需重新训练

　　表 8-1 总结了以上三种典型的压缩方法,并描述了每种方法的优缺点,其中参数量化、共享与剪枝能够支持在训练中压缩,也可以压缩已经完成预训练的网络,而低秩逼近和知识迁移大多适用于重新开始训练新的网络模型,经过剪枝后的神经网络模型的泛化性会受到较大的影响。低秩逼近通过使用低秩矩阵替代高秩矩阵的方法减少模型的计算量,可以最小化模型的精度损失。通过知识迁移的方法训练轻量级网络模型,能够最大化利用先验知识,但是训练的开销较大。

8.3.3 云边协同的智能感知技术

随着数据密集型应用与计算密集型应用的增加,需要利用云计算强大的计算能力,以及通信资源与边缘计算短时传输快速响应的特性来实现并完成相应的应用请求。通过两者协同工作、各展所长,将边缘计算和云计算协作的价值最大化,从而有效地提高应用程序的性能。目前,针对云边协同的研究大多数集中在物联网、工业互联网、智能交通、安全监控等诸多领域的应用场景上,主要目的是减少时延、降低能耗,以及提高用户体验等。在云边协同中,边缘端主要负责本地数据计算和存储,云端主要负责大数据的分析和算法更新。如图 8-10 所示,云边协同具体有以下三种不同的分工方式:

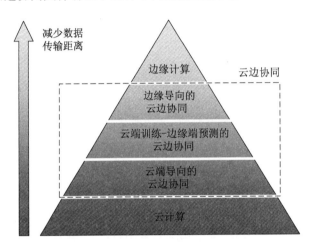

图 8-10　云边协同的三种不同的分工方式

1) 边缘导向的云边协同

在这种方式下,云端训练初始智能模型,然后将模型部署到边缘上,边缘端完成实时预测,同时,边缘端基于采集到的数据再次训练模型,更好地利用数据的局部性,减少数据向云端的传输,满足应用的个性化需求。迁移学习[17]是边缘导向的云边协同的代表工作。迁移学习的初衷是节省人工标注样本的时间,让模型可以通过已有的标记数据向未标记的数据迁移,从而学习出适用于目标检测领域的模型。在边缘智能场景下,往往需要将模型用于不同的场景环境中。以人脸识别应用为例,不同公司的人脸识别门禁一般使用相同的模型,然后训练模型的原始数据集与不同公司的目标数据集之间存在较大差异,因此可以利用迁移学习技术,在实际具体的应用场景中,让模型在新的数据集上继续学习更新参数,从而得到专用于某一区域或场景的个性化模型。

2) 云端训练-边缘端预测的云边协同

在这种方式下,云端负责设计、训练模型,并且不定期升级模型,数据来自边缘设备采集上传或者云端数据库,边缘设备负责采集实时数据完成预测,同时边缘端模型的参数需要根据云端模型进行定时更新。该方式已经广泛运用于无人驾驶、智慧城市、社区安防等多个领域。在这种方式下,由于边缘计算资源有限,模型压缩相关技术就显得尤其重要。

针对智能手机、嵌入式设备等边缘设备,谷歌公司推出开源机器学习框架 TensorFlow 的压缩版本 TensorFlow Lite 框架。该框架使得边缘设备能够执行在云计算中通过 TensorFlow 框架训练得到的模型,并通过多种优化技术加速边缘设备完成预测任务,从而实现云端训练-边缘端预测的协同方式。目前该框架已部署在超过 40 亿台边缘设备上。

3）云端导向的云边协同

在这种方式下,云端承担模型的训练工作和一部分的预测工作,此时的模型通常较大,边缘端难以完成全部的预测任务,或者模型具有细腰性,即在云端执行能够极大地减少通信带宽和边缘的计算压力。具体而言,神经网络模型将会被分割成两部分,一部分在云端执行,云端承担模型主要的计算任务,然后将中间结果传输给边缘;模型的另一部分在边缘端执行,进一步计算得到预测结果。因此在该方式下,模型分割是研究的重点与难点,即需要找到模型合适的拆分点,以实现将计算复杂的任务留在云端,实现计算量与通信量之间的平衡。

8.4　智能感知技术的应用

8.4.1　故障诊断

随着现代工业技术发展,机械生产设备具有大型化、精密化、自动化、智能化的特点,设备的升级极大地提高生产效率、节省人力、降低成本。但在带来生产进步的同时,设备一旦发生故障,轻则导致设备损坏、生产停止,重则造成严重的经济损失,甚至环境污染和人员伤亡。因此,对设备故障诊断也提出了更高的要求。随着传感器技术、计算机技术、物联网技术、大数据等技术的发展进步,智能运维技术与平台,集设备管理、状态监测、故障诊断和寿命预测的综合智能系统,是智能感知技术的成功应用之一。

智能诊断主要由传感信息采集与数据传输、信号处理与特征提取、故障识别与决策三个环节组成。不同的机械设备采用的测量传感器类型不同,常用的有振动传感器,电压传感器、电流传感器、温度传感器、转矩传感器等,选择有效反映故障信号的传感器对于特征提取至关重要。传统的数据处理方法主要提取传感信号的时域、频域、时频域指标和熵值作为特征,时域特征包括均值、方差、峰值、有效值、峭度、偏斜值等,频域特征常由快速傅里叶变换得到,但故障信号是典型的非平稳信号,短时傅里叶变换、小波分析、Wigner-Vile 等时频域指标可以更好地表征故障特征。将提取的特征与多层感知机、支持向量机、贝叶斯估计等机器学习方法相结合可以挖掘数据潜在特征,提高故障诊断性能。基于数据驱动的故障诊断得到了广泛的研究,其诊断流程如图 8-11(a)所示。

传统的数据驱动方法往往需要提取多种特征,各个特征在表征故障特征上存在冗余或者不足,仍需进行特征筛选,并且人工提取特征的方法要求技术人员熟知机械故障机理。近年来,基于深度学习的数据分析方法的迅速发展在各个领域掀起人工智能的热潮,模型的自动提取与学习特征取代了传统的手工提取特征,在降低对研究人员提取特征经验要求和劳动的同时,可以以诊断任务为导向学习到更为有效的特征表达,深度模型在故障诊断领域也展现出其强大魅力,使用深度学习模型进行故障诊断流程如图 8-11(b)所示。卷积神经网络具有强大的图像数据特征学习能力,可以更有效地分析小波变换等时频图,提取关键特征,极大提高诊断精度;循环神经网络在文本序列数据预测上的成功应用,已推广至设备剩余寿命预测领域;生成对抗网络可以解决故障数据缺乏、故障类型单一等问题;迁移学习可以提高模型在不同运行工况,不同故障程度,不同部件甚至不同设备间的泛化能力,具有重要的实践意义。

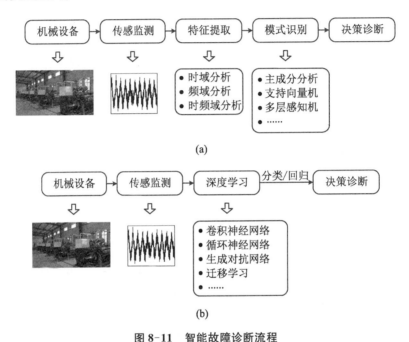

图 8-11 智能故障诊断流程
(a)基于传统数据驱动;(b)基于深度学习模型

尽管智能感知在故障诊断领域已经得到了广泛探索,但仍未建成成熟完善的诊断体系,依旧存在众多阻碍其大量应用于工业实践的难题,如目前深度模型大多是黑箱模型,缺乏模型可解释性,模型可信性较低,重大设备诊断无法完全依赖。此外,模型泛化能力有限,还无法实现对机械设备的精密部件、复杂工况、跨设备间的全方位适应。

8.4.2 穿戴设备动作识别

人体动作识别技术是利用传感器设备来跟踪、测量和记录人体的关键肢体在三维空间中的运动信息,进而利用这些信息来实现对人体运动过程的重构和分析。人体动作识别技术具有广阔的市场空间和应用前景,已经广泛应用于影视动画制作、人机交互、虚拟现实、体育训练、运动指导、医疗康复等交叉性学科领域。人体行为识别根据传感器信息来源不同,分为基于视频图像的人体行为识别和基于可穿戴传感器设备的人体行为识别。随着微电子技术的发展,小体积、低功耗的传感器设备开始渗透到人们的生活当中。同时,借助于人工智能强大的分析能力,传感器设备也加快了向智能化感知发展的脚步。因此基于传感器设备的人体行为识别更具发展潜力。人体动作识别是智能感知领域中典型的研究方向之一。

人体动作识别指的是通过各种传感器设备,包括加速度计、陀螺仪、ECG 等可穿戴传感器设备来感知人体的运动和生理信息,并分析和识别人体当前行为状态。根据人体行为的复杂度,可以把人体行为识别划分成 4 个不同的层次:姿态(gesture),指用身体某个部位来表示信息的动作,如挥手、抬腿等简单动作;单人行为(individual activity),指一系列姿态动作的组合,如慢走、跑步等;交互行为(interactive activity),指人和人之间或者人和物之间包含较强信息的交互,如握手、打电话等;群体行为(group activity),指多人参与同时可能与一个或多个物体交互的行为动作,如踢足球等。目前有基于传统模式识别方法和基于深度学习方法的人体动作识别方案。

传统的基本手工特征提取方法的动作识别,需要提取各传感器的多种特征,包括时域、频域、时频域特征。特征提取通过启发式和手工制作的方式,需要依赖于人类的经验或领域知识,而且只能根据浅层特征学习人类专业知识(复杂人体活动),需要大量的标记好的数据来训练模型,基于传统模式识别方法的动作识别流程如图 8-12(a)。得益于计算机科学的进步,深度学习的出现加速了人类掌握学习知识的速度,基于深度学习的动作识别,取代了手工进行特征提取筛选的工作,使用深度学习模型能够自动地学习到深层的特征,并

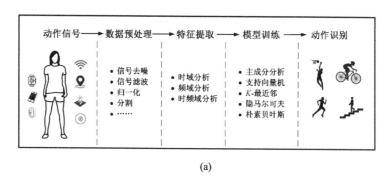

(a)

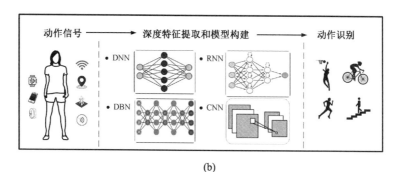

(b)

图 8-12　可穿戴设备动作识别流程

(a) 基于传统模式识别方法;(b) 基于深度学习识别方法

得到更好的特征表达。基于深度学习的人体动作识别方法流程如图 8-12(b)所示。

尽管深度学习模型的应用提高了识别精度，但尚未形成一套完整的全面的体系。我们必须认识到将感知算法应用于可穿戴设备中，对感知算法的识别性能、实用性、部署轻量化，以及鲁棒性提出更高要求。

8.4.3 自动驾驶感知

汽车行业正处在一个变革的时代，计算机代替人类驾驶汽车已经愈发成为可能。除了汽车制造商之外，互联网企业、科研院所也在为实现自动驾驶这一目标投入大量的人力物力。自动驾驶就是车辆在无人类驾驶员操作的情况下自行实现复杂道路环境驾驶。自动驾驶技术的实现是多学科多技术交叉融合的结果。单车智能实现的基本原理是通过多传感器实时感知车辆、行人、障碍等道路环境的变化，再通过智能系统进行数据处理融合及规划决策，最后控制系统接收相应的决策来执行具体的驾驶操作。

图 8-13 是自动驾驶技术路线图。人类在驾驶汽车时需要通过视觉、听觉等来收集并识别当前道路交通环境，大脑自动地根据获取的信息构建出外界三维环境模型，再结合自身的位置进行驾驶决策及动作规划，最后，身体各部分在大脑的控制下完成。同样，自动驾驶汽车的驾驶过程与人类相同，它们也需要先感知外部的环境之后再做出相应的决策进而控制车辆的状态。首先，车辆在运动过程中自动对自身及环境信息进行实时采集，包括图像信息、点云信息、视频信息、GPS 信息、车辆姿态、加速度信息等。好比是人类的眼睛、耳朵、皮肤一样去收集外界的环境信息，比如前方是否有车，前方障碍物是否是人，红绿灯当前是什么颜色，前方车辆的车速是多少，路面情况如何等信息。然后，计算中心将感知到的信息进行处理与融合，确定适当的工作模型，进行决策判断，制定适当的控制策略，代替人类做出驾驶决策。决策主要依赖的是芯片和算法，就好比是人类的大脑。看到红灯，决策需要停止；观察到前车很慢，决定从右侧超车。系统做出决策后，系统通过线控系统将控制命令传递到底层模块执行对应操作任务，如刹车力度 5%。类比人类在驾驶过程中对方向盘、油门，以及刹车的操作。

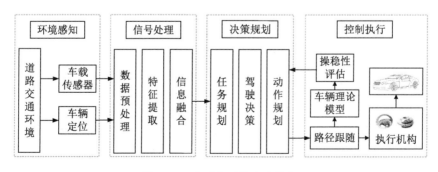

图 8-13 自动驾驶技术路线图

环境智能感知作为自动驾驶的关键环节与先决条件，能够做到高精度快速地识别实时变化的环境、车辆、行人及其他障碍物，是行车安全性和智能性的保障。先进的三维环境感知系统能够及时地探测到车辆、行人、障碍物、道路等影响行驶安全性的外部事物,并准确地获取其三维位置、尺寸、行驶方向、几何形状、类别等信息,为后续的决策与控制环节提供依据。单一的检测手段或传感器很难对复杂场景进行鲁棒感知,而利用多传感器优势互补,则能获取更加全面、兼容的行驶环境信息,从而满足自动驾驶系统对可靠性、精准度的需求。对于自动驾驶汽车,传感器可能包括毫米波雷达、激光雷达、可视摄像头、IMU、GPS等。但仅仅通过传感器收集数据是不够的,因为系统需要能够解释数据,并将其转化为能够被自动系统理解和操作的东西。智能感知即是如此:理解感知到的数据。得益于深度学习技术的飞速发展,我们能够将低维的传感器数据进行深度融合,提取出高维的特征,挖掘出传感器数据内部及多传感器数据间的深层语义信息,实现复杂恶劣道路环境下的目标检测和目标细粒度属性识别。

习题与思考题

8-1　请说明时域特征、频域特征和时频域特征的优缺点。在实际的应用中,如何选取合适的特征值来实现传感器数据分析?

8-2　什么是数据融合技术?它在传感器数据分析中有哪些作用?请简述数据融合技术的不同分类方法及其类型。

8-3　深度学习与机器学习的区别是什么?请总结深度学习技术的发展历程,以及目前常见的在不同应用领域中的模型。

8-4　云端与边缘端之间的协同方式具体可以分为哪几种?

8-5　概述智能感知技术及应用领域。

参考文献

[1]　Gao Z W, Cecati C, Ding S X. A survey of fault diagnosis and fault-tolerant techniques—Part I: Fault diagnosis with model-based and signal-based approaches[J]. IEEE Transactions on Industrial Electronics, 2015, 62(6): 3757-3767.

[2]　李晓光,于戈,王大玲,等.基于信息论的潜在概念获取与文本聚类[J].软件学报,2008,19(9): 2276-2284.

[3]　唐晨,王汝传,黄海平,等.基于信息熵的无线传感器网络数据融合方案[J].东南大学学报(自然科学版),2008,38(S1):276-279.

[4]　张兆礼,孙圣和.粗神经网络及其在数据融合中的应用[J].控制与决策,2001,16(1):76-78.

[5]　范凯,陶然,周思永.模糊数据融合在目标跟踪中的应用[J].北京理工大学学报,2000,20(3):343-346.

[6]　Goodfellow I, Bengio Y, Courville A. Deep learning[M]. Cambridge: MIT Press, 2016.

[7]　Hinton G E, Osindero S, Teh Y W. A fast learning algorithm for deep belief nets[J]. Neural Computation, 2006, 18(7): 1527-1554.

[8]　Rumelhart D E, Hinton G E, Williams R J. Learning representations by back-propagating errors[J]. Nature, 1986, 323(6088): 533-536.

［9］Kingma D P，Welling M. Auto-encoding variational bayes［J］. Machine Leaning，2013：1312.

［10］Jiang X L，Shen S，Cadwell C R，et al. Principles of connectivity among morphologically defined cell types in adult neocortex［J］. Science，2015，350(6264)：aac9462.

［11］Hochreiter S，Schmidhuber J. Long short-term memory［J］. Neural Computation，1997，9(8)：1735-1780.

［12］Schuster M，Paliwal K K. Bidirectional recurrent neural networks［J］. IEEE transactions on Signal Processing，1997，45(11)：2673-2681.

［13］Graves A，Jaitly N，Mohamed A. Hybrid speech recognition with deep bidirectional LSTM［C］// 2013 IEEE workshop on automatic speech recognition and understanding. IEEE，2013：273-278.

［14］Cho K，Van Merriënboer B，Bahdanau D，et al. On the properties of neural machine translation：Encoder-decoder approaches［C］//Proceedings of SSST-8，Eighth Workshop on Syntax，Semantics and Stracture in Statistical Translation. Doha，Qatar. Stroudsburg，PA，USA：Association for Computational Lingaistics，2014.

［15］Lei T，Zhang Y，Artzi Y. Training RNNS as fast as CNNS［J］. Computer Science，2018：3393165.

［16］Pan S J，Yang Q. A survey on transfer learning［J］. IEEE Transactions on Knowledge and Data Engineering，2009，22(10)：1345-1359.

第9章 多传感器信息融合技术

9.1 多传感器信息融合的概念和原理

9.1.1 信息融合的基本概念

随着各个学科的发展及加工工艺的改进,传感器的性能得到了飞速的发展,这使得传感器在很多复杂领域的应用成为可能。在 20 世纪 70 年代以后,现代化科学技术广泛地应用于军事领域中,一系列的高科技武器被生产出来,特别是高精度弹道导弹和中远程洲际导弹的出现,使得传统的作战模式已经不再适用,现代战争逐步发展成海、陆、空、天、信五维一体的联合作战模式。为了把握战场的主动权,达到作战目的,仅靠单一传感器来获取战场信息的模式已经不再适用于现代战争。因此,必须运用包括雷达、声波、激光、电子情报技术等在内的各种有源和无源多传感器集成系统来提供战场的各方面信息,通过对信息的分析和处理,可以做到对目标进行实时的跟踪,获取目标的状态、目标身份、目标的危险程度等作战信息。在多传感器系统中,系统采集到的信息数量非常庞大,信息与信息之间的关系十分复杂,以及信息有着各种各样的表现形式,这些都超出了人脑综合处理信息的能力。因此,一个新兴的学科——多传感器信息融合(multisensor data fusion,MSDF)迅速地发展起来。

1973 年美国军方资助研发了一套声呐信号处理系统,信息融合在该系统中首次被提出,它是一种对多源信息的采集、分析,以及进行综合处理的技术。它通过对多源信息的综合处理,可以得出信息与信息之间的内在联系,从而可以对信息的价值做出判断,保留有价值的信息,实现了对信息的一个优化过程。随着研究的不断深入,信息融合于 20 世纪 80 年代中期实现高速的发展,并在现代 C⁴I(指挥、控制、通信、计算机与情报)体系中和各种武器装备系统上获得了广泛的应用。步入 21 世纪之后,随着计算机技术、人工智能、数据处理等软硬件技术的高速发展,多传感器信息融合技术也逐步地由军事领域融入了非军事领域。目前,多传感器信息融合技术正在向环境监测、医疗诊断、故障检测、智能机器人等应用领域迅速发展。可以说,多传感器信息融合技术应用到了现代信息社会生活的方方面面[1-2]。

信息融合是一种新的信号处理的方法,它主要应用在多传感器系统上,也有许多学者称它为数据融合。目前,信息融合还没有一个统一的定义。这是由不同的科学领域对多传感器信息融合的理解有差异所导致的。从仿生学的角度来看,信息融合是生物通过自身的各种感觉器官来感觉温度、湿度、压力等外部生存环境的变化,经过简单的分析后,从而做出准确的判断;从数学的角度来看,所有传感器收集到的信息构成一个子空间,信息融合是根据预先设定的规则从该子空间向信息融合空间的投影过程;从工程的角度来看,信息融合是根据预设的准则对来自不同来源、模式、媒体和时间的信息进行综合描述,以完成估计任务,并获得对感知对象更准确的描述[3]。因此,世界范围内的许多学者对信息融合给出了许多定义。

Waltz 和 Llinas 给出的信息融合的定义为:信息融合是一个多级、多层面的数据处理过程,主要完成对来自多个信息源的数据进行自动检测、关联、相关、估计及组合等的处理[4]。

根据 Hall 和 Gong 的描述,可以将信息融合的定义概括为:多传感器信息融合是利用计算机技术进行信息处理的过程,它可以根据预先设定好的条件自动地综合、分析和处理所有传感器获得的信息,以获得对被测对象的一致描述,进而实现相应的决策和估计[5-6]。

综合考虑上述两个定义,可以看出信息融合的本质就是通过计算机技术综合和处理多源信息的过程,通过建立相应的模型和算法来对多传感器系统获得的信息进行自动处理、检测、关联、估计和决策,以获得更加全面、更加精确的信息。

多传感器信息融合系统较之于单传感器系统的优势可归纳为以下几点[7-10]:

(1)增强了系统的生存能力。当有若干个传感器出现故障或受到外界干扰时,系统仍然可以通过其他传感器获取信息,使系统的抗干扰能力变强,能够应对各种复杂的环境。

(2)降低了系统的不确定性。多个传感器对同一目标进行探测,采集同一目标的各种信息,这种冗余信息的适当融合可以在总体上降低信息的不确定性。

(3)拓展了系统的空间覆盖范围。通过多个传感器分布式探测结构,扩大了系统的探测区域,增加了系统的探测能力。

(4)拓展了系统的时间覆盖范围。利用多个传感器的协同作用可以获得更加全面、更加精确、任意时刻目标的信息。

(5)提高了系统的可信度。多个传感器对同一目标进行识别,采集所得的信息的可信度大大提升。

(6)增强了系统的识别能力。多个传感器采集所得的交互信息强化了系统的识别性能。

(7)增强了系统的精确度。合理的设计多传感器信息融合的算法,能显著地提升系统的跟踪精度,降低因个别传感器失效等不利因素所带来的影响。

多传感器信息融合系统要比单传感器系统复杂得多。因此,该系统也会产生一些不利的影响,如整个系统的重量、体积和能耗等不利因素的增加,使系统的成本大大提升,以及整个系统产生的辐射增多,被敌人的探测设备发现的概率增加。因此,在应用该系统时,必须要综合考虑各方面因素的影响。

9.1.2　信息融合的基本原理

信息融合技术是自然界中普遍存在的一种技术。对人类来说,其原理和人脑处理信息的方法类似,我们通过各种感觉器官如眼、耳、鼻、四肢等来获取外界的信息,并汇总到大脑神经中枢进行数据的融合处理,并最终输出结论。这是一个复杂的过程,大脑将各种冗余的、复杂的信息进行融合,借此对外界环境进行解释。就好比在做饭的过程中,也存在着信息融合的例子:我们通过眼睛(视觉传感器)观察火势大小及菜的色泽,通过舌头(味觉传感器)来判断饭菜咸淡,通过手的翻炒(触觉传感器)来感受是否可以出锅,同时结合以往炒菜的经验(即存在于数据库中的先验知识),最后由大脑(融合数据中心)下达出锅的指示。

事实上,多传感器信息融合是对人类处理复杂问题的一种模拟。在该系统中,传感器可能会采集到不同特征的信息:有精确的信息也有模糊的信息;有正确的信息也有错误的信息;有互补的信息也有矛盾的信息。多传感器信息融合的基本原理和人脑处理信息的方法类似,它通过多个传感器获取信息,并依靠特定的原理和算法处理其中冗余信息,提取有用信息,将多源信息和辅助信息结合起来,来得到更准确、更全面的信息,这样就得到对测试对象的一致性解释或描述。信息融合的目标是基于各类传感器收集的信息,通过对收集到的各种信息的综合处理来得出有效的信息,这需要整个系统的协同作用,最终目的是通过多个传感器联合作用的优势来增加各个传感器之间的信息互通,提高系统的精确性、稳定性、快速性等性能。

9.2　多传感器信息融合的结构模型

多传感器信息数据融合系统的基本结构模型是从信息数据融合系统的基本组成结构开始,并进一步描述信息数据融合系统的基本构成特征及其数据流。信息融合的结构模型在各个维度上都有各自不同类型的模型。按照信息融合中传感器的结构关系,可以将信息融合方式分为并行结构、串行结构、分散结构和树状结构,也称为检测级的结构模型;按照各个传感器的信息参与融合的方式,可以将信息融合分为分布式、集中式、混合式和多级式,也称为位置级的结构模型;按照信息融合的层次,可以将信息融合分成数据层、特征层和决策层的融合,也称为属性级的结构模型[11]。

9.2.1　检测级的结构模型

按照传感器信息之间的融合结构,可以将信息融合分为并行结构、串行结构、分散结构以及树状结构。这种结构分类也称为检测级融合结构,是信息融合系统中最基础的一种融合机构。下面将详细的介绍这四种结构。

1) 并行结构

从图 9-1 中可以看出,在现象 H 中得到的初始数据 Y_1, Y_2, $\cdots$, Y_N,经过检测系统的 N 个局部节点 S_1, S_2, $\cdots$, S_N,并且做出对应的局部判决得到 U_1, U_2, $\cdots$, U_N,在这之后,进入融合中心对来自局部传感器得到的结果进行融合处理,从而得到最终的判决 U_0。

2) 串行结构

从图 9-2 中可以看到,在现象 H 中得到的初始数据 Y_1, Y_2, $\cdots$, Y_N,进入对应的 N 个局部节点,分别对其进行检测。上述结构是从上往下进行传递。首先,传感器 S_1 接收到初

始数据 Y_1 并且进行判决,得到 U_1;然后传感器 S_2 将 S_1 得到的判决 U_1 与自身检测所得到的结果进行融合得到判决 U_2;以此类推,重复前面的过程,直到最后一个传感器节点 S_N,将 S_{N-1} 得到的判决 U_{N-1} 和自身检测得到的 Y_N 进行融合得到最终判决 U_N。

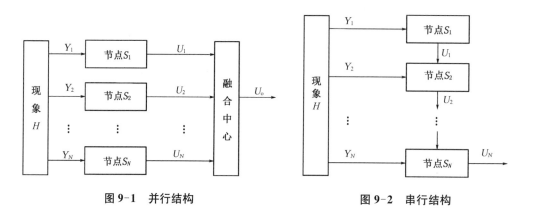

图 9-1 并行结构   图 9-2 串行结构

3) 分散结构

分散结构的融合结构如图 9-3 所示,和并行结构的融合方式相比,分散结构缺少了总的融合中心。融合过程如下:从现象 H 得到的初始数据分别经过 N 个传感器节点,并且得到对应的判决,也就是最终的判决。在整个过程中,没有融合中心,局部传感器得到的判决结果就是最终的判决结果,此结构完全相信局部传感器的决策。

4) 树状结构

树状结构的检测结构如图 9-4 所示,总的数据处理过程是从上到下,可以将整个融合结构看成一棵树,作为树枝的是节点传感器 S_1, S_2, S_3 和 S_4,作为树根节点的是传感器 S_5。首先,初始数据 Y_2,Y_3 和 Y_4 经过局部传感器 S_2,S_3 和 S_4 得到对应的决策 U_2,U_3 和 U_4;然后,局部节点 S_1 将初始数据 Y_1 以及局部决策 U_2 和 U_3 进行数据融合得到决策 U_1;最后,融合节点 S_5 将局部决策 U_4 和局部融合决策 U_1 进行再次融合,得到最终的决策结果 U_5,即 $U_5 = U_o$。

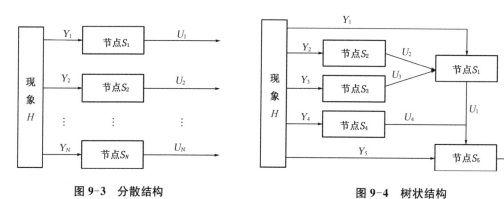

图 9-3 分散结构   图 9-4 树状结构

9.2.2 位置级的结构模型

在多传感器信息融合的过程中,根据传感器对初始数据处理方式及信息流通方式的不同,在位置融合级上,可以将系统的结构模型分为集中式结构、分布式结构、混合式结构和多级式结构。

1) 集中式结构

从图 9-5 中可以看到,各个局部传感器接收数据并且进行检测,得到的原始信息直接传递到融合中心,在融合中心对原始信息进行处理,进行数据相关分析、点迹相关分析、数据互联、预测估计和判决等。

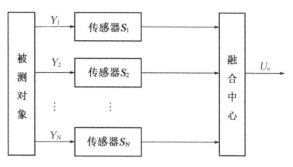

图 9-5 集中式结构

如图 9-5 所示,这个结构的特点是所有的融合过程都在一个融合中心上面进行,传感器仅仅起到了一个数据采集的作用,没有对数据进行任何的局部处理,因此对信息的损失量较小,提高了系统的精度。但是对于系统的带宽有较高的要求,融合速度慢,计算负担重,系统的生存能力弱,因此只适用于信息量较小的系统。

2) 分布式结构

分布式多传感器融合结构如图 9-6 所示,从图中可以看出,各个传感器首先对接收到的数据进行检测,然后对数据进行局部处理,得到初始的判决。接着,处理后的数据传入到数据融合中心,在融合中心将对局部传感器处理后的数据进行综合处理,获得最终的融合结果。

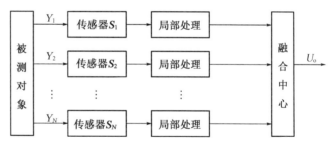

图 9-6 分布式结构

现代工业设计和军事上广泛采用多传感器信息融合技术,其中集中式数据融合应用较多,但是缺点也比较明显,在整个系统工作的过程中,重要节点受到破坏可能导致系统的整体瘫痪;而分布式系统,局部传感器有自己的处理单元,可以做出自己的决策,这样局部的传感器就分担了很大部分的计算量,大大减小了融合中心的计算量,加快了融合速度,而且不会因为某个传感器的故障影响到整体系统,提高了系统的稳定性。

3) 混合式结构

如图 9-7 所示为混合式多传感器融合结构的示意图,从图中可以看出,相对于之前的集中式结构和分布式结构,混合式融合结构的融合中心接收来自传感器的监测数据及经过

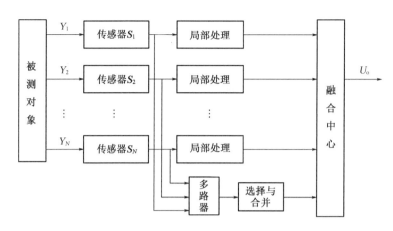

图 9-7　混合式结构

局部节点处理过的决策,混合式结构是前面两种系统结构综合应用。

在整个过程中,低处节点向高节点传递信息,并且可以参与到高层节点的融合,所以融合精度比较高,但是融合处理过程比较复杂,信息的传输量也偏大,系统的稳定性偏差。

4）多级式结构

多级式融合结构如图 9-8 所示,这里局部融合节点可以是前面提到的集中式结构、分布式结构和混合式结构的融合中心,在经过一次或者多次融合之后,将局部融合节点输出的决策传入到系统最终的融合中心,在这里对局部节点处的数据进行相关处理,得到最终决策 U_o。 这样,就形成了两级或者两级以上的融合处理。

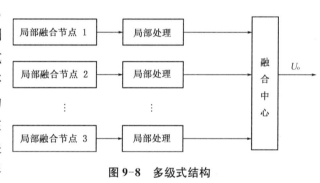

图 9-8　多级式结构

多级式融合结构是集中式结构、分布式结构和混合式结构的进一步处理,可以根据实际情况选择合适的局部融合节点。

9.2.3　属性级的结构模型

目标属性的确定在很多领域具有非常重要的应用,相比较单一的传感器属性估计,利用多传感器融合对目标属性进行处理则更加精确。属性级数据融合结构可以分为数据层融合、特征层融合和决策层融合。

1）数据层融合

数据层融合的基本结构示意图如图 9-9 所示,数据层融合属于三层融合层次的最低层次。首先要把每个传感器所收集到的所有原始信息都注入到融合中心,以实现关联和数据层的融合,接着对融合结果进行特征提取和特征判断。在这个结构上,要求所有传感器都是同质的,对于传感器的要求比较严苛。

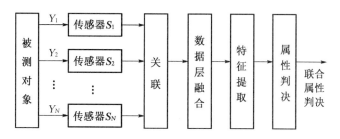

图 9-9　数据层融合结构

数据层融合最靠近数据源,保持了原始数据,因此精度比较高,但是所造成的信息量处理也比较大,而且对带宽的要求也比较高。

2)特征层融合

特征层融合如图 9-10 所示,通过对各传感器的原始数据信息进行分类汇总,提取出具有足够判别力的有效信息,将这些信息融合成单一的特征向量,然后使用模式识别等方法进行处理,从而实现对信息的充分统计以及信息压缩。接着,对特征数据进行关联组合,并且基于联合特征进行相应的属性融合和属性判决,最终得到联合属性判决。

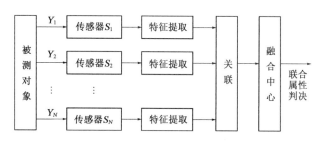

图 9-10　特征层融合结构

特征层融合与数据层融合相比,可以看出,特征层是在传感器获取数据之后,提取数据的特征而实现融合,这种融合方式和数据层融合相比,计算量要低很多,同时对数据传输带宽的需求也比较低。但是也会带来相应的后果,这种融合结构在数据特征提取的过程中必然会造成部分数据丢失,因此,测量精度也相对数据层融合较低。

3)决策层融合

决策层融合是三层融合层次中最顶层的,融合结构图如图 9-11 所示。在整个融合过程中,每个传感器独立进行数据观测和采样,然后进行特征提取,并且每个传感器都要进行属性判决。在进入融合中心之前,要将各个传感器得出的属性判决进行关联处理,最后在融合中心完成属性融合和属性判决,获得每个传感器的最终融合结果。

决策层融合的优点是数据的处理量比较小,融合中心的处理代价低。在整个过程中,首先对多个同质或者异质的传感器进行目标的初步判决,然后进行关联处理,可以进一步提高目标的判别精度。由于对数据进行抽象处理,所以无须要求是同质传感器,适用性更强。

通常来说,在整个属性级的特征结构中,融合的位置越靠近信号源,则系统获得的处理

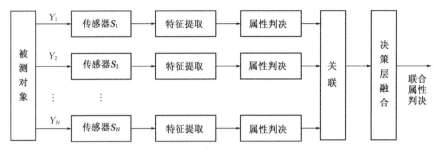

图 9-11　决策层融合结构

精度就越高,也就是说,在上面所述系统中,数据层的融合结构处理精度是最高的,特征层融合处理精度次之,而决策层融合的处理精度相对来说最差。虽说数据层的处理精度最高,但是对于传感器的选择来说要求较高,必须是同质传感器。当然,根据情况需要,这三种融合结构使用过程中也会混合使用,以达到要求。

这三种属性级的融合结构各有优缺点,见表 9-1。

表 9-1　三种属性级融合结构对比

	数据层融合	特征层融合	决策层融合
传感器要求	高	中等	低
计算量	大	中等	小
精度	高	中等	低
融合难度	大	中等	小
抗干扰能力	差	中等	强
信息损失	小	中等	大
容错能力	差	中等	强

在工业设计中,比如袋式除尘器滤袋破损检测[12],在整个系统工作过程中,需要监测的指标很多,比如粉尘浓度、过滤风速、压力、阻力等,这些指标由不同类型的传感器监测,如果使用数据级融合方式,虽然可以保留传感器收集到的所有数据,但是使用条件就不能满足(要求使用同质传感器),而且当传感器数量增大时,数据处理代价也较高。所以选择决策级融合方式,可以融合异质传感器的数据,而且处理数据难度较小,稳定性较高。

从不同角度去研究多传感器融合结构,就有不同的划分方法。但是,从实际的应用中来看,无论哪一种分类方法及融合结构,都要服从于实际的要求。从传感器的选取、数据量的处理能力、数据处理的精度要求和抗干扰能力出发,综合选取一个合理的融合结构来完成系统的设计,在保证系统正常运行的同时,能够更加稳定,更加快捷。

9.3　多传感器信息融合的一般算法

多传感器信息交互技术相比于单传感器的信息传递是一个巨大进步,它考虑到多种传感器信息包括视觉、听觉及触觉等多种新的感官的交互方式,在接收到来自多传感器的信息输入时,将多传感器输入通过一系列的处理进行融合与分析,最后对用户进行反馈。在这个多传感器交互系统中,各个传感器提供的一般都是一些碎片化、不清晰的、离散的数据。甚至数据之间存在着比较大的矛盾。在处理这些数据的时候,信息融合中心通常需要对这些数据进行一定的猜想和推理来实现对数据的解析,以及对于目标决策的判断。而信息融合一般是基于特征和数据的融合,通常将提取或者接收到的特征数据进行处理和分析。而信息融合,一般可以分为两种:一是随机类的方法,二是人工智能的方法。

随机类方法通常应用在传感器的决策级上,对于已经分析出结果的信息进行推理融合。常用的方法包括贝叶斯推理、D-S证据理论、加权平均法、卡尔曼滤波法等。

基于人工智能的方法是将参数数据不经过处理,直接传输到数据融合中心。对于底层的数据直接进行数据的融合,并将融合后的数据进行特征提取以及决策,最终得到融合的决策结果。其主要算法有模糊逻辑推理和人工神经网络。

两种方法对比起来,随机类算法的优点在于易于实现,因为主要是在决策级进行融合。但同样的,在融合过程中会存在相当的信息损失。而基于人工智能的方法主要优势在于关键信息的损失较少,但运算量较之随机类算法有一定的增加。

9.3.1　贝叶斯推理

贝叶斯理论是一种统计推理的算法,由英国学者托马斯·贝叶斯(Thomas Bayes)提出。贝叶斯理论用于信息融合主要是用贝叶斯法则来进行推理。贝叶斯推理是一种先验算法,需要前面的实验来提供一个先验知识,并借用先验知识来实现对当前事物的推理。所以,贝叶斯算法也是一种能够计算后验概率的算法。

贝叶斯推理主要是用于静态环境中,在动态环境中的信息融合表现并不好。在静态环境中,当存在多个信息源(一般为多个传感器同时对一个物体进行检测),利用贝叶斯推理对每一个信息源的数据进行一个估计,当存在一个先验知识,通过贝叶斯推理就可以通过这个先验数据来推理一个事件的发生概率;当出现新的先验条件时,通过计算事件有无这个先验条件的似然函数,同时更新自身,最后做出决策。贝叶斯推理多是用于分析处理已有先验知识的不确定信息源,但贝叶斯推理定义先验似然函数困难、缺乏通用不确定性能力。

贝叶斯统计理论提出,对某事件的发生概率的估计会受到检验结果的影响,而且不同的结果也会导致不同的概率估计。在贝叶斯推理中,首先需要明确先验知识:$P(A_1)$,$P(A_2)$,$P(A_3)$,$\cdots$,$P(A_i)$表示事件A_1,A_2,A_3,$\cdots$,A_i发生的概率。而由于一次检验结果B的出现,改变了人们对于事件A_1,A_2,A_3,$\cdots$,A_i发生情况的认知,也就被称为后验知识。

研究下面的这个条件概率,假设在某一事件 B 发生的前提下,求任意事件 A 发生的概率,这个概率可以由下面的公式(9-1)来表示:

$$P(A \mid B) = \frac{P(AB)}{P(B)} \tag{9-1}$$

我们这里只考虑事件 B 的概率为正的情况,则称 $P(A \mid B)$ 为在事件 B 发生的条件下事件 A 发生的概率。如果事件 B 发生的概率为 0,则条件概率 $P(A|B)$ 没有定义。而式(9-1)也可以改写为:

$$P(AB) = P(A \mid B)P(B) \tag{9-2}$$

公式(9-2)称作概率的乘法公式。

这里假设一系列的事件构成了事件 A,而这些事件[13] 本身是假设且互相排斥的,在 B 发生的情况下,至少有一个属于 A 的假设事件发生,也就是说假设事件 A_1,A_2,A_3,…,A_i 的并集构成了整个样本空间。同样的,任意事件 B 都可以表示为它与所有假设事件 A_i 交集的并集。即:

$$B = BA_1 \bigcup BA_2 \bigcup \cdots \bigcup BA_i \tag{9-3}$$

而因为 BA_i 是互斥的,所以可以把各个 BA_i 对应事件的概率相加求和:

$$P(B) = \sum_{i=1}^{n} P(BA_i) \tag{9-4}$$

将式(9-2)代入到式(9-4)中,可以得到:

$$P(B) = \sum_{i=1}^{n} \left[P(B \mid A_i)P(A_i) \right] \tag{9-5}$$

在贝叶斯推理中,我们主要关心的是在给定证据 B 的情况下,假设事件 A_i 发生的概率,可以用以下的式子来表示:

$$P(A_i \mid B) = \frac{P(A_iB)}{P(B)} \tag{9-6}$$

将式(9-2)和式(9-5)分别代入式(9-6)中,就可以导出贝叶斯推理公式:

$$P(A_i \mid B) = \frac{P(B \mid A_i)P(A_i)}{\sum_{i=1}^{n} \left[P(B \mid A_i)P(A_i) \right]} \tag{9-7}$$

例 9-1 假设在某地区切片细胞中正常(ω_1)和异常(ω_2)两类的先验概率分别为 $P(\omega_1)=0.9$,$P(\omega_2)=0.1$。现有一待识别细胞呈现出状态 x,由其类条件概率密度分布曲线查得 $P(x \mid \omega_1)=0.2$,$P(x \mid \omega_2)=0.4$,试对细胞 x 进行分类。

解: 利用贝叶斯公式,分别计算出状态为 x 时正常(ω_1)和异常(ω_2)的后验概率:

$$P(\omega_1 \mid x) = \frac{P(x \mid \omega_1)P(\omega_1)}{\sum\limits_{i=1}^{n}\left[P(x \mid \omega_i)P(\omega_i)\right]}$$

$$= \frac{0.2 \times 0.9}{0.2 \times 0.9 + 0.4 \times 0.1} = 0.818$$

$$P(\omega_2 \mid x) = 1 - P(\omega_1 \mid x) = 0.182$$

所以可以判断细胞 x 为 ω_1(正常细胞)的概率更大。

贝叶斯推理方法可以用于多个传感器的目标识别,对于接收到的数据,根据先验知识计算出后验概率。假设有 n 个传感器来进行数据的测量,且传感器种类不一定相同,让它们测量同一个物体,从而得到 n 个不同的数据。再假设需要测量的物体有 m 个待识别的属性,也就是说有 m 个互斥的假设 A_i,其中 $i=1, 2, \cdots, n$。贝叶斯融合算法属于多级处理,按顺序对数据进行处理。首先各个传感器将采集到的数据进行处理及汇总,其中 B_1,B_2,B_3,$\cdots$,B_n 分别表示第 1,2,$\cdots$,n 个传感器给出采集到的数据及分析结果说明。接着便是计算各条件函数 $P(B_n \mid A_i)$,也就是 A_i 为真条件下的似然函数。然后则是通过贝叶斯公式来计算各个 A_i 为真条件下的后验概率。最后则是进行对目标的识别决策。过程如图9-12 所示:

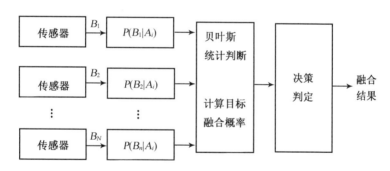

图 9-12 贝叶斯目标识别决策流程

接着便是计算融合概率,这里分为两步:首先,在 A_i 发生的情况下,计算 B_1,B_2,B_3,$\cdots$,B_n 的联合似然函数。因为每个传感器是相互独立的,所以可以得到函数:

$$P(B_1, B_2, B_3, \cdots, B_n \mid A_i) = P(B_1 \mid A_i)P(B_2 \mid A_i)P(B_3 \mid A_i)\cdots P(B_n \mid A_i)$$

$$(9\text{-}8)$$

然后则是应用贝叶斯公式得到 B_1,B_2,B_3,$\cdots$,B_n 发生情况下,所需要求得的概率 A_k:

$$P(A_k \mid B_1, B_2, B_3, \cdots, B_n) = \frac{P(B_1, B_2, B_3, \cdots, B_n \mid A_i)P(A_i)}{P(B_1, B_2, B_3, \cdots, B_n)} \quad (9\text{-}9)$$

公式(9-9)也称为后验概率 A_k 在联合证据条件下的似然函数。

最后则是进行目标的识别决策,通常采用极大后验判定逻辑,选用有最大后验联合概

率的目标属性,来选取满足要求的 A_k。具体表现形式见公式(9-10):

$$P(A_k \mid B_1, B_2, B_3, \cdots, B_n) = \max_{1 \leqslant i \leqslant m} P(A_i \mid B_1, B_2, B_3, \cdots, B_n) \quad (9\text{-}10)$$

例 9-2 用来自两个传感器的不同类型的量测数据提高矿物的检测率。

通过融合来自多个传感器的数据可以提高对矿物的检测率,这些传感器能够响应各独立物理现象所产生的信号,在这个例子中使用金属检测器和地下探测雷达这两种传感器就能达到此目的。

金属检测器(MD)能检测出大于 1 cm 且只有几克重的金属碎片的存在,地下探测雷达(GPR)能利用电磁波的差异从土壤和其他背景中发现大于 10 cm 的物体。尽管金属检测器只能简单地区分物体是否含有金属,但是地下探测雷达却具有物体的分类功能,因为它能对物体的多个属性有所响应,如尺寸、形状、物体类型及内部结构等。

解: 可以用贝叶斯推理来计算被测物体是属于哪类的后验概率。因为这里主要检测矿物,所以简单地将物体的类别限定为矿物和非矿物。设矿物类为 O_1,非矿物类为 O_2。

假设 $\begin{cases} P(O_1) = 0.2 & \text{物体为矿物的概率为 } 0.2 \\ P(O_2) = 0.8 & \text{物体为非矿物的概率为 } 0.8 \end{cases}$

并且假设金属检测器和地下探测雷达这两个传感器所检测到的数据均为:

1:代表矿物   0:代表非矿物

进一步假设: $\begin{cases} P_{\text{MD}}(1 \mid O_1) = 0.8 \\ P_{\text{MD}}(1 \mid O_2) = 0.1 \\ P_{\text{GPR}}(1 \mid O_1) = 0.9 \\ P_{\text{GPR}}(1 \mid O_2) = 0.05 \end{cases}$

用贝叶斯方法来进行数据融合,其过程如图 9-13 所示。

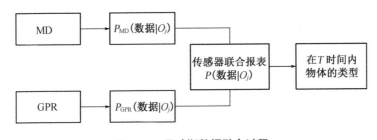

图 9-13 贝叶斯数据融合过程

因为两个传感器产生的信号相互独立,所以传感器联合报表概率用下式表示,其中 i 为 MD 和 GPR。

$$P(\text{数据} \mid O_j) = \prod_i P_i(\text{数据} \mid O_j)$$

最后利用贝叶斯法则来计算物体是第 j 类的后验概率。

$$P(O_j \mid 数据) = \frac{P(数据 \mid O_j)P(O_j)}{\sum_j P(数据 \mid O_j)P(O_j)}$$

当观测数据为 $(1,1)$ 时,计算可得:

$$P((1,1) \mid O_1) = P_{MD}(1 \mid O_1)P_{GPR}(1 \mid O_1) = 0.8 \times 0.9 = 0.72$$

$$P((1,1) \mid O_2) = P_{MD}(1 \mid O_2)P_{GPR}(1 \mid O_2) = 0.1 \times 0.05 = 0.005$$

$$P(O_1 \mid (1,1)) = \frac{P((1,1) \mid O_1)P(O_1)}{P((1,1) \mid O_1)P(O_1) + P((1,1) \mid O_2)P(O_2)} = 0.973$$

$$P(O_2 \mid (1,1)) = \frac{P((1,1) \mid O_2)P(O_2)}{P((1,1) \mid O_1)P(O_1) + P((1,1) \mid O_2)P(O_2)} = 0.027$$

可以推断出,当观测数据为 $(1,1)$ 时,该物体大概率为矿物。

当观测数据为 $(1,0)$ 时,计算可得:

$$P((1,0) \mid O_1) = P_{MD}(1 \mid O_1)P_{GPR}(0 \mid O_1) = 0.8 \times 0.1 = 0.08$$

$$P((1,0) \mid O_2) = P_{MD}(1 \mid O_2)P_{GPR}(0 \mid O_2) = 0.1 \times 0.95 = 0.095$$

$$P(O_1 \mid (1,0)) = \frac{P((1,0) \mid O_1)P(O_1)}{P((1,0) \mid O_1)P(O_1) + P((1,0) \mid O_2)P(O_2)} = 0.173\ 9$$

$$P(O_2 \mid (1,0)) = \frac{P((1,0) \mid O_2)P(O_2)}{P((1,0) \mid O_1)P(O_1) + P((1,0) \mid O_2)P(O_2)} = 0.826\ 1$$

可以推断出,当观测数据为 $(1,0)$ 时,该物体大概率为非矿物。

贝叶斯算法有着很多的优点,其原理主要基于概率论,有着易于理解的数学性质,且计算量少,耗时不多。但仍然有着显著的不足:(1)要求所有的事件相互独立且互斥,这点在现实生活和实验中很难实现;(2)难以获取有足够确信力的先验知识,难以保证先验知识的一致性;(3)在具体实验中,删改数据的成本过高,因为删除或者添加新的条件,需要对整个系统重新进行计算,不利于规则的删改;(4)贝叶斯推理一般用于决策层的数据合成,对于不同层次的数据,无法做到一个有效的合成,并可能出现错误;(5)贝叶斯推理通常将"不确定"和"不知道"划分为同一条件。这些缺点都限制了贝叶斯算法在很多领域的应用。

9.3.2　D-S 证据理论

证据理论是由 Dempster 首先提出,并经由他的学生 Shafer 进一步完善而形成的一种处理不确定性推理的方法[14]。本质上来说,D-S 证据理论可以看作是贝叶斯推论的一种延伸,通过信任区间来判断不确定性。

若存在一有待解决的事件或命题,对于此事件或命题来说,其所有在目前情况下能认识到的解用集合 Θ 表示,且 Θ 中的元素是互斥的,在任何时刻,该事件的解都是完备集合 Θ 中的某一个元素,那么可以称此互不相容事件的完备集合 Θ 为识别框架,具体形式可以表示成如下:

$$\Theta = \{\theta_1, \theta_2, \cdots, \theta_j, \cdots, \theta_n\} \tag{9-11}$$

式中，θ_j 表示为识别框架 Θ 的一个元素。识别框架所有的子集组成的集合称为 Θ 的幂集，记作 2^Θ，如下：

$$2^\Theta = \{\varnothing, \{\theta_1\}, \{\theta_2\}, \cdots, \{\theta_n\}, \{\theta_1 \bigcup \theta_2\}, \{\theta_1 \bigcup \theta_3\}, \cdots, \{\Theta\}\} \tag{9-12}$$

式中　$\varnothing$ 表示为空集。

已知 Θ 为一个识别框架，在识别框架 Θ 上，称映射 $m: 2^\Theta \rightarrow [0, 1]$ 为 Θ 上的一个基本概率分配（basic probability assignment，BPA），也称为 mass 函数，该函数需要满足以下条件：

$$\begin{cases} \sum_{A \subset \Theta} m(A) = 1 \\ m(\varnothing) = 0 \end{cases} \tag{9-13}$$

则称 $m(A)$ 为 A 的基本概率赋值函数或识别框架 Θ 上的基本可信度分配，假如有 A 属于识别框架 Θ，则称 $m(A)$ 为 A 的基本可信度。基本可度反映了证据对焦元 A 本身的可信度大小，表示了对 A 的直接支持。

在完整识别框架 Θ 下，对于所有的 $A \subset \Theta$，$B \subset A$，命题的信任函数 $Bel: 2^\Theta \rightarrow [0, 1]$，满足下式：

$$Bel(A) = \sum_{B \subseteq A} m(B) \tag{9-14}$$

Bel 函数称为信任函数，由式（9-14）可以清楚地看出信任函数可以表示为目前集合中所有子集的 mass 函数的和。Bel 函数也是证据理论的一个重要概念，对于命题 A，Bel 函数很好地表示了命题为真信任程度，从上式我们不难得出：

$$\begin{cases} Bel(\varnothing) = 0 \\ Bel(\Theta) = 1 \end{cases} \tag{9-15}$$

若将命题看作识别框架 Θ 的元素，若存在 $m(A) > 0$，则 A 为信度函数 Bel 的焦元，所有焦元的并称为核。

假设 Θ 为一识别框架，则可以定义 $Pl: 2^\Theta \rightarrow [0, 1]$ 为：

$$Pl(A) = 1 - Bel(\bar{A}) = \sum_{B \cap A \neq \varnothing} m(B) \tag{9-16}$$

$Pl(A)$ 被称为似真度函数（plausibility function），用来表示函数的上限及不可被驳斥的程度，可以通过似然函数来描述对集合为非假的信任程度。

在已知框架 Θ 下，对于某已知事件 A，根据 mass 函数可以分别计算出 $Pl(A)$ 函数和 $Bel(A)$ 函数（$Pl(A)$ 函数和 $Bel(A)$ 函数分别是事件 A 的似然函数和信任函数），那么就可以用 $[Bel(A), Pl(A)]$ 来表示这一事件发生的概率范围，并用这个信任区间来表示对这个事件的确认程度的大小。对于事件 A 的 $Pl(A)$ 函数和 $Bel(A)$ 函数的差值 $Pl(A) - Bel(A)$ 来说，它表示的是对于事件 A 未知程度的大小。

而 $Pl(A)$ 函数和 $Bel(A)$ 函数间的关系可表示为如图 9-14 所示。

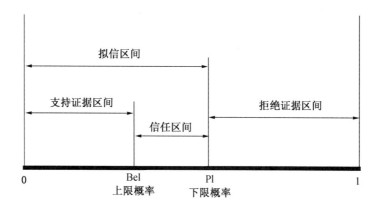

图 9-14　Pl(A)函数和 Bel(A)函数关系

在 D-S 证据理论中,也存在着一些特殊的信任区间:

(1) (1,1)表示 A 为真(因为 Bel(A)=1, Bel($\bar{A}$)=0);

(2) (0,0)表示 A 为伪(因为 Bel(A)=0, Bel($\bar{A}$)=1);

(3) (0,1)表示对 A 一无所知(因为 Bel(A)=0, Bel($\bar{A}$)=0)。

也可以得到一些 Bel(A) 函数和 Pl(A) 函数的关系:

$$\text{Pl}(A) \geqslant \text{Bel}(A) \tag{9-17}$$

$$\text{Pl}(\varnothing) = \text{Bel}(\varnothing) = 0 \tag{9-18}$$

$$\text{Pl}(\Theta) = \text{Bel}(\Theta) = 1 \tag{9-19}$$

$$\text{Pl}(A) = 1 - \text{Bel}(\bar{A}) \tag{9-20}$$

$$\text{Bel}(A) = 1 - \text{Pl}(\bar{A}) \tag{9-21}$$

$$\text{Bel}(A) + \text{Bel}(\bar{A}) \leqslant 1 \tag{9-22}$$

$$\text{Pl}(A) + \text{Pl}(\bar{A}) \geqslant 1 \tag{9-23}$$

D-S 理论中的核心是 Dempster 合成规则,该规则规定:假如在一个识别框架中有多个证据,这些证据之间存在矛盾,有不相似甚至是冲突的部分。那么,就可以通过 Dempster 合成规则对多个证据进行融合,并得到最终的联合判据。Dempster 合成规则具体定义如下:

在识别框架 Θ 下,对于 $\forall A \subseteq \Theta$,$m_1$ 和 m_2 为 Θ 上的两个 mass 函数,B、C 分别为 m_1 和 m_2 的焦点,则 m_1 和 m_2 的合成规则是:

$$m_1 \bigoplus m_2(A) = \frac{1}{1-k} \sum_{B \cap C = A} m_1(B) \cdot m_2(C) \tag{9-24}$$

式中　k 为证据之间的冲突系数。其表达式为:

$$k = \sum_{B \cap C = \varnothing} m_1(B) \cdot m_2(C) \tag{9-25}$$

若 $k \neq 1$，则 m 可以确定一个基本概率赋值，两组证据之间的组看作是正交的形式。若 $k = 1$，则认为 m_1 和 m_2 之间存在矛盾，不能对基本概率赋值进行组合。

若在识别框架 Θ 下有多个基本概率赋值 $m_1, m_2, \cdots, m_n$，对于多组证据进行组合，表达式如下：

$$(m_1 \oplus m_2 \oplus \cdots \oplus m_n)(A) = \frac{1}{1-k} \sum_{A_1 \cap A_2 \cap \cdots \cap A_n = A} m_1(A_1) \cdot m_2(A_2) \cdot \cdots \cdot m_n(A_n)$$

(9-26)

其中 k 的表达式为：

$$k = \sum_{A_1 \cap A_2 \cap \cdots \cap A_n = \varnothing} m_1(A_1) \cdot m_2(A_2) \cdot \cdots \cdot m_n(A_n)$$

(9-27)

经典冲突系数 k 一般被用来衡量证据之间的冲突程度，并根据 k 值的大小来判断证据之间冲突的激烈程度。而对于 D-S 证据理论的合成规则，一般具备三种性质：

(1) 交换性：

$$m_1 \oplus m_2 = m_2 \oplus m_1$$

(2) 结合性：

$$m_1 \oplus (m_2 \oplus m_3) = (m_1 \oplus m_2) \oplus m_3$$

(3) 极化性：

$$m_1 \oplus m_2 > m_1$$

例 9-3 通过多个传感器对于当前空中飞过的飞行器类型进行判别，并分别由两个传感器 W_1 和 W_2 分别给出数据进行判断，两个传感器得到的证据由下表可见，分别计算各种飞行器种类可能的 mass 函数。

传感器	X 飞行器	Y 飞行器	Z 飞行器	X, Y 飞行器	X, Y, Z 飞行器
W_1	0.40	0.30	0.10	0.10	0.10
W_2	0.20	0.20	0.05	0.50	0.05

解： 首先计算证据之间的冲突系数 k：

$$k = \sum_{B \cap C = \varnothing} m_1(B) \cdot m_2(C)$$
$$= m_1(X) \times m_2(Y) + m_1(X) \times m_2(Z) + m_1(Y) \times m_2(X)$$
$$+ m_1(Y) \times m_2(Z) + m_1(Z) \times m_2(X) + m_1(Z) \times m_2(Y)$$
$$+ m_1(Z) \times m_2(X, Y) + m_1(X, Y) \times m_2(Z)$$
$$= 0.4 \times 0.2 + 0.4 \times 0.05 + 0.3 \times 0.2 + 0.3 \times 0.05 + 0.1 \times 0.2$$
$$+ 0.1 \times 0.2 + 0.1 \times 0.5 + 0.1 \times 0.05$$
$$= 0.27$$

归一化系数：$1 - k = 1 - 0.27 = 0.73$

计算 X 类飞行器出现的组合 mass 函数：

$$m_1 \oplus m_2(X) = \frac{1}{1-k} \sum_{B \cap C = X} m_1(B) \cdot m_2(C)$$
$$= m_1(X) \times m_2(X) + m_1(X) \times m_2(X, Y) + m_1(X) \times m_2(\Theta)$$
$$+ m_1(X, Y) \times m_2(X) + m_1(\Theta) \times m_2(X)$$
$$= \frac{1}{0.73}(0.4 \times 0.2 + 0.4 \times 0.5 + 0.4 \times 0.05 + 0.1 \times 0.2 + 0.1 \times 0.2)$$
$$= 0.465\ 8$$

计算 Y 类飞行器出现的组合 mass 函数：

$$m_1 \oplus m_2(Y) = \frac{1}{1-k} \sum_{B \cap C = Y} m_1(B) \cdot m_2(C)$$
$$= m_1(Y) \times m_2(Y) + m_1(Y) \times m_2(X, Y) + m_1(Y) \times m_2(\Theta)$$
$$+ m_1(X, Y) \times m_2(Y) + m_1(\Theta) \times m_2(Y)$$
$$= 0.363$$

计算 Z 类飞行器出现的组合 mass 函数：

$$m_1 \oplus m_2(Z) = \frac{1}{1-k} \sum_{B \cap C = Z} m_1(B) \cdot m_2(C)$$
$$= m_1(Z) \times m_2(Z) + m_1(Z) \times m_2(\Theta) + m_1(\Theta) \times m_2(Z)$$
$$= 0.020\ 5$$

计算 X, Y 类飞行器出现的组合 mass 函数：

$$m_1 \oplus m_2(X, Y) = \frac{1}{1-k} \sum_{B \cap C = X, Y} m_1(B) \cdot m_2(C)$$
$$= m_1(X, Y) \times m_2(\Theta) + m_1(\Theta) \times m_2(X, Y) + m_1(X, Y)$$
$$\times m_2(X, Y)$$
$$= 0.143\ 8$$

计算 X, Y, Z 类飞行器出现的组合 mass 函数：

$$m_1 \oplus m_2(\Theta) = \frac{1}{1-k} \sum_{B \cap C = \Theta} m_1(B) \cdot m_2(C) = m_1(\Theta) \times m_2(\Theta) = 0.006\ 8$$

可以看出，X 类飞行器出现的概率最高。

其中各 mass 函数相加可得：

$$m_1 \oplus m_2(X) + m_1 \oplus m_2(Y) + m_1 \oplus m_2(Z) + m_1 \oplus m_2(X, Y) + m_1 \oplus m_2(\Theta) = 1$$

D-S 证据理论的优点包括：

（1）D-S 证据理论有着强大的处理能力，对于不确定事件和模糊性事件都有很好的合成效率和准确性。

(2) 随着证据的增加，D-S证据理论合成结果更加准确

(3) D-S证据理论能够区分"不知道"和"不确定"。

(4) D-S证据理论可以不需要先验概率和条件概率密度。

但同样的，D-S证据理论也有着自己的一些缺点：

(1) D-S证据理论在计算上有一定的复杂程度。

(2) D-S证据理论无法处理冲突程度过大的证据，当证据之间存在不可调和的冲突时，D-S证据理论就缺乏了实用性。

(3) D-S证据理论在计算式需要进行框架化处理，对于过长的合成流程，D-S证据理论的运算复杂度就会大幅的上升。

(4) D-S合成规则灵敏度较高，有时 mass 函数的一个微小变化都会对结果造成很大的影响。同时，D-S合成规则，要求证据之间是独立的，这在现实生活中想要实现还是存在一定的难度。

9.3.3　D-S证据理论与贝叶斯推理的比较

前面分别介绍了贝叶斯推理和D-S证据理论，这里对它们进行一些比较：

(1) 对于不确定性的表现方式：贝叶斯推理用概率来表示不确定性。而D-S证据理论用信任度来表示不确定性。

(2) 由于贝叶斯推理从数学上蕴含于D-S证据理论之中，所以，D-S证据理论可看成是贝叶斯推理的推广。

(3) D-S证据理论可以在多个层次上对证据进行融合，而贝叶斯推理一般只适用于决策层的数据融合。

(4) D-S证据理论能区分"不确定"和"不知道"，而贝叶斯推理则不能。

(5) 贝叶斯推理需要假设先验概率和条件概率，而D-S证据理论则不必给出。

(6) 相较于D-S证据理论，贝叶斯推理在计算的复杂度上有不小的优势，但同样的，贝叶斯推理在数据的损失程度上超过D-S证据理论。

(7) 在一个不确定事件的推理中，贝叶斯推理不利于规则的删改，每次的删改都会导致全部概率需重新计算。而D-S证据理论则可以方便地在规则库中增添或者减少规则，并随着规则的增加，D-S证据理论的运算效率和准确性也会上升。

9.3.4　神经网络

对于人类来说，在进行信息的获取和融合时，一般是通过神经元之间的链接来实现。而复杂的神经元结构，也大大提升了人脑在处理信息时的能力，确保了信息处理的准确性和实效性。人类大脑处理信息的这些特性相对我们通常的信息处理方式，即串行、单处理器结构来说，提供了另一种可以选择的方式。人类大脑处理信息的这个速度显示了在生物计算中，以串行方式进行计算只占一小部分，而大量存在的是在每个串行计算中所包含的

并行计算。人工神经网络是一种对于模仿人脑处理模式的尝试,也正因为是以人脑为模板,人工神经网络算法可以在多个层次对数据进行处理。而这其中应用最广泛的是 BP (back propagation,反向传播)神经网络。

如果用生物语言表述的话,BP 算法就是递归地修改各神经场之间(也就是输入层、隐含层和输出层之间)突触的强度。输入层主要用于数据的接收,并传递给后面的层次。隐含层主要是进行数据的处理和融合,有多个层次,可以根据数据的形式来改变自身。最后的结果通过输出层传输出去。该算法首先修改输出层和倒数第三层即内部隐含层之间的权值,然后算法利用这时已经得到的误差修改倒数第二隐层和它前一层之间的权值,以此类推,直到输入层和第一隐层之间的权值被修改为止。具体的分层结构如图 9-15 所示。

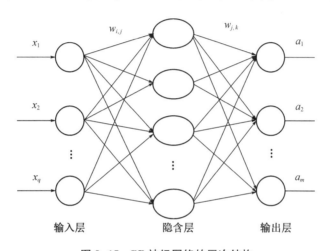

图 9-15 BP 神经网络的层次结构

训练时首先向网络输入一个训练模式矢量 X,这个前向扫过整个网络得到各隐层的输出和最后网络的输出 Y,然后根据理想输出响应计算网络的误差,最后用这个误差反向扫过整个网络来修正各权值。在误差反向扫过网络的过程中要完成三件事:(1)在网络每一层的元件中求取误差对其输入的导数 δ;(2)通过上面定义的导数 δ 求取误差对对应权值的梯度;(3)利用求得的梯度值对每一层元件的权值进行更新。当这个样本训练完后,使用同样的步骤再输入一个新的训练样本,这样新一轮的训练就开始了。对该网络的训练一直持续到使用完训练集中所有的训练样本。BP 算法并不是为了减少网络每一层的输出误差,而是为了减少网络最后输出的误差(网络最后输出层各理想输出分量和实际输出分量之差的平方和)。

BP 算法是一种迭代算法,所以通常首先要为各权值设置一个小的随机数作为初始值。多层前向网络对初始权值的选择非常敏感,如果初始权值中有选为零或权值选择不恰当的话,算法就不能正常执行。事实上,网络有可能无法学习到整个训练集样本,这种情况下,就应该重新设置网络的初始权值,并重新进行递归训练。

除了前文介绍的 BP 神经网络算法,还有很多其他形式的人工神经网络,如多层感知器、Kohonen 自组织网络、Grossberg 自适应写真网络、反向传播网络,以及 Hopfield 网络等。

9.4 多传感器信息融合技术的应用

前面章节着重介绍了多传感器信息融合的概念、原理、结构模型和一般方法,下面将重点介绍多传感器信息融合技术实际应用场景。

多传感器信息融合技术,最早多用于军事领域,其中最普遍的应用是对于军事目标的识别、感知、跟踪等,即把红外传感器、声呐、孔径雷达等典型传感器收集到的军事目标的各类电磁信息利用相关算法框架进行融合,从而实现对军事目标的全天候精准、稳定的检测和定位,也可以利用融合模型对其进行状态估计,实时推算其运动方向后实施精确打击或拦截。在军用作战系统中,也有融合技术用于评估军事目标的威胁等级,这一应用无疑极大地减少了军事人员的工作负担,方便了军事决策。

在民用领域,得益于计算技术尤其是大数据处理、神经网络等相关技术的发展与进步,近年来,多传感器信息融合技术在民用领域有了长足的发展,集中体现在移动机器人领域,包括机器人的自我控制、自主导航、目标识别和抓取等;车辆智能导航领域,包括车况和路况等环境信息的智能识别和构建、车辆的自动驾驶、自主导航等;图像融合领域,包括医学影像图像中肿瘤的智能识别系统、农业遥感图像的作物状态判断系统等。在这些领域,都需要采集各类传感器数据进行融合来完成特定的任务和要求,例如自动驾驶领域中激光雷达、深度相机等采集数据完全不同的传感器利用融合技术可以完成车辆环境的智能构建等等。可以发现,多传感器信息融合技术势必成为未来智能社会构筑的基本技术。

目前,多传感器信息融合技术在机器人与导航定位领域有着最为广泛的应用,故接下来将重点介绍多传感器信息融合技术在机器人领域和导航定位领域的一些最新的案例与应用。

9.4.1 多传感器信息融合技术在机器人领域的应用

智能机器人对机器人的智能化水平提出了较高的要求,在智能机器人领域,多传感器信息融合技术的经常被使用在机器人对周围环境的感知领域,赋予机器人拟人化的感知能力是机器人进行环境交互、智能行走的首要条件。尤其是在移动机器人领域,采集多传感器的数据融合来进行避障决策是融合技术在机器人领域的经典应用之一。

在智能机器人领域,利用一些特定的融合算法,例如数理统计类算法加权平均、卡尔曼滤波、贝叶斯估计,或者近期蓬勃发展的 AI 类算法,例如卷积神经网络、深度学习的方法,可以有效地融合各传感器采集到的机器人所处不同状态和位置数据,进一步地利用该数据来消除冗余或者互相矛盾的传感器信息,同时还可以利用各传感器采集信息的互补特性来减少不确定性,为机器人提供了更加全面和稳定的感知结果。考虑到融合算法是移动机器人系统设计的核心,下面将从融合算法出发,介绍两例多传感器信息融合在机器人领域的实际应用。

1) 基于卡尔曼滤波的移动机器人状态估计

多传感器信息融合的常用方法——卡尔曼滤波在移动机器人状态估计领域的应用,这里的状态估计一般是指机器人速度、位置、姿态等参数实时估计。利用扩展卡尔曼滤波算法(extended Kalman filter,EKF),将相机、车轮里程计、惯性测量单元(IMU)和激光等不同特性的传感器数据进行融合[15],可以实现对移动机器人状态较为精准的估计。扩展卡尔曼滤波(EKF)是一种运用于非线性系统的数据融合方法,该方法计算量小,鲁棒性好,且不同于经典卡尔曼滤波算法,EKF 利用泰勒展开式对非线性函数进行展开截断从而使该系统被当作线性系统处理。

(1) 传感器选型

对于一台移动机器人提出了自主导航和路径规划的功能要求,而这一要求的前提是需要知道机器人自身准确的位姿状态。能够给予机器人位姿信息的传感器有很多,一般来说车轮里程计和 IMU 是每个移动机器人必有的。现阶段,激光雷达和相机等在位姿估计领域的技术不断成熟,使得在移动机器人上安装激光雷达和相机作为传感器成为可能。通过这些传感器就可以得到机器人的状态信息,将这些信息组合成向量即为状态向量。

(2) 融合方法

首先将机器人的状态向量分为三种,即真实状态、标准状态和误差状态,这也是标准 EKF 确定的三个状态。在具体应用中真实状态时机器人在环境中的实际情况,标准状态是不考虑传感器测量误差和系统误差得到的数据,三者之间的关系是真实状态＝标准状态＋误差状态。在这一实例中,多传感器融合是利用惯性测量单元得到的数据来建立和更新标准状态,同时使用其他传感器测量的数据来校正误差状态,以获得误差状态的后验估计。误差状态的平均值用于补偿标准状态,最后将误差状态平均值重置为零。误差状态的扩展卡尔曼滤波器将通过惯性测量单元测得的数据和其他传感器测得的数据迭代更新滤波器,以获得标准状态的最佳估计,具体实现过程如下。

(3) 具体过程

首先定义需要使用的五个坐标系:世界坐标系、摄像机坐标系、惯性测量单元坐标系、车轮里程计坐标系和激光雷达坐标系。通过惯性测量单元测量得到的位置、速度、姿态、加速度偏差和角速度偏移这五类数据来预测机器人的三种状态:真实状态、标准状态、误差状态。然后将根据惯性导航原理得到的惯性测量单元运动微分方程在离散化后进行积分,则得到标准状态的更新值。根据惯性测量单元的噪声模型和随机行走噪声模型,可以得到连续时间先行动态系统误差状态方程,由于误差状态的变化相对较小,可以将其泰勒展开并只保留一阶项,则得到惯性测量单元误差状态预测更新值。之后使用车轮里程计数据、激光雷达数据、摄像机数据更新误差状态测量值。再计算出当前时间的最佳误差状态后将其和标准状态组合就能得到当前的真实值。至此,就能得到机器人的较为准确的位姿情况,为其后续的自组导航和路径规划奠定基础。

2) 基于模糊神经网络的移动机器人智能避障

另一类新兴的信息融合的人工智能算法,被广泛地应用在分类与检测问题中,在移动机器人避障领域,则需要利用到检测分类的相关算法。机器人做避障决策时比较依赖于对周围环境的感知,这就需要对多源数据进行融合。目前在感知融合领域已有很多结合了人工智能算法的感知模型。下面将介绍这一算法的应用实例。

(1)传感器选型

要实现机器人在未知环境中的避障功能,这就对机器人的定位提出较高要求,用来定位测距的传感器有红外传感器、超声波传感器、电子罗盘和 GPS 等经典定位测距传感器,下面介绍的实例则在移动机器人上面选择安装了红外传感器、超声波传感器、电子罗盘和GPS,即通过这些传感器可以得到机器人与障碍物之间的距离和方向。

(2)融合方法

该实例利用一种模糊神经网络算法(FNN)将这些传感器测量得到的数据进行有效的融合[16]。模糊神经网络算法是将模糊系统和神经网络相结合的产物,基本上仍然是一个模糊系统,但是在模糊系统中对象权重分配的问题(即输入和输出之间)引入了神经网络优化算法来学习分配权重(即各传感器测距信息在定位和避障决策中的权重),典型的模糊神经网络算法一共有 5 层结构,分别为输入层、模糊化层、模糊规则层、模糊决策层和输出层。这一方法在实例中的具体过程如下。

(3)具体过程

首先把各传感器收集到的原始数据进行模糊化处理构成一个模糊集,从原始数据集到模糊集的映射过程是通过定义隶属函数来完成。这一模糊集是由 5 个类别的变量组成,分别是机器人的左、左前、前、右、右前方向距离的 5 类变量,通过模糊化处理后,这些变量的取值在[-1,1]之间,这一模糊集构建的过程代表了模糊神经网络的输入层到模糊化层的过程。而经过神经网络训练后的输出层则是机器人轮子的左右轮的转速。

在该模糊神经网络的融合过程中,在模糊规则层主要运用 T-S 模型的模糊规则。这一规则的典型特点是输出量是输入量的线性函数,在其中的模糊决策层中,将每个规则的输出值做了加权平均,从而获得了输出结果。其中为了缩短神经网络的训练时间同时减少计算成本,可以对该场景下模糊神经网络中的误差函数梯度的计算进行简化。

上述实例中,基于模糊神经网络的移动机器人智能避障方法已被证实在机器人处于陌生环境下,该方法仍然具有很高的避障精度。

9.4.2 多传感器信息融合技术在导航定位领域的应用

随着自动驾驶等相关产业的深入发展,这些自主设备对定位技术的要求越来越高,传统的 GNSS 单独定位的方法由于更新频率弱、信号易受干扰等缺点,早已无法满足定位技术的要求。因此,融合各种传感器的数据的精确定位技术在近年迎来了蓬勃的发展期,尤其是 SLAM(同步定位与地图绘制)技术,SLAM 技术主要用于解决机器人在未知环境中运行时定位导航与地图构建的问题。而 SLAM 技术的核心问题仍然是数据融合算法的设计。近些年来,随着无人机产业的快速发展,愈来愈复杂的无人机执行任务对定位技术提出了更高的要求,定位技术是无人机导航等领域的核心基石,非常值得探讨和研究。后续内容将仍然从融合算法出发,介绍一例利用无迹卡尔曼滤波方法进行无人机 SLAM 定位的实例。该实例利用滑动窗口的思想设计了一种融合多传感器信息的自适应无迹卡尔曼滤波器的无人机 SLAM 定位方法[17]。

如图 9-16 所示是该融合定位方法的无人机 SLAM 系统,其中包括大疆 M100 飞行机架、GPS 模块 Ublox8030、激光雷达模块 RPLIDAR-A2 和数据融合模块 Raspberry Pi 等实物图片。

图 9-16　自适应无迹卡尔曼滤波无人机 SLAM 系统实物图[17]

基于自适应无迹卡尔曼滤波器的无人机 SLAM 定位方法有:

(1) 传感器选型

在导航定位领域,最经常使用的便是 GPS 和 IMU 传感器。近些年来,随着激光雷达的小型化,无人机也可以配备更为精确的激光雷达传感器。激光雷达是一种用于获取精确位置信息的传感器,激光雷达在分辨率和抗干扰能力上相较于其他传感器都具有显著优势。

(2) 融合方法

该实例利用 GPS、IMU 和激光雷达采集和处理后得到的无人机的三维坐标数据,将坐标融合实现对无人机位置的精准定位。这里的融合方法选择了无迹卡尔曼滤波(unscented Kalman filter, UKF),不同于上文提到过的扩展卡尔曼滤波(EKF)方法,无迹卡尔曼滤波(UKF)虽然也是用来处理非线性系统的数据融合问题,但是 UKF 在处理非线性项时使用了不敏变换(UT 变换)的思想,即生成一点特殊点(Sigma 点)来近似非线性项。

（3）具体过程

在该实例中,首先对各传感器数据进行了预处理,通过异常数据筛选处理模块,剔除掉数据集中的无效数据后(例如 GPS 数据通过卫星数量、激光雷达的扫描点数来判断是否有效等),将各传感器采集的不同坐标系下的位姿坐标统一转换为东北天坐标系(ENU),随后再将这些不同传感器计算后得到的位姿坐标、进行时间戳更新排序后输入到无迹卡尔曼的状态估计及其协方差更新方程中,同时,对各传感器的测量误差设置了一个滑动窗口,用于专门截取各传感器的噪声误差,经处理后再输入无迹卡尔曼滤波器中,提高了整个系统的计算速度。最终实现了对无人机当前位置和当前环境信息准确而且快速的估计,同时利用这些估计出坐标点,利用激光雷达数据和 ROS 系统中开源的地图构建算法,实现了无人机飞行轨迹在图像地图中的映射。

值得一提的是该实例中,为验证融合算法在无人机定位中多个传感器数据融合的有效性,可以通过依次添加不同传感器种类的数据来与真实轨迹对比,当激光雷达、GPS、IMU 的数据全部输入到算法中时,它与真实轨迹最为接近。同时也在上述的这些多传感器信息融合技术应用例子中,可以发现融合算法具有至关重要的作用。因此,在实际的生活生产应用里,需要我们因地制宜地挑选、组合、改进这些融合算法,以适应复杂多变的周围环境。在智能社会的构建中,多传感器信息融合技术势必会被广泛应用于各行各业,成为构建未来社会的基础技术。

习题与思考题

9-1 请以人体为例,简述人在识别日常生活中物品时人体多感官信息融合的过程(书中已列举的例子除外)。

9-2 请简述多传感器相较于单一传感器的优点,并简要陈述信息融合的目的和意义。

9-3 请比较数据融合集中式结构、分布式结构、混合式结构的异同,并简要陈述三者各自的优缺点。

9-4 请简要陈述 D-S 证据理论的推理过程,并举例说明焦元和焦元的基。

9-5 假设某团队需要开发一个自主移动的装配机器人,现有触觉传感器、力学传感器、超声波传感器、红外传感器、激光测距传感器、视觉传感器可供选择,请使用上述可供选择的传感器,挑选合适的多传感器信息融合方法,陈述该机器人可行的设计方案。

参考文献

[1] Varshney P K, Multisensor data fusion[J]. Electronics & Communication Engineering Journal, 2002, 9(6):245-253.

[2] 孙宁,秦洪懋,张利,等.基于多传感器信息融合的车辆目标识别方法[J].汽车工程,2017,39(11):1310-1315.

[3] Liu Y H, Zhou Y M, Hu C, et al. A Review of Multisensor Information Fusion Technology[C]. 2018 37th Chinese Control Conference(CCC), 2018.

〔4〕Waltz E，Linas J. Handbook of Multisensor Data Fusion〔J〕. Artech House Radar Library，2001，39 (5)：180-184.

〔5〕Hall D L. Mathematical Techniques in Multisensor Data Fusion〔M〕. Norwood：Artech House，2004.

〔6〕Gong T，Yan H. Multi-Sensor Information Fusion and Application〔J〕. Applied Mechanics & Materials，2014，602-605：2623-2626.

〔7〕何友,彭应宁.多传感器数据融合模型综述〔J〕.清华大学学报(自然科学版),1996,36(9):7.

〔8〕康耀红.数据融合理论与应用〔M〕.西安:西安电子科技大学出版社,1997.

〔9〕谢振南.多传感器信息融合技术研究〔D〕.广州:广东工业大学,2013.

〔10〕康健.基于多传感器信息融合关键技术的研究〔D〕.哈尔滨:哈尔滨工程大学,2013.

〔11〕吕漫丽,孙灵芳.多传感器信息融合技术〔J〕.自动化技术与应用,2008,27(2):79-82.

〔12〕杨宏伟.基于多传感器数据融合的袋式除尘器滤袋破损监测方法研究〔D〕.天津:河北工业大学,2018.

〔13〕程浩,王世贵,傅勉.贝叶斯网络与多源信息融合集成的评估方法研究〔J〕.赤峰学院学报,2018,34(9):64-66.

〔14〕Shafer G. A Mathermatical Theory of Evidence〔M〕. Princeton：Princeton University Press，1976.

〔15〕Zhou Y，Ye P，Liu Y. A robot state estimator based on multi-sensor information fusion〔C〕. 2018 5th International Conference on Systems and Informatics（ICSAI），2018：115-119.

〔16〕Wang Z Y. Robot Obstacle Avoidance and Navigation Control Algorithm Research Based on Multi-Sensor Information Fusion〔C〕. 2018 11th International Conference on Intelligent Computation Technology and Automation（ICICTA），2018：351-354.

〔17〕Peng J，Zhang P，Zheng L X，et al. UAV Positioning Based on Multi-Sensor Fusion〔J〕. IEEE Access，2020(8)：34455-34467.

第 10 章　数据通信与总线接口

10.1　智能传感器与现场总线技术

10.1.1　概述

前面章节介绍了智能传感器的特点：融合了软件模块和硬件模块，属于多敏感传感器，精度高、测量范围宽，可以采用标准化总线接口进行信息交换等。从这些特点可以看出，智能传感器的出现改变了传统传感器功能单一的情况，使得元件趋系统化、网络化，信息转换也变得主动，具备了数据处理能力。但在规范（标准）的使用过程中，出于技术开发和商业成本考虑，制造商往往选择大众所认可的标准，也因此出现多种协议应用在智能传感器制造过程当中。

智能传感器总线技术有很多种，常见的是基于典型芯片级的总线、USB 总线，以及 IEEE1451 智能传感器接口标准。基于典型芯片级的总线包括 1－wire 总线、I²C 总线、SMBus 总线、SPI 总线，IEEE 智能传感器接口标准按软件接口可分为 IEEE1451.0、IEEE1451.1 子标准，按硬件接口可分为 IEEE1451.2、IEEE1451.3、IEEE1451.4、IEEE1451.5子标准和 IEEEP1451.6 提议标准。

新型控制系统 FCS 结合数字通信技术、传感器技术和微处理器技术，可以将以往的数字、模拟信号转变成全数字信号。FCS 用现场总线在控制现场建立一条高可靠性的数据通信线路，实现各智能传感器之间及智能传感器与主控机之间的数据通信，把单个分散的智能传感器变成网络节点。智能传感器和现场总线是 FCS 的重要组成部分。

10.1.2　现场总线技术

现场总线（fieldbus）在自动化领域是热门研究方向，被称作"自动化领域的计算机局域网"，并在很多领域和行业有着非常广泛的应用，目前处于稳定发展阶段。近几年，无线传感网络与物联网（IoT）技术也逐渐融入工业测控系统中。

现场总线是什么？IEC（国际电工委员会）给出的定义是：安装在制造或过程区域的现场装置，并在现场设备与控制装置之间实行双向、串行、多节点通信的数据总线。从这个定义可以看出，现场总线应用的场合实际是工业生产现场，它将设备层与管理层连接到一起，通过数字、串行、多点数据总线技术，实现了数据间的通信，具有开放、全分布的特点，也体现了现场总线智能传感、控制、数据通信等内容。

1）现场总线的产生

随着微处理器的普及，智能设备使用微处理器作为核心，结合 IC 芯片实现了对数据进行采集、显示、处理、优化，从而在信号的非线性误差、温度补偿、故障诊断等方面也有了解决方案。在涉及检测要求高的工业过程中，往往需要在现场进行处理信息，这也要求智能设备在现场，并且能够被访问和信息管理，使得智能设备与上级控制系统之间的通信次数增加许多。在工业过程中，精度、操作性、维护性等也是要考虑的问题，也由此对智能设备提出了更高的标准，现场总线应时而生。

现场总线产生之后，又出现了现场总线控制系统，它是基于现场总线的控制系统[1]，可以进行数字化、双向、多站总线式信息通信。响应快、可预测是现场总线通信协议的基本要求，FCS（现场总线控制系统）是一个现场总线网络，可以将现场分散的测量点、控制设备以总线的方式连接起来，进而对网络实行控制和信息管理。

2）现场总线的技术特点

（1）系统的开放性

所谓系统开放性，可以理解为通信协议公开。虽然制造厂不同，但它们生产的设备也能互相连接，从而达成信息交换。作为现场总线开发团队，针对开放系统，他们往往把更多精力放在统一工厂底层网络上。相关标准要一致、公开，强调对标准的共识与遵从。一个开放系统，只要制造厂使用的标准相同，就可以与生产的设备或系统实现互联。现场总线网络系统如果拥有总线功能，那么它一定是开放的。为了满足用户需要，供应商提供的产品可以进行组合从而形成一个新的符合实际应用的系统。

（2）互可操作性与互用性

所谓互可操作性，是让设备相互连接，做到信息的发送与接收，有一个信息交流的过程。在实际使用中，一个设备能够给另一个设备发送信息，接收到信息的设备能够控制第三个设备完成相应的操作。所谓互用性，意思是即便设备的制造厂不同，但由于设备能完成相似的功能，也能够使用一个制造厂的设备以代替另一个制造厂的设备。

（3）现场设备的智能化与功能自治性

现场设备的智能化，表现在现场设备可以进行数据处理和通信。功能自治性表现在功能模块分开装在现场设备上，并且这些模块各自对应一个功能，包括传感测量、补偿计算、工程量处理与控制等。在实际使用中，自动控制的过程往往需要实现多种基本功能，而使用一个现场设备就能够很好地解决这个问题，在投入使用后任意一个时间点也能够获取设备的运行参数，从而起到监测系统状态的作用。

（4）系统结构的高度分散性

在功能自治性中也提到，现场的设备可以实现自动控制过程的多种基本功能，这一功能也使得现场设备自身便可以形成一个全分布式控制系统。DCS 系统结构也随着现场总线的不断应用得到优化，系统的可靠性也得以提升。

（5）对现场环境的适应性

现场总线是要在实际生产过程中加以使用的。实际生产的工作环境有很多种，对环境参数要求也各不相同,包括温度、湿度、振动、电磁干扰等等。这就要求现场总线使用能够屏蔽干扰、温湿度影响不大的材料,在不同的工作环境下具备一定的抗干扰能力,依旧能够完成相应的功能[2]。

3) 现场总线的优点

结合上面提到的现场总线的各项特点,可以发现控制系统从设计到安装,再到后续的实际运用和检修维护,每一个过程都是现场总线优点所在。

表 10-1　现场总线的优点

现场总线的优点	具体表现
(1) 节省硬件数量与投资	可以实现传感、控制、报警和计算等多种功能的智能现场设备在应用于现场总线系统中可以减少变送器的使用,配套的设备也随之淘汰,节省许多硬件数量和投资。
(2) 节省安装费用	现场总线系统多功能模块往往由一对双绞线或一条电缆连接,使得现场总线只需要很简单的接线方式,从而在包括连接线及其配套的安装设施、设计过程、接头校对等方面减少许多的花费。
(3) 节省维护开销	现场控制设备可以进行自诊断,并对一些简单的故障加以处理。在进行系统维护时,简化了的系统结构以及简单的接线会使得这一过程由复杂变成简单,提高了工作效率。
(4) 用户具有高度的系统集成主动权	对用户而言,多种系统需求在所难免,这时就需要不同制造厂生产的设备可以供用户随意选择。在系统集成的过程中,不同制造厂优先考虑用户的利益,生产的设备可以提供兼容的协议、接口。
(5) 提高了系统的准确性与可靠性	模拟信号测量和控制的准确率不高,在传送过程中也有一定的误差。使用现场总线设备可以有效改善这些问题。在简化系统结构、减少设备与连线、增强现场设备内部功能之后,现场总线中信号的往返传输也得以减少,系统工作的可靠性得以提升。

除上述这些优点外,现场总线的控制系统还具有设计简单、易于重构等优点。

10.1.3　典型现场总线技术

现场总线有很多种,比较流行的有 MODBUS、CAN、PROFIBUS、RS-232、RS-422A、RS-485 等现场总线。

1) MODBUS

MODBUS 总线协议是一种串行通信协议,在电子控制领域有着广泛应用,在 OSI 模型中仅使用应用层协议,对数据的传输介质、电气特性等未做定义,这也使得 MODBUS 协议可以有以太网、串行通信链路、光纤、无线等多种通信网络和传输介质,其协议模型如图 10-1 所示。

MODBUS 通信系统支持分布式自动化,在应用到实时控制领域时具有成本低、更新速度快、稳定性高的特点。对于网络上的集控设备,通过 MODBUS 可以实现信息交互,也可以实现与其他设备相互传递信息。将 MODBUS 现场总线应用到工业网络中,也可以实现

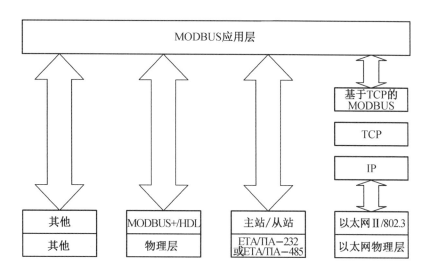

图 10-1　MODBUS 协议模型

不同厂商生产的控制设备相互连接,并且能够分散布局、集中监控,从而构建成一个工业控制网络,优化了<u>工业生产资源配置</u>,减少了设备使用和调试成本[3]。

2）CAN

CAN 总线式串行通信协议,可以进行高安全等级分布式实时控制,它有两层模型结构,分别是 OSI 的物理层和数据链路层。数据链路层包括逻辑链路控制(LLC)和介质访问控制(MAC)层,在 2.0A 版技术规范,这两层的服务和功能被描述为目标层和传输层。在实际应用中,还多了 DeviceNet、CANopen 等应用层协议。

在 CAN 信号传输过程中,短帧结构被广泛使用,其中一帧对应 8 个有效字节。这也使得 CAN 信号传输速度快,不易受到干扰。由于节点可以自动切断连接,一旦中间的某个节点出现问题,该节点就会直接断开连接,这时其他节点仍可与总线进行通信,从最大程度上避免了该节点出现问题对整个总线和其他节点带来的后果。

在任意时间,CAN 总线上的节点间都可以相互发送和接收信息。一个节点可以接收来自另一个节点或者多个节点发送的信息,也可以同时向网络中的一个节点或多个节点发送信息。在 CAN 总线中,如果出现多个节点同时发送或者接收信息,这时会按照信息的优先级对信息进行处理,优先级高的比优先级低的信息更快被发送或被接收,以此保证多信息传输时总线通畅。

3）PROFIBUS

过程现场总线(process field bus, PROFIBUS)具有国际化、开放性等特点,它对设备生产厂商不具有依赖性。PROFIBUS 有三个兼容部分,分别是 PROFIBUS-DP、PROFIBUS-FMS、PROFIBUS-PA。

PROFIBUS-DP 在 OSI 协议结构上使用第一层、第二层和用户接口层,主要在传感器和执行器级的高速数据传输中使用,与 I/O、驱动器、阀门等分散的设备往往进行周期性的数据交换。PROFIBUS-PA 在要求环境具备较高安全性时使用,它遵从 IEC 1158-2 标准,通过总线对现场设备进行供电,在 OSI 模型结构上使用数据链路层和物理层。PROFIBUS-PA 一方面可以减少现场设备的投入和维修等方面的成本,另一方面也保证了系统可靠性,在其功能方面也有了很大的提升。PROFIBUS-FMS 在 OSI 结构上使用第一层、第二层和第七层,传输速率中等,最初是用在车间一级通用性通信上。PROFIBUS-FMS 采用了应用层,主要考虑的是完成系统所需要的功能,对响应时间要求不高,往往用于范围大、复杂度高的通信系统当中[4]。

4) RS-232 串行通信技术

RS-232C 标准(Recommend Standard-232C)是由美国电子工业协会(Electronic Industries Association,EIA)在 1969 年建立,针对的是串行接口的电子信号与电缆连接特性,一般这个技术标准代号叫 RS-232,其串行物理模型图如图 10-2 所示。

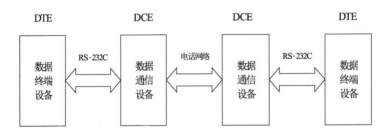

图 10-2　RS-232 串行通信物理模型

RS-232C 只对信号电平标准和控制信号线的定义做了规定,不包括连接器物理特性,产生了 DB-25、DB-15、DB-9 等连接器。RS-232C 总线连接系统,如果通信传输距离在 15 m 以内,称作近程通信,反之在 15 m 以外称作远程通信。需要注意的是使用 RS-232C 进行远程通信需要增加一个设备——调制解调器(Modem),这也增加了设备及其连接线上的负担。

远程通信时,对于 Modem 的使用双方,9 根信号线可以进行普通电话通信。近程通信时则可以不用 Modem,这种方式称为零 Modem 连接。常用的零 Modem 的 RS-232C 连接方式有 3 种,包括采用七线制的零 Modem 完整连接、采用五线制的零 Modem 标准连接、采用三线制的零 Modem 连接。

5) RS-422A 串行通信技术

RS-232C 转换芯片采用单端电路,在使用过程中会引入附加电平带来的干扰。针对 RS-232C 存在的不足,同时需要更远的传输距离、更高的传输速率,20 世纪 70 年代末期 EIA 建立了 3 个新的新标准：RS-499、RS-423A、RS-422A。

RS-499 兼容 RS-232C,使用通用 37 芯和 9 芯接口,通信更快、传输距离更远,实现串行二进制数据交换。RS-423A 和 RS-422A 则主要针对数字接口电路的电气特性,使用差分输入电路以改进接口电路在有干扰的情况下获取信号的能力,其中 RS-423A 是针对不平衡电压,使用单端发送的方式,它可以认为是 RS-232C 到 RS-422A 过渡阶段的标准,而

RS-422A 则是针对平衡电压，使用双端发送的方式。

RS-422A 传输距离有限，最远在 4 000 ft(1 ft＝0.304 8 m)，对于传输线的长度也有要求，在 100 m 长的双绞线上能获得的传输速率仅为 1 Mb/s，长度越短传输速率越快，最快达到 10 Mb/s。

6) RS-485 串行通信技术

RS-485 标准是在 RS-422A 基础上的变形，都采用平衡的传输方式，传输线上需要接终端电阻。RS-485 可以分为二线制和四线制，其中二线制能够进行多点、双向通信，缺点是半双工模式。对于四线制而言，则只有一个主设备，剩下的都是从设备，通信也是只能由一个传输至多个。

RS-485 收发器采用平衡发送和差分接收方式，即在发送端，驱动器将 TTL 电平信号转换成差分信号输出；在接收端，接收器将差分信号变成 TTL 电平。相比较 RS-422A 标准，RS-485 可以实现多点和双向通信，同时扩展了传输距离，从几十米到上千米，再加上接收器能够捕捉微小电压，RS-485 传输的距离可达千米之外。在采用二线或者四线连接方式后，32 个设备可以挂接到总线上[5]。

在传输速率上，RS-485 能达到的最大传输速率与 RS-422A 相同，为 10 Mb/s。传输线的长度也和传输速率成反比，传输速率低于 100 kb/s 时，按照规定使用的电缆长度最长达 1 200 m。在终端电阻上，RS-485 只有在近程传输时可以不加终端电阻，否则需要在传输总线的接收端和发送端各加一个，并且终端电阻的组成和传输电缆特性阻抗相同。

7) 其他新型总线技术

（1）基金会现场总线

基金会现场总线(foundation fieldbus，FF)被大量应用于过程自动化领域，在通信速率上可分为低速 H1(31.25 kb/s)和高速 H2(两种，1 Mb/s 和 2.5 Mb/s)。H1 通信距离可以达到 1 900 m(可加中继器延长)，可以由总线供电，在安全系数高的环境也可以使用。H2 通信距离对应传输速率 1 Mb/s 的为 750 m，2.5 Mb/s 的为 500 m。传输线包括双绞线、光缆和无线发射等，遵守 IEC1158-2 标准。

（2）DeviceNet

DeviceNet 成本很低，在工业设备连接过程中提供了一种简单的网络解决方案，对于设备安装及其配线使用的数量有所缩减，从而提升了工业工程中的净产值。DeviceNet 相比较 I/O 接口可以让设备间通信更具效率，也可以对设备进行诊断。

DeviceNet 具有开放性的特点，无论是规范还是协议都是如此。制造厂可以把设备与系统直接相连，中间不需要经历如获取软件、硬件、认证等一系列烦琐的流程。除厂商外的其他人也只需要花费较少的经济成本，就可以拿到 DeviceNet 供货商协会(open DeviceNet vendor astocition，ODVA)的 DeviceNet 规范。这让从用户到制造厂有更多的机会接触到这一个协议，并且可以对其提出完善的意见，这对于协议本身也起到较好的作用。

（3）LonWorks

在 LonWorks 现场总线技术中，ISO/OSI 模型结构中的 7 层通信协议都囊括在内。设计过程面向对象,简化了网络通信中的变量,传输速率从 300 b/s 到 1.5 Mb/s。从传输线来看,双绞线、同轴电缆、光纤、射频、红外线、电源线等都可以进行传输,也因此称作通用控制网络。如果使用双绞线作为传输介质,传输速率低于 78 kb/s,通信距离最远为 2 700 m。

LonWorks 技术使用的芯片使用 LonTalk 协议,在智能通信接口、智能传感器的开发过程中,这一芯片也可以加以应用。随着 LonWorks 技术的不断推广,神经元芯片的造价不断降低,而芯片造价不断降低反过来又推动 LonWorks 技术的进一步发展,这在 LonWorks 技术的发展过程中起到了互相推动的作用。

(4) CC-Link

使用 CC-Link(cotel & communieation link)技术传输速度很快,可达 10 Mb/s,在工业控制领域拥有着卓越的性能卓越,由于其操作简单,使用成本较低,CC-Link 技术应用十分广泛。CC-Link 来自亚洲地区总线系统,加上它属于开放式现场总线,其技术特点比较符合亚洲人的思维习惯。

设备层和传感器层属于工业控制领域的部件层,CC-Link 以设备层为主,也能涉及较高层次的控制层和较低层次的传感器层。在 CC-Link 中,组成一层网络包括 1 个主站和 64 个子站,连接时屏蔽双绞线。对于高可靠性要求的系统,一般由主站和备用主站组成。

CC-Link 在传输过程中也会出现随着距离增加,数据传输速度降低的情况。它可以与多种产品兼容,比如人机界面(HMI)、电磁阀、温度控制器、机器人等等。

10.2 现场总线网络协议模式

现场总线融合了现场通信网络和控制系统,应用于现场设备过程自动化底层和现场设备连接网络。在实际使用中,简化了现场总线的结构,从 ISO 的 OSI 模型来看,现场总线由物理层、数据链路层、应用层、用户层组成。数据链路层是总线通信规则的体现,在系统运行出现误差时可以检测出来并进行处理。数据链路层下方是物理层,再向下连接到介质。物理层可以对数据链路层发送的数据进行编码和调制,再将处理后的信息返回给数据链路层。应用层主要和用户使用相关,以应用程序的方式展现给用户,可直观地看到它对信息或指令进行读、写、执行的方式。

先介绍 OSI 通信参考模型,图 10-3 为 OSI 参考模型。从图中可以看到,OSI 参考模型一共有七个层次:应用层、表示层、会话层、传输层、网络层、数据链路层和物理层。每一层都有着各自要实现的功能,并且各自的功能由每一层单独完成。如果出现新的工作任务,系统便会按照任务要实现的功能将其分配至对应的层中,避免牵动整个系统。在模型分层时,也是按照实现的功能进行划分,类似功能会被划分到一个层中,层与层之间的连接只在相邻的上下两层间进行。

介绍 OSI 参考模型时,会涉及一些重要的概念,理解了这些概念对后续的深入理解作用很大。下面先简要介绍这些概念:

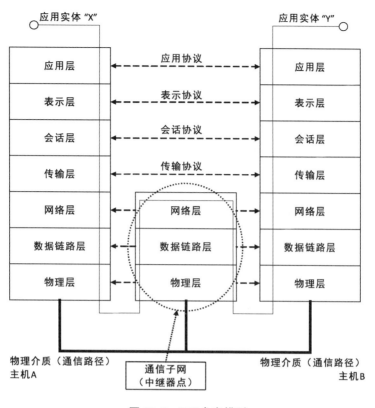

图 10-3　OSI 参考模型

① 封装。在每一层接收到上一层传递下来的信息时,它会在原有信息的基础上增加信息,一般是以报头(和报尾)的形式,然后再传递到下一层。

② 实体。实体是一个进程,既可以是硬件的,也可以是软件的,这个进程用来发送或者接收数据。一般设置特定的软件模块来完成这进程。

③ 协议。在不同系统中,对应同一层实体(即对等实体)之间通信需要符合一定的规则,这些规则的集合就是协议。协议有三部分:语法、语义和时序。语法是指数据、控制信息的结构或者形式。语义是指按照系统方式信息的类型实现相应的操作。语序是指完成事件的具体步骤,也叫同步。

④ 协议数据单元(protocol data unit,PDU)。不同系统中同一层之间进行数据传递时,传递的数据单位被称作 PDU。

⑤ 服务。不同系统间同一层实体在协议控制下进行通信,这个通信既能服务上一层,也要能收到下一层提供的服务。

协议和服务存在区别,协议是针对不同系统间通信的规则集合,服务是针对某一个系统而言的,一个系统中的某一层需要按照服务的内容完成相应的动作,它可以看到服务,但看不到不同系统间的协议,同一系统间上层看到下层的功能才是服务。

⑥ 服务原语。下层给上层提供服务时,上层需要传递给下层一些指令才能接收到下层提供的服务,这些指令就是服务原语。

⑦ 服务数据单元(service data unit，SDU)。SDU 是指 OSI 模型中的不同层交换数据的单位[6]。

在 OSI 参考模型中，对等层要实现通信，只有在各自的上下层提供相应的服务之后才能进行。OSI 中对等通信的过程往往可以概括为：对等层实体之间进行虚拟通信，下层给上层提供服务，最底层进行实际通信。会话层、表示层和应用层中信息按照实际数据报文进行传输。其他各层的 PDU 的名称各不相同：传输层——数据段(segment)；网络层——分组(数据包)(packet)；数据链路层——数据帧(frame)；物理层——比特(bit)。

在通信过程中，OSI 参考模型由于其结构功能全面、模型通用，满足了非常多的通信需求。但它能否应用到所有场合，特别是现在对于工业数据通信过程中需要实现系统开放互联的问题，是否需要进行优化成为一个值得思考的问题。

如图 10-4 所示为 OSI 模型与部分现场总线通信参考模型的对比图。H1 是 IEC 标准中的基金会现场总线 FF，除去了 OSI 模型中第 3～6 层，只留下物理层、数据链路层和应用层。HSE 是 FF 基金会定义的高速以太网，从物理层到传输层的分层模型类似于计算机网络中常用的以太网。PROFIBUS 属于 IEC 标准子集，使用 OSI 模型的物理层、数据链路层。再进行细分，PROFIBUS-DP 标准除去第 3～7 层，PROFIBUS-FMS 型标准采用应用层，除去第 3～6 层，设置用户层与用户实现交互。LonWorks 被称作通用控制网络，使用 OSI 模型 7 层通信协议。

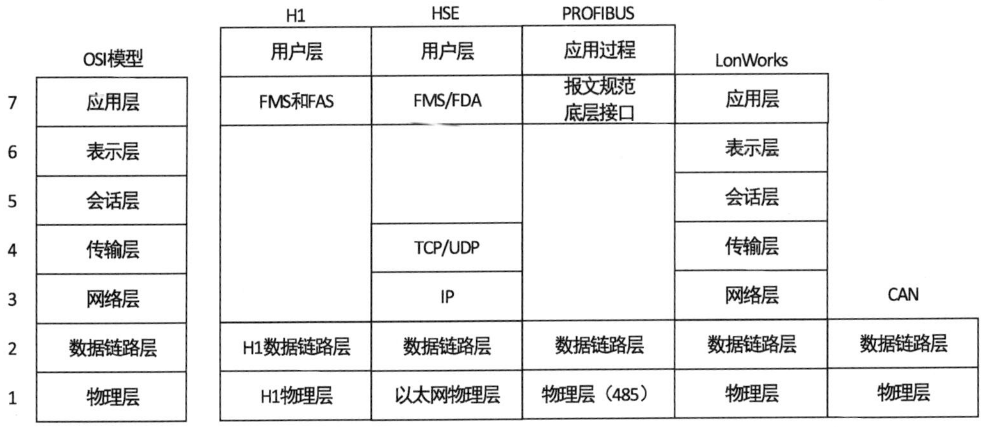

OSI模型		H1	HSE	PROFIBUS	LonWorks	CAN
		用户层	用户层	应用过程		
7	应用层	FMS和FAS	FMS/FDA	报文规范底层接口	应用层	
6	表示层				表示层	
5	会话层				会话层	
4	传输层		TCP/UDP		传输层	
3	网络层		IP		网络层	
2	数据链路层	H1数据链路层	数据链路层	数据链路层	数据链路层	数据链路层
1	物理层	H1物理层	以太网物理层	物理层 (485)	物理层	物理层

图 10-4 OSI 模型与部分现场总线通信参考模型的对比图

通过这个对比图，能够直观地看出部分现场总线的通信参考模型与 OSI 模型并不完全一致，它们都是基于 OSI 模型按照实际的需要增加了用户层，对 OSI 模型做出了一些优化。这个用户层在设计过程中添加了一些特殊规定从而形成了标准，对制造厂、用户十分友好。

用户层基于 OSI 模型，以应用程序的方式给用户提供了标准的具体内容描述，并以此完成网络和系统管理。网络管理设置有网络管理代理和网络管理信息库，提供组态管理、性能管理和差错管理等功能。系统管理设置有系统管理内核、系统管理内核协议和系统管理信息库，实现设备管理、功能管理、时钟管理和安全管理等功能。

CAN 使用 OSI 模型中的物理层和数据链路层。这种协议封装在集成电路芯片当中，应用非常广泛,但在实际使用过程中,对于控制网络需要在此基础上加入应用层或者用户层的一些约定。

10.3　IEEE1451 协议标准

制定 IEEE1451 协议标准,并定义整套通用的通信接口,是为了实现软件和硬件连接,将智能变送器连接到微处理器、仪器系统或网络,包括各种现场总线以及 Internet/Intranet。该标准允许用户根据自身需要选取传感器和网络(有线或无线),也允许制造厂生产的传感器支持多种网络,实现了制造厂和用户产品的互换性和可操作性。IEEE1451 基于传感器软件应用层,具有可移植性,同时它也基于传感器应用,具有网络独立性,支持"即插即用"。

IEEE1451 标准包括软件接口和硬件接口,其中软件接口部分使用面向对象模型体现了网络化智能变送器的行为,以此定义一套软件接口规范,并通过这套规范让智能传感器可以接入不同的测控网络。此外,为提高 IEEE1451 标准之间的操作性,它还对包括通用协议和电子数据表格在内的格式进行了定义。IEEE 1451.0 协议和 IEEE1451.1 协议属于软件接口部分。硬件接口部分的作用主要体现在智能传感器的应用方面,IEEE1451.2、IEEE1451.3、IEEE1451.4 和 IEEE1451.5 协议属于这一部分。图 10-5 表示的是 IEEE1451 协议族体系结构及各协议之间的关系。

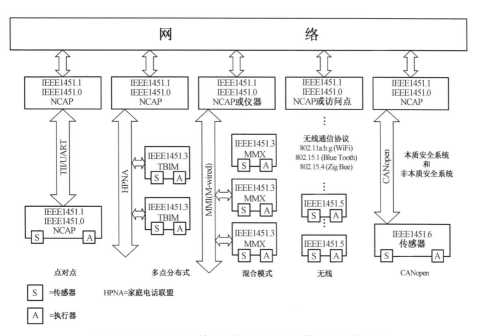

图 10-5　IEEE1451 协议族体系结构及各协议之间的关系

在 IEEE1451 协议族中,各个协议之间既可以协作完成任务,也能够作为个体单独工作。IEEE1451.1 使用过程中可以不用 IEEE1451.X 硬件接口,IEEE1451.X 硬件接口离开 IEEE1451.X 软件接口也能够发挥作用。

1) 面向软件接口的 IEEE1451 子标准

(1) IEEE1451.0 子标准

IEEE1451.0 的提出,是为了解决 IEEE1451 系列子标准由于各不相同的功能、通信协议和 TEDS 格式对标准间的可操作性造成的影响。IEEE1451.0 子标准定义了一个物理层,这个物理层既有基本指令设置,也有独立于 NCAP 到变换器模块接口的通信协议,这就缩短了物理层标准制定的过程,也可以适应多种物理接口。IEEE1451 智能变换器接口模块如图 10-6 所示。

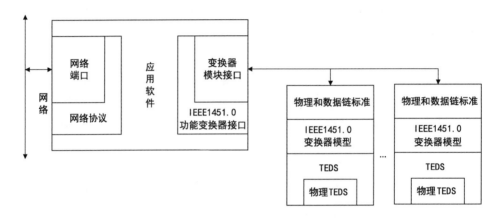

图 10-6 IEEE1451 智能变换器接口模块图

(2) IEEE 1451.1 子标准

IEEE1451.1 标准使用面向对象的语言定义智能传感器信息模型,并以此作为数据修正和输出标准化数据的辅助工具,可以说时覆盖到网络化变送器多种应用。除此之外,这个智能变换器模型中还包含一个标准应用编程的接口(API),这个接口独立于网络,以此将数据传递到网络协议,把传感信息和网络化传感器应用程序联系到了一起。IEEE1451.1 标准模型如图 10-7 所示。

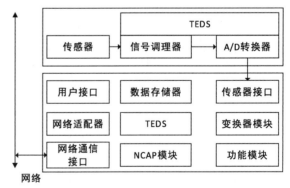

图 10-7 IEEE 1451.1 标准模型图

NCAP 是网络适配器,包括校正机(传感器在 A/D 转换后得到一个数值,再将这个数值加以转换,在此过程中对参数进行补偿、调整、变换,最后得到一个数据反馈给用户)、应用程序和网络通信接口。

2）面向硬件接口的 IEEE1451 子标准

（1）IEEE 1451.2 子标准

IEEE1451.2 以网络的方式让传感器和变换器与控制系统进行通信。对电子数据表格式 TEDS 进行定义，并使用智能传感器接口模块（STIM）、STIM 和 NCAP 间的接口（TLL），让传感器/执行器模块可以实现"即插即用"。IEEE1451.2 标准的变换器接口的连接规范框架如图 10-8 所示。

IEEE1451.2 标准中，变送器在和网络进行数字通信时，智能变送器接口（STIM）可以提供通信协议。变送器具备自辨识的特征，一般将其视作 STIM 的一部分。在接口与网络通信的过程中，STIM 只需要将自己的状态反馈给网络。在变送器及设备的维护过程中，开发"即插即用"功能，就可以实现 IEEE1451 标准与变送器的结合。

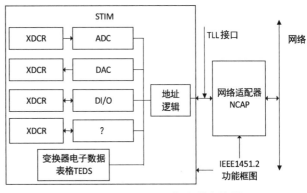

图 10-8　IEEE1451.2 标准的变换器接口的连接规范框架图

电子数据表格（TEDS）把传感器通道的各类信息存放在内，比如传感器类型、物理单位。在 STIM 通电之后，系统便会接收到传感器通道的 TEDS 数据，NCAP 可以把获取的数据按照国际标准进行转换，进而实现传感器"即插即用"。IEEE1451.2 标准系统结构如图 10-9 所示。

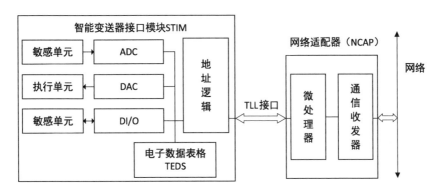

图 10-9　IEEE1451.2 标准系统结构图

（2）IEEE 1451.3 子标准

IEEE 1451.3，也叫分布式多点系统数字通信和变送器电子数据表格。在这一标准中，物理接口采用多点设置方式与各个传感器进行连接，传感器模块中可以不加入 TEDS。在 IEEE 1451.3 标准中，为了实现变换器总线模型（NCAP），定义了体积小、价格低的"小总线（mini-bus）"，使得大量的数据转换只需要简易的控制逻辑接口就可以实现。IEEE1451.3 分布式多点变换器接口如图 10-10 所示。一根传输线可以用来给变换器通电，也可以作为通信数据传输线连接到总线控制器和 TBIM 之间。在这条总线上，可支持一个总线控制器和多个 STIM。需要注意的是，在网络内部设置变换器总线时，只能由 NCAP 存放总线控制器。在网络外部设置变换器总线时，总线控制器则可以存放于主机及其他设备当中。多个变化器，即便各不相同，也可以在一个 TBIM 存放。

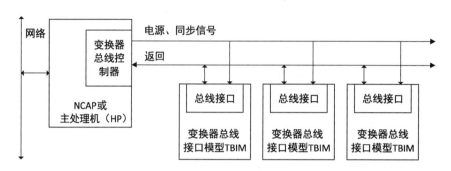

图 10-10　IEEE1451.3 分布式多点变换器接口图

IEEE 1451.3 协议标准对于一些简易的设备要求比较低，采样可以相对较慢。在时序方面可以实现从纳秒级到兆秒级的带宽，使得两种设备即使频谱不同，也可以设置在一条总线上。

（3）IEEE 1451.4 子标准

IEEE 1451.4 协议标准也叫混合模式通信协议和变送器电子数据表格式，它以现存的模拟量变换器连接方法为基础，提出混合模式的智能变送器通信协议。使用混合模式接口，既可以将 TEDS 通过数字接口进行读写，也可以在现场仪器测量过程中使用模拟接口。模拟传感器使用紧凑的 TEDS 时，具有连接简单、便宜的特点。

在 IEEE 1451.4 标准中，为了让传感器可以自识别、自设置，在模拟量传感器标准上可以选择数字信息模式（或者混合模式）。变换器电子数据表格 TEDS 和混合模式接口 MMI 共同组成了 IEEE1451.4 变换器。IEEE1451.4 智能传感器原理图如图 10-11 所示。

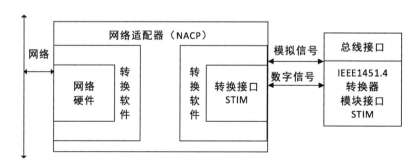

图 10-11　IEEE1451.4 智能传感器原理图

（4）IEEE1451.5 子标准

IEEE1451.5 标准也叫无线通信与变送器电子数据表格式。应用领域不同，往往也要求传感器接口不同，也就要在 IEEE1451 框架的基础上设置开放的标准无线传感器接口，于是向 IEEE1451.5 标准中加入了无线传感器通信协议以及对应的 TEDS。无线通信方式上有 IEEE802.11、Bluetooth 标准、ZigBee 标准、6LoWPAN 标准 4 种标准。此外,无线通信技术的挑选过程还会围绕着耗电量、传输距离、数据传输速率、部件成本等因素展开[7]。

现有的无线通信技术有多种,如果每一种无线通信技术都对应一个规范,会使系统变得复杂,对此 IEEE1451.5 标准提供了一个通用规范,针对不同的无线通信技术只需要使用这个通用规范即可。图 10-12 为 IEEE1451.5 标准功能框图。

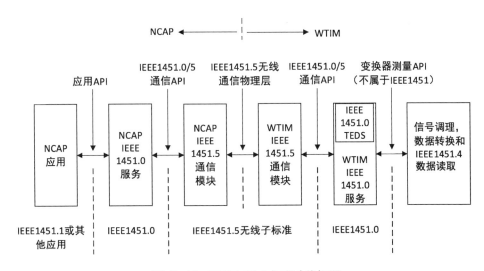

图 10-12　IEEE1451.5 标准功能框图

10.4　工业以太网络

10.4.1　以太网与工业以太网

1975 年,美国 Xerox 公司的 Palo Alto 研究中心(简称 PARC)推出总线采样无源电缆进行数据传输,并取名自历史上表示传播电磁波的"以太(Ether)",以太网也由此诞生。

随着以太网的不断发展,在 1980 年到 1982 年出现了 DIX(Ethernet 物理层和数据链路层的规范)V1.0 和 V2.0。为避免出现侵害专利的情况,IEEE 适当修改了 DIX V2.0,形成了 IEEE802 标准。IEEE802 标准包含一个系列的标准,用 IEEE802.n 表示,具体的标准内容如表 10-2 所示。

表 10-2　以太网的主要标准

标准	内容描述
IEEE802.1	体系结构与网络互联、管理
IEEE802.2	逻辑链路控制
IEEE802.3	CSMA/CD 介质访问控制方法与物理层规范

标准	内容描述
IEEE802.3i	10 Base-T 基带双绞线访问控制方法与物理层规范
IEEE802.3j	10 BaseFT 光纤访问控制方法与物理层规范
IEEE802.3u	100 Base-T、FX、TX、T4 快速以太网
IEEE802.3x	全双工
IEEE802.3z	千兆以太网
IEEE802.3ae	10 Gbit/s 以太网标准
IEEE802.3af	以太网供电
IEEE802.11	无线局域网控制方法与物理层规范
IEEE802.3az	100 Gbit/s 以太网技术规范

在工业领域运用的以太网被人们统称为工业以太网。国际电工委员会也给出了工业以太网的定义：适用于工业自动化环境、遵从 IEEE802.3 标准、按照 IEEE 802.1D"媒体网访问控制(MAC)网桥"规范和 IEEE802.1Q"局域网虚拟网桥"规范、对其没有进行任何实时扩展而实现的以太网。工业以太网运用包括交换式以太网和全双工通信、优先级和流量控制及虚拟局域网等多种技术，进而降低使用负荷和增快网络传输。当前，工业以太网可以达到 5～10 ms 的响应时间，可以说是实时响应。由于使用同种通信协议，工业以太网在技术上与商用以太网兼容。

10.4.2　工业以太网通信模型

工业以太网协议的物理层与数据链路层使用 IEEE802.3 标准，这与以太网是一致的。在网络层和传输层有所不同，使用的是以太网"事实上"的标准 TCP/IP 协议簇，TCP 可以确保传输可靠，IP 确定信息传输线路。高层协议方面，工业以太网一般不用会话层和表示层，而保留了应用层并将这一层上的网络应用协议如域名服务(DNS)、文件传输协议(FTP)、超文本链接(HTTP)作为以太网的技术内容。此外，有些工业以太网协议中还加入了用户层。工业以太网与 OSI 参考模型的分层对比如图 10-13 所示。

10.4.3　实时以太网技术

在通信响应时间低于 5 ms 的工业场合，工业以太网很难满足使用要求。为了解决这个问题，国际许多研发团队基于 IEEE802.3 标准纷纷寻找技术方案，希望做到工业以太网及其相关标准实时扩展，使其与标准以太网能够兼容，这便出现了实时以太网(real time ethernet，RTE)。IEC61784 对实时以太网也做了定义：基于 ISO/IEEE802.3 协议，按照工业数据通信的要求和特点，加入一些必要的措施使其可以进行实时通信。标准中涉及 11 种实时以太网，分别是 EtherNet/IP、PROFINET、P-NET、InterBus、VNET/IP、TC-Net、EthernerPowerlink、EtherCAT、EPA、Modbus-RTPS、SERCOS-Ⅲ。使用不同的标准，通

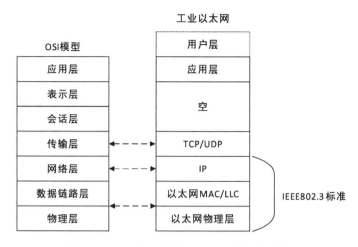

图 10-13　工业以太网与 OSI 参考模型对比图

信响应时间也大不相同。

（1）实时工业以太网模型

为缩短通信响应时间，实时工业以太网中出现了几种策略，对应的工业以太网实现模型如图 10-14 所示。

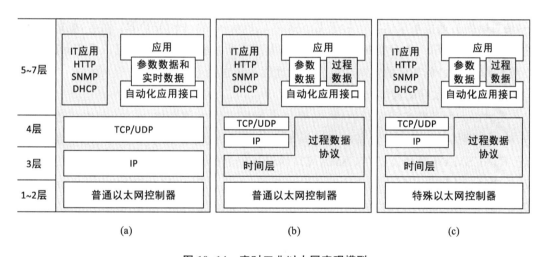

图 10-14　实时工业以太网实现模型

（a）变化应用层；（b）变化网络层和传输层；（c）变化数据链路层

图 10-14 中的实时工业以太网实现模型分别基于 TCP/IP、标准以太网、更改的以太网。图 10-14（a）中在应用层上出现了变化，常见于实时性要求较低的应用，比如 Modbus/TCP、Ethernet/IP；图 10-14（b）中网络层和传输层出现了变化，在数据传输过程中会使用多种机制，以特定协议传送过程数据，常见的有 EPA、PROFINET RT 协议；图 10-14（c）在标准以太网物理层的基础上改变了数据链路层，在进行数据处理时通常使用特殊硬件以提升响应时间，常见的有 EtherCAT、PROFINET IRT 协议。需要注意的是，选择哪种实时工业以太网时，还需要考虑使用场所需要何种实时性。

在图 10-15 中,列举了几种实时以太网通信参考模型,与标准以太网使用同种规范的用较浅颜色,使用不同规范的则用较深颜色进行说明,从而直观地对各种模型进行对比。以太网通信控制器的 ASIC 芯片适用于与之采用同种物理层和数据链路层的实时以太网,若不同则需要使用专门的通信控制器 ASIC。

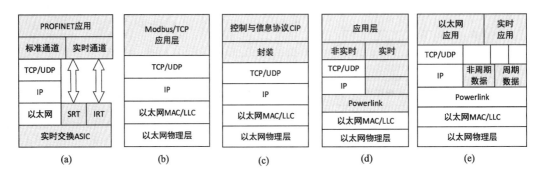

图 10-15　几种实时以太网的通信模型

(a) PROFINET;(b) Modbus/TCP;(c) EtherNet/IP;(d) Powerlink;(e) EtherCAT

在对比 Modbus/TCP 与 EtherNet/IP 通信模型时,可以发现标准以太网技术使用的位置在应用层向下,那么使用的 ASIC 芯片与标准以太网相同即可,在上层通信软件的辅助下,便可以提升通信响应速度。对于 EtherCAT、Powerlink、PROFINET 而言,则需要专门的通信控制器 ASIC,并且实时性也与标准以太网有所区别。从这里就可以看出,使用不同类型的实时以太网,对应的实时功能和时间性能等级也会不同。

(2) 实时以太网的媒体访问控制

实时以太网既要实现实时通信,又要具备和标准以太网媒体访问控制方式连接的功能,在一个网络中既可以放置有实时通信要求的节点,也可以放置没有实时通信要求的节点。RT-CSMA/CD 协议是在 CSMA/CD 协议基础上进行的优化,使用 RT-CSMA/CD 协议时,实时以太网上的网络节点可以是实时节点(服从 RT-CSMA/CD 协议),也可以不是实时节点(服从 CSMA/CD 协议)。

这里介绍一下最小竞争时隙[8],它是 2 个相距最远的网络节点进行信号传输时产生的信号传输延迟时间的 2 倍。一个最小竞争时隙内没有出现信道占用的情况下,节点可以访问介质并发送数据。实时节点与非实时节点在应对出现最小竞争时隙时采取的措施不同,实时节点会传输竞争信号,其长度大于最小竞争时隙,如果某个节点传输的数据优先级高,该节点将一直传输竞争信号,其他节点则停止传输竞争信号,此时优先级高的节点会对信道是否占用进行监测,未占用就说明其余节点已退出竞争,这时就可以停止传输竞争信号并再次发送中断的数据,这也是 RT-CSMA/CD 协议设定的一部分。对于非实时节点而言,在遇到信道占用的情况时,会选择退出竞争,中断数据传输。

10.4.4　PROFINET

工业以太网技术 PROFINET 在 1999 年得到开发和应用,在 2000 年编入 IEC61158 标准,成为第 10 种现场总线。

PROFINET 在工业以太网技术、TCP/IP 以及 IT 标准的基础上加以开发,与现存的现场总线系统相兼容。需要注意的是,PROFINET 和 PROFIBUS 不同,二者联系性不强,前者是实时以太网技术,应用到工业自动化领域时间较短,后者则偏向传统现场总线技术,已经广泛地应用到工业自动化领域当中。这两种技术皆由国际组织 PI 研发,虽关联性不强,但具备较好的兼容性,在工业自动化领域中二者也会长期共存。

PROFINET I/O 和基于组件的自动化(component-based automation,CBA)可以实现自动化领域全部应用,基于不同实时等级的通信模式和标准的 WEB 及 IT 技术,是 PROFINET 技术的主要组成部分。PROFINET I/O 可以控制制造业自动化中的分布式 I/O 系统,具有快速转换数据的特点,可以在控制器和设备之间转换数据,还具有组态和诊断功能。CBA 可以在以组件为基础的机器间进行通信,为达到模块化设备响应时间要求,采用 TCP/IP 协议和实时通信方式。

10.4.5　EtherNet/IP

EtherNet/IP 使用星型拓扑结构,在以太网交换机辅助下实现设备点对点连接,芯片采用商用以太网通信芯片,介质选择物理介质。EtherNet/IP 与 OSI 模型对比如图 10-16 所示。

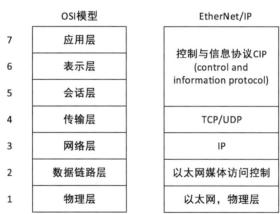

图 10-16　EtherNet/IP 与 OSI 模型对比图

EtherNet/IP 有 3 个部分,分别是 IEEE 802.3 物理层和数据链路层标准、TCP/IP 协议组、控制与信息协议 CIP(control information protocol)。为了提升设备与设备的互操作性,开发了 CIP[9]。CIP 在实现实时 I/O 通信的同时可以进行信息对等传输,包含控制部分和信息部分。实时 I/O 通信由控制部分完成,非实时的信息交换在信息部分完成。

习题与思考题

10-1　描述智能传感器的概念及其基本功能。

10-2　简述现场总线的技术特点,并列举典型的现场总线技术。

10-3 智能传感器与现场总线存在的关系是怎样的?

10-4 RS-232 和 RS-485 接口的区别体现在哪些方面?

10-5 简述工业以太网的概念和主要标准。

参考文献

［1］阳宪惠.现场总线技术及应用[M].北京:清华大学出版社,1999.

［2］林玉池,曾周末.现代传感技术与系统[M].北京:机械工业出版社,2009.

［3］徐超.基于 EPA 标准的多现场总线矿用综采监控系统设计[D].合肥:合肥工业大学,2017.

［4］宋启波.工业网络控制系统多协议通信技术研究[D].济南:济南大学,2016.

［5］胡玮,魏伟.RS232 与 RS485 串行接口转换电路及其编程实现[J].实验科学与技术,2010,8(1):69-71.

［6］张文广,王朕,肖支才,等.现场总线技术与应用[M].北京:北京航空航天大学出版社,2021.

［7］赵常.基于 IEEE1451 标准的加速度智能传感器的研究[D].沈阳:沈阳理工大学,2015.

［8］李正军,李潇然.现代总线与工业以太网[M].武汉:华中科技大学出版社,2021.

［9］李武杰,郑晟,陈文辉.Ethernet/IP 工业以太网的研究及应用[J].电子设计工程,2011,19(9):26-29.

第 11 章　传感器网络技术

无线通信技术在近二十年得到快速发展,除了高速率、高带宽的 5G、Wi-Fi 6 技术,近几年还出现了大量低速率、低功耗的物联网通信技术,与传感器结合,则构成了万物互联、智能感知的基础。同时,传感器与无线通信网络结合,也提升了传感器的功能,从单一的传感器,变成了传感器网络,再加上大数据与人工智能技术,使得感知更加准确与智能。

11.1　传感器网络的体系结构

1) 无线传感器网络的概念

无线传感器网络(wireless sensor network)诞生于 20 世纪 90 年代末,是一种全新的信息获取与处理技术。无线传感器网络是由随机分布的集成微型电源、敏感元件、嵌入式处理器、存储器、通信部件和软件(包括嵌入式操作系统、嵌入式数据库系统等)的一簇同类或异类传感器节点与网关节点构成的网络。每个传感器节点都可以对周围环境数据进行采集、简单计算,以及与其他节点及外界进行通信。由大量的这些智能节点组成的传感器网络具有很强的自组织能力。传感器网络的多节点特性使众多的传感器可以通过协同工作进行高质量的测量,并构成一个容错性优良的无线数据采集系统。

2) 传感器网络的系统组成与工作原理

传感器网络结构如图 11-1 所示,传感器网络系统通常包括传感器节点(sensor node)、汇聚节点(sink node)和管理节点。大量传感器节点随机部署在监测区域(sensor field)内部或附近,能够通过自组织方式构成网络。传感器节点监测的数据沿着其他传感器节点逐个跳动地进行传输,在传输过程中监测数据可能被多个节点处理,经过多跳路由后到汇聚节点,最后通过互联网或卫星到达管理节点。用户通过管理节点对传感器网络进行配置和管理、发布监测任务,以及收集监测数据。

传感器节点通常是一个微型的嵌入式系统,它的处理能力、存储能力和通信能力相对较弱,通过携带能量有限的电池供电。从网络功能上看,每个传感器节点兼顾传统网络节点的终端和路由器双重功能,除了进行本地信息收集和数据处理外,还要对其他节点转发来的数据进行存储、管理和融合等处理,同时与其他节点协作完成一些特定任务。

汇聚节点的处理能力、存储能力和通信能力相对比较强,它连接传感器网络与 Internet 等外部网络,实现两种协议栈之间的通信协议转换,同时发布管理节点的监测任务,并把收集的数据转发到外部网络上。汇聚节点既可以是一个具有增强功能的传感器节点,有足够的能力供给更多的内存与计算资源,也可以是没有监测功能仅带有无线通信接口的特殊网

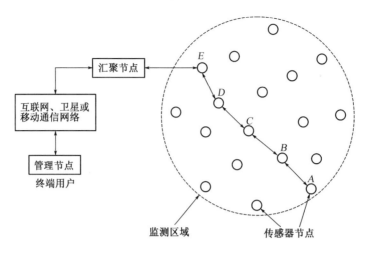

图 11-1 无线传感器网络系统组成

关设备。

3) 传感器网络的拓扑结构

目前无线传感器网络的拓扑结构有以下几种分类方式。

第一种是按照其组网形态和方式来分,有集中式、分布式和混合式。其中,集中式结构与移动通信的蜂窝结构,集中管理相类似;而分布式结构可以通过自组织网络接入连接,分布管理,这点与我们所熟悉的Ad Hoc网络结构相类似;混合式结构就是上述两种网络拓扑结构的组合。

第二种无线传感器网络的拓扑结构分类是按照其结构层次和节点功能来分的。这就把无线传感器网络拓扑结构分成了平面网络、分级网络、混合网络和Mesh网络结构。

无线传感器网络的网状式结构网状分布连接和管理,这点和Mesh网络结构相类似。其中传感器节点监测的数据沿着其他传感器节点逐个跳动地进行传输,在传输过程中监测数据可能被多个节点处理,经过多跳路由后到汇聚节点,最后通过互联网或卫星到达管理节点。用户通过管理节点对传感器网络进行配置和管理,发布监测任务以及收集监测数据。

(1) 平面网络结构

平面网络结构如图 11-2 所示,在无线传感器网络的拓扑结构中这是最简单的一种。因为它的每个节点都有相同的 MAC、路由、管理和安全等协议,所以都具有完全相同的特点与功能。但是由于采用自组织协同算法形成网络,其组网算法比较复杂。

(2) 分级网络结构

分级网络结构是无线传感器网络中平面网络结构的一种扩展拓扑结

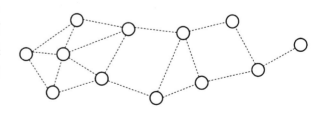

○ 传感器节点

图 11-2 无线传感器网络平面网络结构

构,如图 11-3 所示,网络分为上层和下层两个部分:上层为中心骨干节点;下层为一般传感器节点。通常网络可能存在一个或多个骨干节点,骨干节点之间或一般传感器节点之间采用的是平面网络结构。具有汇聚功能的骨干节点和一般传感器节点之间采用的是分级网络结构。所有骨干节点为对等结构,骨干节点和一般传感器节点有不同的功能特性,也就是说每个骨干节点均包含相同的 MAC、路由、管理和安全等功能协议,而一般传感器节点可能没有路由、管理及汇聚处理等功能。

分级网络通常以簇的形式存在,按功能分为簇首(具有汇聚功能的骨干节点:cluster-head)和成员节点(一般传感器节点:members)。这种网络拓扑结构扩展性好,便于集中管理,可以降低系统建设成本,提高网络覆盖率和可靠性,但是集中管理开销大,硬件成本高,一般传感器节点之间可能不能够直接通信。

（3）混合网络结构

混合网络结构是无线传感器网络中平面网络结构和分级网络结构的一种混合拓扑结构,如图 11-4 所示。

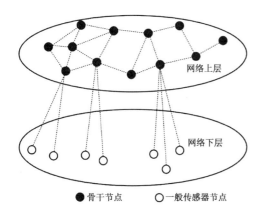

图 11-3　无线传感器网络分级网络结构

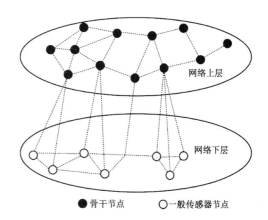

图 11-4　无线传感器网络混合网络结构

网络骨干节点之间及一般传感器节点之间都采用平面网络结构,而网络骨干节点和一般传感器节点之间采用分级网络结构。这种网络拓扑结构和分级网络结构不同的是一般传感器节点之间可以直接通信,可不需要通过汇聚骨干节点来转发数据。这种结构同分级网络结构相比较,支持的功能更加强大,但所需硬件成本更高。

（4）Mesh 网络结构

Mesh 网络结构是一种新型的无线传感器网络结构,较前面的传统无线网络拓扑结构具有一些结构和技术上的不同。从结构来看,Mesh 网络是规则分布的网络,不同于完全连接的网络结构(如图 11-5 所示),Mesh 网络通常只允许和节点近的邻居通信(如图 11-6 所示)。网络内部的节点一般都是相同的,因此 Mesh 网络也称为对等网。

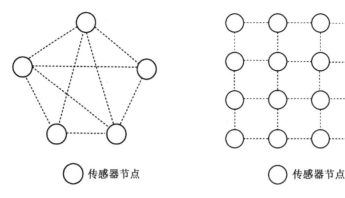

图 11-5　完全连接的网络结构　　　　图 11-6　无线传感器 Mesh 网络结构

11.2　传感器网络的节点构成

1）概述

传感器节点由传感器模块、数据处理模块、无线通信模块和能量供应模块四个部分组成,如图 11-7 所示。传感器模块负责监测区域内信息的采集和数据转换;数据处理模块负责控制整个传感器节点的操作,存储和处理本身采集的数据以及其他节点发来的数据;无线通信模块负责与其他传感器节点进行无线通信,交换控制消息和收发采集数据;能量供应模块为传感器节点提供运行必需的能量,通常采用微型电池。

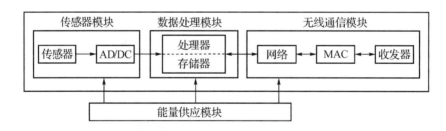

图 11-7　传感器节点结构

2）无线传感器节点的组成

传感器节点是无线传感器网络的核心组件。它是一种能够感知周围环境并匹配或存储信息的小型设备。随着半导体技术的进步,这些设备的成本一直在降低。目前市场上已经广泛使用的传感器包括 BEAN、BTnode、DOT、KMote 等。

这些小型的设备包括以下几个主要组件:

(1)传感器。在工程科学与技术领域里,可以认为:传感器是人体"感官"的工程模拟物。国家标准(GB/T 7665-2005)把它定义为:能感受被测量(包括物理量、化学量、生物量等)并按照一定的规律转换成可用输出信号的器件或装置,通常由敏感元件(sensing element)和转换元件(transduction element)组成。按照传感器的工作原理,可以将其分为温度传感器、声音传感器、光学传感器、化学传感器、生物传感器、电磁传感器等。

传感器用来在监测区域采集数据。A/D 传感器可以将在监测区域采集到模拟量转化为数字量用作下一步的处理。在无线传感器网络中应用到的传感器通常为小型的电磁传感器,它仅由能量有限的电池供应。所以,能量供应成为传感器组件的桎梏。这就需要在传感器的低功耗方面多做研究,尽量使用节能机制。例如,在军

图 11-8　BTnode 传感器

事领域中,我们可以轻松地将传感器设备投放到战斗区,但是却无法便捷地为这些传感器设备更换电池。因此,这就要求传感器设备是无监督并且低功耗的。

(2) 外存储器。无线传感器节点一般使用闪存作为它的外存储器。这是因为它有着小尺寸、大存储能力的两大优点。

(3) 微控制器。微控制器属于单片机的一种。它也有着尺寸小、执行能力强的优势。微控制器由处理器、随机存储内存和其他外部设备构成。除了微控制器,现在也出现了一些其他的替代品,它们具有相似的功能。例如数字信号处理器(DSP)、现场可编程门阵列(FPGA)、集成电路(ASIC)等。这些替代品虽各有优势,却也有其劣势,因此,微控制器凭借着其能耗低、计算能力强的优势,仍然是微小规模嵌入式系统的最优选择。

(4) 收发器。收发器是在通信过程中接收和发送数据与指令的元件。传感器网络通过无线电信号,以工业、科学、医疗(ISM)频段进行通信。

表 11-1　ISM 频段及说明

频率范围	说明
902~928 MHz	美国标准
2.4~2.5 GHz	全球 WPAN/WLAN
5.725~5.875 GHz	全球 WPAN/WLAN

(5) 能源。传感器节点的能量通过电池供给。在节点工作尤其是传输数据时,节点会消耗能量。电池成本的一步步下降已经让传感器节点的生产成本进一步下降。

11.3　主流的传感器网络通信技术

11.3.1　ZigBee 技术

ZigBee 技术是一种短距离、低功耗、低成本、低传输数据速率的无线通信技术,是基于

IEEE 802.15.4 标准的低功耗局域网协议。ZigBee 的命名来源于蜂群使用的通信方式,蜜蜂通过跳 ZigZag 形状的舞蹈来通知同伴发现的新食物源的位置、距离和方向等信息,因此用 ZigBee 来命名新一代无线通信技术的名称。该技术主要由 Honeywell 公司组成的 ZigBee Alliance 制定,发展于 1998 年,2001 年纳入 IEEE 802.15.4 标准规范之中,它主要适用于自动控制和远程控制领域,可以嵌入在各种设备中,ZigBee 过去也称为"HomeRF Lite""RF-EasyLink"或"FireFly"[1-2]。它的主要特点如下:

(1) 低功耗。在低耗电待机模式下,2 节 5 号干电池即可支持 1 个节点工作半年到两年,甚至更长的工作时间,蓝牙模式下可工作数周,Wi-Fi 模式下可工作数小时,相较于其他无线通信技术,低功耗是 ZigBee 的突出优势。

(2) 低成本。通过大幅简化协议,降低了对通信控制器的要求;ZigBee 免协议专利费,每块芯片的价格大约为 2 美元。

(3) 短距离。传输范围一般介于 10～100 m 之间,在增加 RF 发射功率后,可增加到 1～3 km。

(4) 短时延。ZigBee 的响应速度较快,睡眠到工作状态只需 15 ms,节点连入网络只需 30 ms,进一步节省了电能。

(5) 高容量。ZigBee 可采用星状、片状和网状网络结构,由一个主节点管理若干子节点,最多一个主节点可管理 254 个子节点;同时主节点还可由上一层网络节点管理,最多可组成 65 000 个节点的大网。

(6) 高安全。ZigBee 提供了三级安全模式。

(7) 免费频段。可采用全球频段(2.4 GHz)、欧洲频段(868 MHz)、北美频段(915 MHz),在这三种频段上分别具有最高 250 kb/s、20 kb/s 和 40 kb/s 的传输速率。

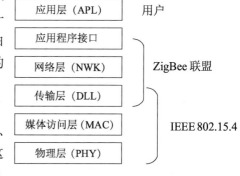

图 11-9 ZigBee 协议栈

ZigBee 协议从下到上分别为物理层(PHY)、媒体访问控制层(MAC)、传输层(DLL)、网络层(NWK)、应用层(APL)等。其中物理层和媒体访问控制层遵循 IEEE 802.15.4 协议标准,其网络层和应用层规范由 ZigBee 联盟制定,协议架构如图 11-9 所示。

11.3.2 Wi-Fi 技术

Wi-Fi 是一种使用无线发射器和无线电信号将宽带互联网连接到设备的方式。一旦发射器接收到来自互联网的数据,它就会将数据转换为无线电信号,该信号可由支持 Wi-Fi 的设备接收和读取,然后在发射器和设备之间交换信息。

1997 年,IEEE 制定出了第一个无线局域网通信标准 IEEE 802.11[4],工作频率为 2.4 GHz,采用的是直接序列扩频(direct sequence spread spectrum,DSSS)技术,允许设备之间以 2 Mb/s 的速度无线传输数据。1999 年 IEEE 又发布了 IEEE 802.11b[5]标准,最大传输速率为 11 Mb/s,工作在 2.4 GHz 频段,传输速率约为原始标准的 5 倍,使用了有线等效保密(wired equivalent privacy:WEP)协议来对网络中的传输数据进行加密,提高了网络的安全性。同年 IEEE 又发布了 IEEE 802.11a 标准,工作在 5 GHz 频段,采用正交频分复用(orthogonal frequency division multiplexing, OFDM)技术,最大数据传输率达到了 54 Mb/s。

2003 年,早期 Wi-Fi 版本的更快的速度和距离覆盖结合在一起,形成了 IEEE 802.11 g 标准,数据传输速度为 54 Mb/s。路由器也变得越来越好,比以前功率更高,覆盖范围更广。Wi-Fi 开始迎头赶上,与最快的有线连接的速度展开竞争。

2009 年出现了 IEEE 802.11n 的版本,也被称为 Wi-Fi 4,这一标准对 Wi-Fi 进行了很大的变革,引入了"多输入多输出"数据(MIMO),它使用多个天线来增强发射器和接收器的通信,它的最大连接速率为 600 Mb/s,它比其前身更快、更可靠。

2014 年发布了 IEEE 802.11ac[6],也称为 Wi-Fi 5,传输速度高达 3.5 Gb/s,但是它只支持 5 GHz,削弱了 2.4 GHz 下的用户体验。

2020 年 Wi-Fi 6[7] 的发布为更快的连接和技术之间的链接带来了巨大的希望,传输速度高达 9.6 Gb/s,比 Wi-Fi 5 的 3.5 Gb/s 提高了近 200%。Wi-Fi 6 不但有 Wi-Fi 5 的所有先进 MIMO 特性,并新增了许多针对高密部署场景的新特性。同年,Wi-Fi 联盟又宣布了 Wi-Fi 6 的扩展版 Wi-Fi 6E,工作频段除了原本的 2.4 GHz 、5 GHz 外,增加了 6 GHz 频段。

2022 年 2 月,美国高通公司推出全球首款 Wi-Fi 7 芯片——FastConnect 7800。在 3 个月后,5 月 4 日,高通公司又宣布推出支持 Wi-Fi 7 网络的第三代高通专业联网平台产品组合。同年 6 月,国内厂商新华三发布了全球首款 Wi-Fi 7 路由器——Magic BE18000。在 Wi-Fi 7 中,继续沿用了 Wi-Fi 6E 对 6 GHz 频段的支持;同时,在 320 MHz 频宽、4 K QAM、增强 MU-MIMO 等技术的加持下,Wi-Fi 7 的最高理论速率可以达到 46 Gb/s,是 Wi-Fi 6 最高理论速率的 3 倍以上。

各个标准的对比如表 11-2 所示。

表 11-2　不同 IEEE802.11 标准下的技术指标

协议标准	工作频率	信道带宽	理论最大传输速率	调制技术
IEEE 802.11b	2.4 GHz	22 MHz	11 Mb/s	DSSS
IEEE 802.11a	5 GHz	20 MHz	54 Mb/s	OFDM
IEEE 802.11g	2.4 GHz	22 MHz	54 Mb/s	OFDM/DSSS
IEEE 802.11n	2.4 GHz/5 GHz	20/40 MHz	600 Mb/s	MIMO-OFDM
IEEE 802.11ac	5 GHz	20/40/80/160 MHz	6.9 Gb/s	MIMO-OFDM
IEEE 802.11ax	5 GHz	40/160 MHz	9.6 Gb/s	MIMO-OFDMA
IEEE 802.11be	2.4 GHz/5 GHz /6 GHz	320 MHz	46 Gb/s	MIMO-OFDMA

11.3.3 蓝牙技术

1994年,爱立信公司为了替代RS-232总线开始着手研究一种新型的短距离无线通信技术,即实现一种线缆替代技术,让局部空间内的各类设备能够互联互通、协调工作,提供一种通用的无线接口标准。爱立信公司用丹麦国王哈洛德(Harald)的绰号(Harold Bluetooth)给它命名。

1998年,多家通信业巨头(IBM、Intel、东芝、诺基亚)加入到蓝牙技术的研发中,并成立了"蓝牙技术联盟(bluetooth special interest group, SIG)"。蓝牙技术旨在实现消费领域、工业领域中不同设备的组网通信,以建立个人局域网(PAN)为目标,并于1999年推出了第一个正式发布的技术版本。

2004年,蓝牙技术联盟推出了蓝牙2.0+EDR(enhanced data rate),使得蓝牙传输速率达到了2.1 Mb/s(262.5 KB/s)。2009年发布了蓝牙3.0+HS(high speed),借用Wi-Fi技术和AMP(alternative MAC/PHY,交替射频)技术,将数据传输速率提高到了24 Mb/s(3 MB/s)的理论值。2010年发布的蓝牙4.0包含三种协议,分别是传统蓝牙(classic bluetooth)、低功耗蓝牙(bluetooth low energy)和高速蓝牙技术(bluetooth high speed)。其中低功率蓝牙(BLE),芯片模块所需的最低功耗只有0.01~0.5 W左右,极大地降低了蓝牙设备的通信电力负担。2014年,V4.2版的蓝牙支持6LoWPAN(IPv6 over LR-WPAN,基于IPv6的低速无线个域网标准),使得蓝牙设备更易于接入互联网。2016年,蓝牙5.0针对低功耗设备,进一步提升了通信速率,并且能够结合Wi-Fi对室内的设备位置进行辅助定位。2017年7月19日,蓝牙技术全面支持Mcsh网状网络。

蓝牙技术发展至今,不断追求无线通信的性能:高的传输速率、低功耗、网络接入和安全配对,从多方位满足对各种短距离通信应用的需求。

11.3.4 LoRa技术

随着对传感节点数量需求的爆炸性增长,近距离无线数据传输技术已经无法满足无线传感网络部署的需求,低功率广域网[8](low power wide area network,LPWAN)的出现解决了这个问题。LPWAN可以实现低比特率进行长距离通信,具有功率低、带宽低、通信距离远的特点,可以实现大量传感节点接入网络。LPWAN按照频段授权情况可以分为未授权频谱和授权频谱两种。

LoRa,是long range的缩写,是由法国公司Cycleo于2009年推出的面向长距离、低功耗无线通信技术。不同于其他技术的物理层频移键控(FSK)调制方案,该技术基于扩频调制技术(spread spectrum communication)技术,其特点是传输信息带宽比信息本身所需的最小带宽大得多。LoRa拥有长距离、低功耗、安全、标准化、地理定位、移动性、高性能和低成本等特性。LoRa是一种高度自由的未授权频谱的低功率广域网技术,具有较长的传输距离(城市传输距离可以达到8 km,郊区传输距离可以达到25 km)、低功耗、较长的续航能力、低成本等特点。

11.3.5 NB-IoT 技术

NB-IoT(narrow band internet of things)是由我国华为、中兴等公司牵头全球多家企业共同参与制订的基于移动蜂窝网络的窄带物联网标准,2016 年通过 3GPP (The 3rd Generation Partnership Project)标准组织的标准化评估,下行采用 OFDMA 方案,子载波间隔为 15 kHz,上行采用 SC-FDMA 技术,支持单子载波和多子载波两种发送模式。NB-IoT 可以利用现有的网络架构(如 LTE、GSM)实现快速部署,与传统的 LPWAN 技术相比,NB-IoT 在只占用 180 kHz 情况下就可以进行部署,在牺牲了一定速率、时延、移动性等特性之后,换取了低功耗、低成本、广域网的承载能力,极大地促进了该技术的广泛应用[9]。综合来看,NB-IoT 的特点有如下几点:

(1) 覆盖范围广。相比传统的 GSM、LTE 系统,NB-IoT 有更好的覆盖能力(20 dB 增益),在开阔区域内,一个基站可以提供 10 倍于传统蜂窝技术的覆盖面积。

(2) 海量连接。依据 3GPP 45.820 业务模型,即同一个扇区在 24 h 内能够提供约 5 万个终端连接[10]。

(3) 低功耗。系统模组理论工作时间可持续 10 年,NB-IOT 引入了 eDRX 省电技术和 PSM 省电模式,进一步降低了功耗,延长了电池使用时间。

(4) 成本低。NB-IoT 可与 4G/LTE 进行绑定部署,从而直接连接进入了 LTE 的公共 TCP/IP 网络;NB-IoT 通信模组价格在 5 美元之内甚至更低。

11.3.6 Z-Wave 技术

20 世纪 90 年代末丹麦 Zen-Sys 公司推出 Z-Wave 无线组网标准,建立起一套通信机制完善的 Z-Wave 协议。Z-Wave 是一种新兴的基于射频的、低成本、低功耗、高可靠、短距离无线通信技术。工作频带为 868.42 MHz(欧洲)～908.42 MHz(美国),采用 FSK(BFSK/GFSK)调制方式,数据传输速率为 9.6 kb/s,信号的有效覆盖范围在室内是 30 m,在室外可超过 100 m,适合于窄宽带的应用场合,尤其是在智能家居无线控制领域有着极为广泛的应用。

中国 Z-Wave 技术在 868 MHz 频带下工作,避免了与 Wi-Fi 和蓝牙的 2.4 GHz 工作频带冲突;信号的穿透能力要比 2.4 GHz 更强,相对于 2.4 GHz 通信技术来讲 Z-Wave 衰减较小[11]。Z-Wave 采用双向传输的无线通信技术,可以实现操控信息及设备的状态信息在控制终端和后台的显示。同时,Z-Wave 网络具有自我诊断、自我修复的功能,每个控制器都具备动态分配路由权限的功能。整个通信过程采用单一报文的通信机制,可以实现点对点的通信进程[12],具有传输稳定性好、系统可靠性高、通信实时性好的特点。其网络适应性比较强,可以依据网络环境的变化而做出适时的调整,排除各种网络通信故障,规划建立新的通信路径,设备安装的位置也比较灵活。

Z-Wave 与 ZigBee 是低成本、短距离、低功耗的两种代表性无线通信技术,它们的主要的参数对比如表 11-3 所示。

表 11-3　Z-Wave 与 ZigBee 主要参数对比

	覆盖范围(m)	唤醒时间(s)	接收灵敏度(dBm)	使用权	成本(美元)
Z-Wave	室内：30 室外：>100	5	−98	免费	1
Zig Bee	10~100	15	−94	免费	2

11.4　传感器网络的关键技术

传感器网络在实际应用中的性能表现受到多种技术因素的叠加影响,这些关键技术是目前亟待解决的问题,需要进一步模型化和量化。它的核心技术包括:时间同步、感知精度、能源有效性、自组织管理、可扩展性、容错性、安全性等。

1) 时间同步

在无线传感器网络这样的分布式系统中,并没有全局时钟来为地理位置分散的节点提供统一的时间基准,节点对时间的认知来自各自维护的本地时钟。由于各节点时钟的计时速率不一,因此在同一时刻,不同节点的本地时间值不尽相同。时间同步研究的目标就是使分布式系统中的节点对时间的认知达到并保持一致。时间同步是无线传感器网络支撑技术之一,准确的时间信息是无线传感器网络应用和自身协议运行的基础传感器。

2) 感知精度

传感器网络的感知精度是指观察者接收到的感知信息的精度。传感器的精度、信息处理方法、网络通信协议等都对感知精度有所影响。感知精度、时间延迟和能量消耗之间具有密切的关系。

3) 能源有效性

传感器网络的能源有效性是指该网络在有限的能源条件下能够处理的请求数量。节点的能量成为无线传感器网络发挥效能的瓶颈。能源有效性是无线传感器网络的重要性能指标。传感器的节点不断地接收信息,形成了不间断的信息流,而节点的电能是有限的,为提高传感器网络的续航能力,需要对节点及网络的能量利用进行科学高效的设计,制定高效的休眠机制来降低能量消耗;同时,利用能量挖掘技术从环境中挖掘能量,使节点具有能量补充的能力,从根本上解决节点的能量供给问题。

4) 自组织管理

多变的网络状态、大量的数据及外在环境要求无线传感器网络要具有自组织能力,能够自动组网运行、自行配置维护、适时转发监测数据。自组织管理技术使用网络通信协议提供的服务,通过网络管理接口来屏蔽底层的细节,使终端用户可以方便地管理资源分配。其自组织管理技术包括:节点管理、资源和任务管理、数据管理、初始化与系统维护等。

5）可扩展性

传感器网络可扩展性表现在传感器数量、网络覆盖区域、生命周期、时间同步、自组织管理、感知精度等方面的可扩展极限。给定可扩展性级别，传感器网络必须提供支持该可扩展性级别的机制和方法。

6）容错性

由于环境干扰或其他诸多不确定性因素，节点失效、通信链路故障和数据的丢失等问题在传感器网络中是不可避免的，涉及网络部署、路由、数据处理等环节，物理的维护或替换常常是十分困难的。因此，为了消除故障带来的影响，必须提高传感器网络的软硬件容错能力，以保证系统具有高的鲁棒性。

7）安全性

传感器网络存在信号干扰、非法窃听、恶意路由等问题，特别是在安防网络、军事监视等部署无线传感器网的安全问题上。例如：由于传感器网络大多采用无线射频连接，电磁信号的干扰可能会使通信网络瘫痪；恶意发出入侵数据包以非法窃取或者修改重要信息；针对无线传感网络能量有限性的特点，发送大量无用的数据包导致能量耗尽而瘫痪。为保证数据和任务的安全，传感器网络要建立更高、更强的安全机制。

11.5　传感器网络的应用

1）军事应用

传感器网络具有可快速部署、可自组织、隐蔽性强和高容错性的特点，因此非常适合在军事上的应用。通过飞机或炮弹直接将传感器节点播撒到敌方阵地内部，就能够非常隐蔽而且准确地收集战场信息，迅速获取有利于作战的信息。传感器网络由大量的随机分布的节点组成，即使一部分节点被敌方破坏，剩下的节点依然能够自组织地形成网络。

传感器网络已经成为军事 C^4ISR（command, control, communication, computing, intelligence, surveillance and reconnaissance）系统必不可少的一部分。美国国防部预先研究计划署很早就启动了 SensIT（sensor information technology）计划。该计划的目的就是将多种类型的传感器、可重编程的通用处理器和无线通信技术组合起来，建立一个廉价的、无处不在的网络系统，用以监测光学、声学、振动、磁场、温度、污染、压力、湿度、加速度等物理量。

2）环境观测和预报系统

随着人们对于环境的日益关注，环境科学所涉及的范围越来越广泛。传感器网络在环境研究方面可用于监视牲畜和家禽的环境状况、农作物灌溉情况、土壤空气情况和大面积的地表监测等，也可用于动植物养殖、行星探测、气象和地理研究、洪水监测等，还可以通过跟踪鸟类、昆虫及其他小型动物进行种群复杂度的研究等。

传感器网络还有一个重要应用就是生态多样性的描述，能够进行动物栖息地生态监测。美国加州大学伯克利分校 Intel 实验室和大西洋学院联合在大鸭岛（Great Duck

Island)上部署了一个多层次的传感器网络系统,用来监测岛上海燕的生活习性。

3) 医疗护理

传感器网络在医疗系统和健康护理方面的应用包括监测人体的各项生理数据,跟踪和监控医院内医生和患者的行动,管理医院的药物等。

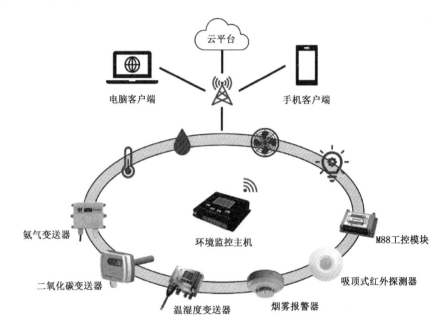

图 11-10　传感器网络在养殖行业的应用

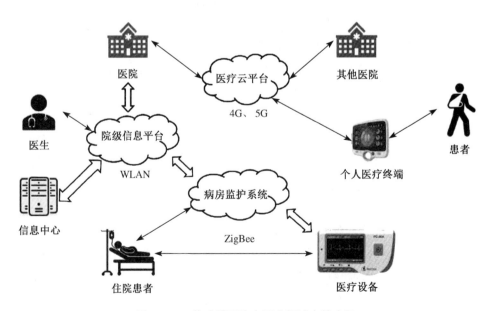

图 11-11　传感器网络在医疗领域中的应用

人工视网膜是一项生物医学的应用项目。在美国"智能感知与集成微系统（smart sensors and integrated microsystems，SSIM）"计划中，由 100 个微型的传感器组成的芯片可以实现人体视网膜的功能，使失明者或者视力极差者能够恢复到一个可以接受的视力水平。

4）建筑物健康状态监控

建筑物健康状态监控是利用传感器网络来监控建筑物的安全状态。由于建筑物不断修补，可能会存在一些安全隐患。美国加州大学伯克利分校的研究人员采用传感器网络，让大楼、桥梁和其他建筑物能够自身感觉并且意识到它们本身的状况。使得安装了传感器网络的智能建筑自动告诉管理部门它们的状态信息，并且能够自动按照优先级来进行一系列自我修复工作。

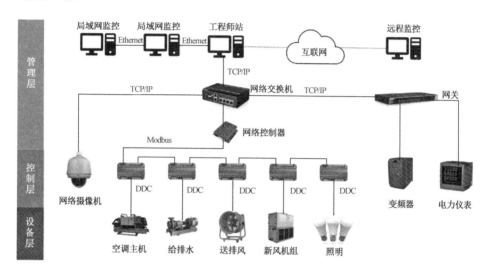

图 11-12 楼宇自控系统

5）智慧矿山

当前，煤矿资源是一种应用较广泛的资源，因而，煤矿事业的发展至关重要。对于从事煤炭经营的企业而言，确保煤矿的安全生产是一项重要工作前提。然而矿井的工作环境往

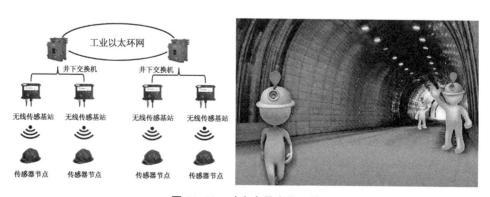

图 11-13 矿山人员定位系统

往都是非常恶劣的,并且其中的工作人流量相对而言也比较多,因此常常出现比较危险的情况。对此,无线传感器网络的应用就可以有效解决这些问题。以无线传感器网络对井下人员的定位为例。首先,是将 ZigBee 传感器节点进行安装,通常都是安装在井下工作人员的安全帽上,而这些 ZigBee 传感器节点都可以负责在井下发出信息;并且在井下工作人员的安全帽上安装报警键,这样一来,在井下工作人员遇到危险的突发情况时可以快速地通过按报警键来向外界求助。其次,可以结合矿井的实际情况,在需要工作的区域进行 150～200 m 的间隔划分,每个间隔的划分点安装一个 ZigBee 无线传感基站模块,这些 ZigBee 无线传感基站模块负责接收各个井下人员安全帽上 ZigBee 传感器节点发出的信息;并且,针对一些有着特殊需要的位置也要进行 ZigBee 无线传感基站模块的安装,以形成完整的分散形式无线通信网络。而在这整个无线通信网络中,每个 ZigBee 无线传感基站模块都充当着一个网络节点,负责接收信息数据。在整个过程中,井下工作人员的位置就可以通过各个节点进行传递,最后传进 GPRS 无线网络当中,而井下工作人员的定位也就由此完成。

习题与思考题

11-1 传感器网络的结构有哪些? 分别说明各种网络结构的特征以及优缺点。

11-2 传感器的终端探测节点由哪几部分构成? 简要介绍各组成部分对节点性能的影响。

11-3 对比本章中给出的主流传感器网络通信技术的特点,查阅相关文献汇总各技术主要的应用领域与场景。

11-4 请给出你认为传感器网络中三个重要的关键技术并说明原因。

11-5 结合本章介绍的传感器网络通信技术和其他知识,结合实际生活中潜在的应用,进行方案设计及论证。

参考文献

[1] Adams J. The ZigBee Alliance "Meet the ZigBee Standard"[EB/OL]. [2021-12-05].http://www. ZigBee.org.

[2] 李方.基于 ZigBee 的位置指纹法室内定位技术研究[D].哈尔滨:哈尔滨工业大学,2012.

[3] 穆嘉松.基于节点移动性的 ZigBee 网络自适应路由策略研究[D].天津:天津大学,2011.

[4] Francesco G, Sanabria-Russo L, et al. A High Efficiency MAC Protocol for WLANs:Providing Fairness in Dense Scenarios[J]. IEEE/ACM Transactions on Networking:A Joint Publication of the IEEE Communications Soceity, the IEEE Computer Society, and the ACM with Its Special Interest Group on Data Communication, 2017, 25(1):492-505.

[5] Li G M, Xu M H, Liu W, et al. Analysis and Improvement of Cooperative MAC Based on IEEE 802.11b in Wireless Networks[C]// 2019 IEEE 19th International Conference on Communication Technology (ICCT). Xi'an, China. IEEE, 2019:1037-1041.

[6] Gong M X, Hart B, Mao S W. Advanced Wireless LAN Technologies:IEEE 802.11AC and Beyond

［J］. Getmobile Mobile Computing & Communications，2015，18(4)：48-52.

［7］Khorov E，Kiryanov A，Lyakhov A，et al. A Tutorial on IEEE 802.11ax High Efficiency WLANs ［J］. IEEE Communications Surveys & Tutorials，2018(5)：19-40.

［8］袁鹏宇. LPWAN 网络接入策略研究［D］.北京：北京邮电大学，2019.

［9］Hoymann C，Astely D，Stattin M，et al. LTE release 14 outlook［J］. IEEE Communications Magazine，2016，54(6)：44-49.

［10］郭宝,刘毅,张阳.NB-IoT 网络与业务协同优化[J].电信科学,2018,34(11):148-155.

［11］屠明,赵彦博,韩育松.开放数据业务的模拟信道的测试技术[J].中国数据通讯,2001(2):65-70.

［12］王小荣,龚小斌.无线技术在智能家居中的应用[J].智能建筑电气技术,2009,3(3):97-98.

第 12 章 集成式智能传感器

传感器作为计算机技术的三大基石之一,是当前世界各国家竞相发展的新兴科技,我国也把开发传感器技术作为在今后五十年里优先发展的十项高尖端技术之一。而国外传感器的发展趋势,从过去大多以分立传感器为主,如今也在向着系统化、多能化和智能化等方向蓬勃发展。集成式智能传感器所涵盖的知识及应用领域十分广阔,其研制与开发更多地与其他科学技术的发展息息相关。这不仅反映在电力、建筑材料、化工、物理研究等应用领域的高新技术促使大批新感应器的产生,同时也反映在感应器的研制与开发对这些应用领域提供了不少新需求与新课题。

12.1 传感器集成化技术

在工业自动化、网联化、微型化等趋势下,传感器产品的广泛应用已经具备了坚实的物质基础,而用户对传感器性能多样化的需求也日益旺盛。所以,传感器的集成化趋势也日益明显。传感器的集成化主要是指通过集成电路制造工艺和微型机械加工技术,把许多功用相同、特性相似或作用原理截然不同的传感器部件,组成一维面型感应器或二维面式(阵列)传感器;又或者通过微电子工具制造工艺与微型电子计算机接口技术,把传感器的功用控制、补偿和电路整合到同一个晶片上。

传感器集成化的原理,是指通过半导体技术把感应器元件和信号预处理电路、输入/输出端口、微处理器等制作到同一个晶片上,以组成多集成电路智能传感器,故亦称为集成化智能传感器。这一集成式传感器具有功能多、集成化、精度高、适宜大规模量产、体积小和易于应用的优点,也是传感器开发的必然需求,它的实现将取决于半导体系统集成技术水平的提升和完善。

现如今,传感器产品的集成主要可归结为两个分支:其一是把直接采用半导体元件的特性构成的单片集成电路传感器;其二则是把分立的小型传感器制作于硅片上的混合集成传感器产品。传感器科学技术的研究与发展的主要特点,体现在研究和使用新型物质、发掘和应用新过程与新功能,以及微机械加工技术的大规模应用等方面上。纵观近十年来感应器科学技术的飞速发展,现代传感器的产品已具备了微型化、集成化、低功耗和无源性、数字化、智能化的特点。

伴随着半导体集成电路技术的进展,传感器也能够与更多的接口式集成化系统和信号处理电路设计在同一个晶片上或密封在同一个管壳里,这便是集成化传感器(integrated sensor)。集成化传感器产品是按国际标准的硅基半导体集成电路的工艺技术生产的。传感器产品的集成主要有以下两个重要意义:其一是将感应器与其后级的扩展集成电路、计算集成电路、频率补偿电路等整合到同一个器件上。这和普通传感器比较,它有体积小、反应迅速、抗干扰、安全性高的特性。其二是将多个相同的敏感元件或各种不同的敏感元件集成在同一芯片上,如平面图像传感器就是将上百个相同的光敏二极管集成在同一个平面上。

传感器的集成化也是一种从低级到高端,从简到繁的发展过程。在集成化技术中还没有彻底将所有传感器和全部处理器集成电路整合到一起时,人们总是要选择将几个功能较基本、较容易或集成后能大幅度提高传感器性能的集成电路和传感器整合到一起。通过传感器集成技术把几个功能相似或者不同类型的敏感元件制作到同一个晶片上组成传感器阵列,这一集成化技术具有以下三方面的内涵:将多种功能完全相同的敏感单元整合到一块晶片上;用于检测被记录的空间分布信号;对几个构造相似或者功能相似的敏感单元进行整合,对各种种类的传感器进行整合。

由于微米/纳米科技的出现,以及大型嵌入式集成电路制造工艺技术手段的日益完善,集成电路器件的密度也愈来愈大。使得各种芯片的性能与价格相对比日益提升,相反地也推动了微加工技术发展,产生了与常规传感器产品制造技术截然不同的现代传感器产品制造工艺。这一传感器产品具备微型化、功能一体化、精度高、多用途、阵列型、全部数字化,以及使用方便、操作简便等优点。但如今传感器产品集成化的发展趋势主要表现为功能性阵列化和发展谐振型传感器产品,大大提高了软件数据处理能力。

但是,要在一个晶片上做到集成化有很多问题必须克服,包括对于功率和自热、电磁耦合所造成的影响,以及一个晶片上的所有以上问题的解决;标准化集成电路选用的敏感元件;同时还有许多其他问题需要解决。因为一块芯片上实现传感器的集成化不总是必需的,所以需要更实际的方式为混合实现。

接下来将介绍几种传感器集成化的方式。

1) 调节和补偿电路

将电源电压稳定电路与传感器整合到一起,不但大大降低了传感器对外部供电的需求,更便于应用,而且使输入输出数据的安全性也获得了提高。但因为金属传感器,尤其是半导体传感器对环境温度的灵敏性一般都比较高,所以良好的环境温度补偿系统更有着关键的重要性。针对分立模块型传感器的特点,温度补偿通常是利用外界感温器件构成高温补偿电路进行的,但是因为传感器的实际工作温度与外界感温器件并不一致,从而难以达到预想的温度补偿结果。所以只要把温度补偿电路和传感器元件整合到同一个晶片上,那么温度补偿电路就可以很好地感知传感器件的实际工作温度,从而得到较好的温度补偿效果。

2) 信号放大和阻抗变换电路

将信号放大和阻抗变换电路与传感器元件整合到一块,就能够进一步提高信号的信噪比,进而控制外部干扰的影响。输电线路往往是干扰噪声的另一个主要源头,在传感器输出信号较弱和传感器输出阻抗高的情形下,输电线路的干扰噪声与信号将同时被后级放大电路放大。但在集成传感器时,因为将传感单元与放大、阻抗变换系统整合在一起,将传感单元所生成的信息经过放大和阻抗变换之后再通过输电线路馈送给后端的信息处理系统,这样,在传输线上的干扰作用也就大为减弱。

3) 信号数字化电路

增强抗干扰能力的另一个可行方法是把图像信息转变成数字信息。通常的做法是在器件上首先将输出数据转换成相应信号的交变数据,然后将交变电流转为数字信号。各种电流控制振荡器和电流检测放大器均可实现此目的。

为满足控制器的需要,我们常将传感器的输出转换成为开、闭两个状态的输出以进行监控。当被测信号强度超过某一阈值时,输出由某个状态转变至另一种状态。为克服因被测信息在阈值周围所受扰动而影响的输出状态,人们往往将一个施密特触发器与开关电路整合到一起。

4) 多传感器的集成

利用融合传感器还能够将几个同样型号的传感器或几个不同型号的传感器整合到一起。把几个相同种类的传感器整合到一起就可以通过对不同传感器的检测结果进行对比,去除功能异常及元件损坏的检测数据。可以根据正常功能元件的检测数据求得平均值以提高检测准确度。

把多种性能不同的传感器整合到一起,它能够同时完成多种数据的检测。还可根据上述系数的计算加以综合分析,得到一个反映被测系统的整体情况的系数。比如,对内燃机的气压、水温、排气成分、速度等信息进行计算及分析处理可得到内燃机燃烧充分情况的整体数据。

5) 信号发送接收电路

在某些场合中,传感器必须放置在移动的设备中,或者放置在有危险的密闭场所中,或放置在被测试的生物体内,这时测得的信号需要通过无线电波或光信号的形式传送出来。在这种情况下,若将信息传输电路与传感器整合到一起,那么测试系统的重量可大幅度降低,尺寸可大幅缩小,为测试提供很大便利。此外,如将传感器和射频信号接收电路及其一些控制电路整合到一起,那么传感器可以接收外部控制信号从而改变测量方式和测量周期,甚至关闭电源以减少功率消耗等。

总之,将传感器与半导体及嵌入式集成电路技术相结合,使传感器具备集信息探测、信号控制放大、数据转换和数据处理于一身的新特性,这是今后传感器技术的重要发展方向。随着集成电路工艺的完善,集成传感器中集成模块也会更多模块也会更多,集成传感器的功能也会越来越强。

12.2 集成式传感器技术

12.2.1 集成式传感器的概述

集成式传感器是在半导体集成技术、分子融合技术、微电子技术和计算机科学等基础上进一步发展出来的。集成式传感器是把感应器件、检测集成电路和各种温度补偿元器件等整合到同一个晶片上,其容积小、体重轻、功能强大、特性较好。比如,由于在灵敏器件和放大集成电路的中间没有了信息传输导线,从而减少了对外界的干扰并增强了信噪比;由于温度补偿器件和灵敏器件处于相同工作温度下,能达到优异的补偿效应;由于信息传输与接收集成电路和敏感性元器件整合到了一块,使得遥测感应器十分小巧,可以置于狭小、密闭的空间中或者置于生物体内部,从而实现了遥测与监控。目前应用的集成式感应器主要有集成式电压感应器、集成式温度传感器、集成式霍尔传感器等。把若干种不同的敏感性元器件整合到同一个晶片上,构成多功能感应器,能够同时检测多个参数。集成传感器的种类很多,可大致归为以下两种类型:传感器本身的集成化和传感器与后续电路的集成化。

1) 传感器本身的集成化

感应器本身的系统化、集成化,主要包括以下两种情形:一种是具备相似特性的感应器的系统化。例如电荷耦合器件(CCD)是在某个半导体晶片上整合了数个光电子感应器的系统化装置。再如把几个特性相似的光敏二极管整合到一块晶片中,作为摄像仪上的感光元件。这种综合集成化的优点是将从对一点的检测,延伸到对一条线、某个水平甚至对空气的检测。另一种是对各种功用感应器的综合集成化,即一种感应器具备多种功用。例如将体温和湿度感应器整合到一块,就能够同时测量温度和湿度。

2) 传感器与后续电路的集成化

这种集成化还可以包括以下两种情形:一种是传感器的测量电路的集成化。例如将光电感应器与其放大电路整合在一起,以降低干扰,增加精度;在硅片上的薄膜感应器和放大电路所形成的加速度传感器等。另一种则是把传感器与其他信息处理系统综合在一起。如微机式的传感器,既具有传统传感器的特性,同时还具备了识别与计算的能力、信息处理与非线性滤波的能力、多个输入输出系统的组合能力和对同一信息的长周期重复处理能力等,以及对系统的调整和管理的能力等。所以,这种传感器就是一个多功能型的传感器。

与传统传感器相比较,集成化传感器具备微型化、结构一体化、阵列型、检测精确、多用途、完全数字化等优点,可以减小传统传感器系统的尺寸、节约制造成本,而且使用方便、操作简便,是目前国际市场上传感器研发的热点,更是未来传感器技术发展趋势的主流。

12.2.2　几类常用的集成式传感器

1) 集成霍尔传感器

集成霍尔传感器将所有温度补偿集成回路、反相放大器和稳压电源或恒流电源等做到同一个芯片上。集成霍尔传感器，其引出线类型根据集成电路特性而确定。一般按照集成电路与霍尔器件之间作用环境的差异，将集成霍尔传感器划分开关型、线性型两类。

开关式集成霍尔感应器可以和数字电路直接配合使用，作为控制器、系统、仪器的开启或关闭，能够输出数字信号。开关式集成霍尔感应器主要由霍尔元件、差分放大器、施密特触发器、功率放大显示输入输出等部门构成。

图 12-1 是开关型集成式霍尔传感器内部电路，与霍尔元件串联。由于霍尔器件的输出电流随着环境温度的提高而降低，而二极管的压降则随着环境温度的提高而降低，这产生了相应的补偿效果。霍尔元件的输出信号都是在毫伏级，因此该电路通过了差分放大器加以放大。而差分放大器由三极管 T_1、T_2 等和电阻 R_1、R_2、R_3、R_4 等所构成，这可以把霍尔电压范围扩大至能够驱动下一级的电路。T_4、T_5、R_5、R_6 等组成了施密特触发器，这可以把经过差分放大后的霍尔电流信号整形成矩形脉冲，再经过 T_7 的集电极输出对高低电平有效的数字信号。

如图 12-1 所示，补偿元件 D_1、D_2 是对霍尔元件本身温度作温度补偿。实际工作中，在霍尔传感器内的差分放大器、施密特触发器等存在温度漂移的现象。因此，在某些传感器内部又增加了电源调整电路，这种带有内部稳压电源的开关型集成式霍尔传感器的温度特性更加理想。

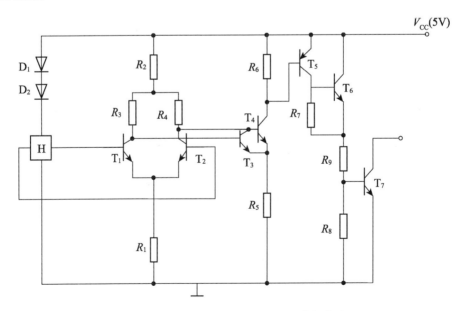

图 12-1　开关型集成式霍尔传感器内部电路

线性型集成霍尔传感器把所有霍尔元件的电流通过耦合多个回路并整合到了一块，从而形成对磁感应强度灵敏的输出器件,它的输出电流在特定区域内和磁感应强度具有对比关系,因此可以广泛地应用于无接点测量距离、无刷直流电机、位移传感器等领域场合。

线性型集成霍尔传感器的最大输出功率是模拟量,因此线性型集成霍尔传感器的输出电流随着外加磁感应强度 B 的变化而呈直线变化。按照信号输入输出类型,线性型集成霍尔传感器又可以分成单端输出的线性型集成霍尔传感器和双端输出的线性型集成霍尔传感器。

(1) 单端输出的线性型集成霍尔感应器的工作原理图和外形尺寸见图 12-2,这一传感器为塑料扁压封装的三端模块,尺寸上也分 T 形和 U 形两类,但它们只在厚度上有所不同。

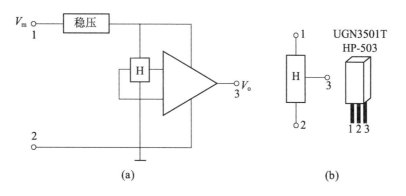

图 12-2　单端输出线性型集成霍尔传感器

(a) 原理图;(b) 外形图

(2) 双端输出线性型集成霍尔传感器如图 12-3 所示,双端输出型霍尔传感器一般使用八脚封装,①、⑧两脚作为差动输出,而⑤、⑥、⑦三脚之间接一个电位仪,主要用来对不等位电势能做出补偿,且能够提高线性,只是灵敏度有所下降。当允许有不等位电势能输出时,则该电位器可不接。

如图 12-3 是一个简单的两端输出线性型集成霍尔传感器的电路结构,这一结构用于一些精度不太高的场合。这一电路结构中有两级差分放大器。霍尔传感器的最大输出工作电压是通过 T_1、T_2 与 R_1、R_2、R_3、R_4、R_5 构成的第一级差分放大器放大,T_1、T_2 的射极电阻 R_3、R_4 能使放大器的输出阻抗增大,能够起到改善放大器的线性和动态范围的作用。第二级差分放大器由达林顿管 T_3、T_4、T_5、T_6 与 R_6、R_7 组成,R_8 为红外电阻,调整该级的工作点和改善电路的增益能够通过选择 R_8 的阻值来实现。

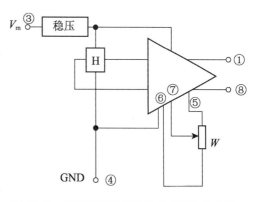

图 12-3　双端输出线性型集成式霍尔传感器

2) 集成温度传感器

集成温度传感器是将温度传感器、放大电路、温度补偿等功能集成在同一块极小的芯片上而制成的,是可以完成温度测量及信号输出功能的专用 IC。按输出的信号可以分为模拟集成温度传感器和数字集成温度传感器。模拟集成温度传感器是最简单的一种专用于测量温度的集成化传感器。按照其输出方式的不同,模拟集成温度传感器可分为电流输出型和电压输出型,它们输出电压(电流)与摄氏温度成正比。

电流输出型的输入输出电压极高,因而能够很简便地通过双股绞线实现几百米长的精确温度遥感或遥测(不用顾及长线上带来的信号流失和噪声),并能够应用于多点温度检测系统中,而不必考虑选择开关电源或多路转换器而造成的因接触电流所产生的温度误差。典型的大电流输出式模拟集成温度传感器有 AD590、AD592、LM334 等多种类型。

电压输出型的优点是直接输出电压,且输出阻抗低,容易读出、控制电路接口,因而设计电路相对简单。常见的电压输出型有 ITMP35/36/37、LM35 系列、LM135 系列等。

数字集成温度传感器,是在传统模拟集成温度传感器的基础上开发而成的。它把温度传感器、A/D 变换器、寄存器、连接控制器等整合到同一块存储设备内,功能最强大的还以中央处理器、只读存储器、随机存储器等方式提供被测数据。它测试错误低,分辨率设置好,阻抗范围大,抗干扰能力好,可遥控传送数据。它还能按照要求设定环境温度的最大值和下界,设有主动警报功能并自带串行总线连接,适配于各类嵌入式的微控制器,包括水温监测、告警设备等。和传统模拟型最大的差别就在于它还引入了数字化功能,可遥控传送数据。数字集成温度传感器广泛用于高温检测、多路高温测控、电子计算机等现代办公设备和家电系统等。

(1) 基本原理

晶体管的各种特性与温度有很大关系,虽然这些特征对一般应用比较不便,但可以利用这些特征对高温环境的依赖性关系,生产各种形态的 PN 结温度传感器。例如,当集电极电流 I_c 为常数时,晶体管的基极-发射极电压 V_{be},是热力学温度 T 的函数:

$$V_{be} = \frac{KT}{Q} \ln (I_c/A) \tag{12-1}$$

式中 K 为玻尔兹曼常数;Q 为电子的电荷量;A 为与温度以及晶体管的结构、材料等多种因素有关的系数。

系数 A 的存在,使 PN 结与温度的关系复杂化,因而单一的 PN 结难以用来测温。集成水质传感器的基本原理是,利用集电极电流之比恒定的两个晶体管的 V_{be} 之差 ΔV_{be} 与温度的依赖关系来检测温度。当两个晶体管置于相同温度,且它们的集电极电流比为常数,即 $I_{c1}/I_{c2} = p$(常数)时,则有

$$\Delta V_{be} = (KT/Q) \ln (p\gamma) \tag{12-2}$$

所以,只要选用两种功能基本相同的晶体管,将其运行于不同的电流下,通过它的基极-发射极压差来测量,即可得到功能优异的温度传感器。

(2) 基于 AD590 传感器构成的集成温度传感器

AD590 传感器,是由美国公司哈里斯集团(Harris)与模拟器件公司(ADI)等制造的恒

流源型综合温度传感器,具有测量偏差低、动态阻抗大、响应快、热传递距离远、体积小、微功率大等特性,适用于远距离测量与控温,且不要求任何非线性的校正。各个企业所生产的分档方式和技术指标也会不同。由美国 ADI 公司所制造的 AD590,分 AD590J/K/L/M 四档位。这一类元件的形式和低功耗晶体管集电极相近,共三个管路:1 脚为正极,2 脚为负极,3 脚连接壳。在应用过程中将三脚连接,即可发挥热屏蔽功能。AD590 的测温误差主要有校准误差和非线性误差。其中的校准偏差是系统误差,可利用硬件及软件的处理使其减少。若配用可调零及调满度(两点可调)的集成电路,则能够将以上两个偏差减至最低。常用的补偿方法有两种:单点调整和双点调整。

单点调整的方法如图 12-4 所示,这也是一个最简便的办法,只是在接电阻中串联一个变化阻值 R_w 即可。在工作温度 25℃时,通过适当调控可变电阻,使电路的输出电压值为 298.2 mV。但由于一些调控仅是对一个温度控制点加以调控,所以在整体工作温度范围内还是出现了偏差,对于将这一调控点选在哪个温度值较好,则要看范围来定。

双点调整法如图 12-5 所示,它不但可以调节校正偏差的程度,同时也可以校正斜度偏差,提升检测准确性。图中以 AD581 作为 10 V 的基准电流源,在 0℃与 100℃这两点间加以调节,再利用运算放大器,使输出电流的温度调节系数达到了 100 mV/℃。先使 AD590 处于 0℃,再调整 R_{w1} 使输出 $U_o=0$ V,然后再使 AD590 处于 100℃,再调整 R_{w1} 使输出 $U_o=$ 10 V。

如图 12-5 所示,将 AD590 和一电阻阻值为 1 kΩ 的电阻并联后,即得基本温度测量电路。从 1 kΩ 的电阻上可以得到正比于绝对温度值的电流输出 U_o,其灵敏度是 1 mV/℃。而因为 AD590 的动态电阻值高,所以这个电路也可以与一般的双绞线实现远距离检测。另外还可用多只 AD590 进行温度测量。

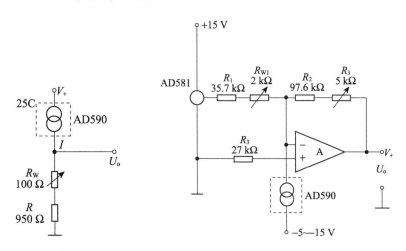

图 12-4　单点调整电路　　　图 12-5　双点调整电路

图 12-6(a)为串联测量电路,这时电阻 R 上的电流是三个中最小的,能够测出最低温度值;图 12-6(b)为并联测量电路,能够测出三个器件的温度平均值;图 12-6(c)为温差测量

电路,这一电路中利用两块 AD590 组成温差测量电路,两块 AD590 分别处于两个被测点,其温度分别是 T_1、T_2,此时有:

$$I = I_2 - I_1 = K_T(T_1 - T_2) \tag{12-3}$$

当 AD590 有相同的标度因子 K_T 时,此时运放的输出电压 U_o 为:

$$U_o = IR_3 = K_T R_3(T_1 - T_2) \tag{12-4}$$

式中,K_T 是整个电路的温度标度因子,可见 R_3 对 U_o 有着重大影响。但是,由于感温元件的制作工艺限制,不能够完全满足相同的温度标度因子,因此电路中加入了电位器 R_w,通过 R_1 注入电流实现校正的作用。

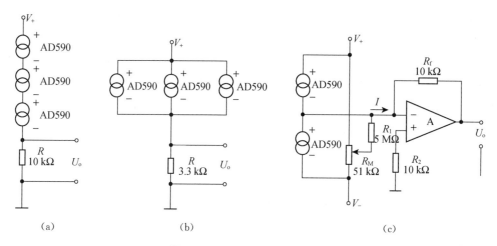

图 12-6 AD590 温度测量电路

(a) 串联电路;(b) 并联电路;(c) 温差测量电路

3) 频率输出型集成压力传感器

随着微处理器和计算机的广泛应用,数字化是现代测量技术的一个发展趋势。频率数字化的一种方法是首先把声音数据转变成频率信息,之后再转化成数字信息。图 12-7 是频率输出型集成电压传感器的基本电路原理。其中 $R_1 \sim R_4$ 是构成全桥的四个力敏电阻。电桥的输出电压经 $T_1 \sim T_6$ 变换成电流信号。T_6 的输入输出电流和电容 C,确定了最后部分施密特触发器的变化信号,由此完成将电流信号转化为频率信号。该传感器的静态输出频率约为 1.5 MHz,压力灵敏度约为 12 Hz/Pa,量程为 0~33 kPa。

4) 半导体集成色敏传感器

半导体集成色敏传感器主要是通过两个光电二极管的输出电压对数差和波长的相对位置来判断入射光的波长。把颜色敏感区域和运算电路区域整合到同一个硅片上,就能够构成半导体集成色敏传感器了。图 12-8 是集成色敏感应器的基本构造,以及信号处理系统。图中虚线框内是色敏传感部分。由于这种集成色敏传感器有可能在输出端直接显示入射光的波长值,故它的辨色功能十分引人注目。

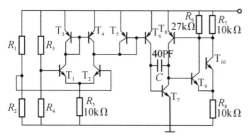

图 12-7 频率输出型的单块集成
压力传感器等效电路

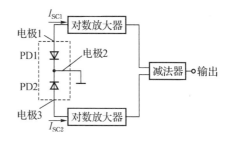

图 12-8 集成色敏传感器的组成

12.3 MEMS 集成传感器

当今社会的不断发展,离不开计算机技术、通信技术、微机械加工技术、传感器技术和大规模集成电路技术等现代关键技术的迅猛发展。传感器是一种可以把外界物理、化学或生物等被测量转换为可以测量的电信号的器件,它是测量系统中的前端组件。随着 MEMS (微机电系统)技术和专用集成电路的发展,传感器技术特别是 MEMS 集成传感器技术飞速进步。

12.3.1 MEMS 集成传感器

通常情况下,传感器输出的信号幅度都比较小,而且在我们所需要的测量信号中常常有噪声干扰。所以为了提取有用的信号,必须将得到的杂散信号经过整形放大,必要时还要进行调零补偿等信号处理过程,这些信号处理的功能是由放大器、滤波器等其他电路组合完成的。将传感器敏感元件和电路封装起来成为一个独立的芯片,由于用到集成化技术,所以这种传感器被称为集成传感器。随着现代传感器专用集成电路的发展,现代传感器不仅仅是单纯对被测量进行感知,很多传感器内部都集成了放大补偿等电路,更高级一点的传感器内部还有微处理器、存储器等,这些强大的功能使得传感器的应用范围接近于现代一些智能设备。MEMS 传感器具有很多优势,比如体积小、质量轻、成本低、可批量生产,但最大的优势就是易于集成,一些主流 MEMS 传感器比如压力传感器、微加速度计、微机械陀螺等都在国际上实现集成化。目前传感器技术发展的主流方向就是将敏感元件与信号处理电路集成化。

MEMS 集成传感器的输出信号有多种形式,如果按输出信号形式可划分为:①模拟传感器;②数字传感器;③准数字传感器;④开关传感器。准数字的意思是将被测信号转换成频率信号或短周期信号输出,开关的意思为只有当传感器的被测信号达到特定阈值后,传感器才会输出一个高电平或低电平信号(自己设定),而被测信号没有达到阈值时,传感器没有输出信号产生。

目前主要有两种 MEMS 集成传感器:一种是最常见的微机械结构与信号处理电路的集成;还一种为多传感器的集成,这种可分为多种类型传感器,这类型集成传感器可实现同时测量多种不同类型信号,或者是同种类型传感器阵列集成,这类型集成传感器可对同一信号进行多次测量,减小或者消除各种不良环境因素对测量信号的影响。传感器集成的方式有多种:一是混合集成或者在 PCB 板上集成;二是单片集成的传感器接口芯片与敏感元件集成并封装在一个单元里;三是将接口电路和传感器敏感元件统一集成在一个芯片里,即为单片集成。MEMS 集成传感器是指将 MEMS 敏感结构芯片和专用接口芯片进行单芯片或多芯片集成,它不同于基于分立器件 PCB 集成在于:芯片级集成中的集成电路为针对敏感结构芯片特征,将 MEMS 传感器、执行器的控制驱动、信号的提取处理、数据的融合、信息的通信等多功能电路模块集成于单一或多芯片的接口专用集成电路中。和基于分立器件的 PCB 板集成相比,芯片集成可以大幅度降低器件的重量、体积、成本和功耗,实现高稳定性和高可靠性,最大程度发挥出 MEMS 传感器的性能[1]。目前大多数传感器产品在国际上都实现了单片集成或多片集成,但是我国的 MEMS 传感器产品还未达到其目标,还有很大的进步空间。

早在 1970 年代,欧美启动集成压力传感器的研究,并且成功研发出其专用接口集成电路,实现单片集成化。后来微机械传感器接口电路和集成传感器迅速发展,显现出一大批公司与高校从事该方面的研究工作,其中就包括我国的北京大学和哈尔滨工业大学。

12.3.2　MEMS 集成传感器的主要技术特点

1) 高集成度

一般来说,集成度越高,整体系统尺寸越小、重量越轻、成本越低、抗干扰能力越强,并且可以节省各功能单元装配调试带来的误差。集成化不仅推动了 MEMS 传感器的发展,还拓展了传感器的应用领域,带来了许多便利。

传统的传感器由于需要对输出信号进行后续处理,需要配备信号处理电路,这样带来的后果就是传感器系统体积较大,在一些国防航天等重要领域受到了应用限制。而 MEMS 集成传感器实现了测试系统的微型化,使得其可以在微小空间内大展身手,例如在内窥镜、微型手术等临床领域都有其使用的身影。随着 MEMS 集成传感器的广泛使用,不仅拓宽了 MEMS 传感器的应用领域,还可能发展一些新的技术行业。

2) 高补偿精度与高器件匹配度

高精度传感器需要无源器件之间的阻值、容值、温度灵敏度等参数严格匹配,从而达到较高的稳定性及环境适应性。如果采用分立器件电路结构,其匹配、筛选与测试过程需要大量时间,因此该处理方法不适合批量生产。而专用集成电路芯片采用的标准集成电路工艺可以将无源器件的匹配精度达到 0.1% 以上,且无须后续调整。

3) 高信噪比

传感器的输出信号包含大量由于环境干扰产生的噪声,而在 MEMS 集成传感器中采用了各种提高信噪比的技术及电路,如调制解调电路等,并且器件的集成化使得信号传输与处理中免遭环境干扰和噪声的影响,因此 MEMS 集成传感器的信噪比比非集成的传感器可高出几个数量级。

对于非集成的传感器,因为分立器件电路的寄生参数较大,而专用接口电路芯片在相敏解调噪声消除方案的基础上,还可以采用自动清零,相关双采样等离散时间开关电容电路结构进行噪声消除,并且该方法对电路相位要求较低,同样可以达到超低信号检测的目的。

4) 数字化

数字化信号不但有很强的传输能力和抗干扰能力,并且可直接与目前的信息系统相连,这有利于推动 MEMS 集成传感器向数字化方向发展。

MEMS 传感器中数字化、离散时间开关电容电路结构受到国际上的极大关注,开关电容电路中的模拟开关的电容注入,时钟馈通以及采样保持电路的耦合问题无法在分立器件方案中得到较好的解决,而专用接口电路芯片在 CMOS 工艺的支持下,代替了分立器件方案所采用的连续时间处理电路结构,专用接口电路芯片内部采用 sigma-delta 数字反馈噪声压缩原理、离散时间开关电容电路结构,使得传感器直接输出数字信号,且输出信号噪声极低,减少了模拟电压输出(分立器件方案)所必需的模数转换环节,降低了系统设计的复杂度,且数字输出方式的抗电磁干扰能力远大于模拟信号输出。MEMS 集成传感器的输出模式已经从频率、占空比准数字化输出发展到串行数字输出再到目前的通用数据总线接口 SPI。

5) 低功耗

专用接口电路芯片可以针对特定的微机械敏感表头进行超低功耗优化设计,充分发挥集成传感器微能耗的性能优势。专用接口电路芯片的低功耗设计环节主要包括:可以将数字时序电路进行最简化设计,替代分立器件中的 FPGA、CPLD 等大规模数字电路,且专用接口电路芯片可通过内部升压、稳压电路将芯片内部不同功能模块进行不同电源电压供电,减小多余的功耗;对模拟电路中的噪声、带宽、增益、功耗等参数进行综合优化考虑,替代分立器件方案中由于单一性能考虑所导致的整体功耗的提升。

12.3.3　MEMS 集成传感器的发展前景

1) 三维集成化

三维微纳器件的研发是微纳器件未来的研究方向。该技术同时也为美国国防部未来微纳发展计划的重要组成部分,其核心技术为将敏感元件、接口电路、射频电路、存储器、微处理单元等模块分为不同层,内部通过内连线进行三维立体集成化,如图 12-9 所示为三维集成技术示意图。从图中可以看出三维集成能有效减小微纳器件的有效面积,不同层之间可以进行冷却降温,而且较短的内连线可以提高整体的运行速度和性能[2-4]。

2) 系统集成与网络化

MEMS 传感器的系统集成是微纳器件集成发展的必然趋势。微纳器件系统集成是在 MEMS 技术、集成电路技术等技术支撑下,遵循集成体系优化法则,将微纳传感器、通信、能源、执行器及微处理单元统一集成,最终形成微纳集成微系统。它拥有超低功耗、超强处理与通信能力、超强续航能力与精确制导能力等其他传统传感器不具备的功能。国内从事传

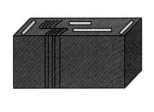
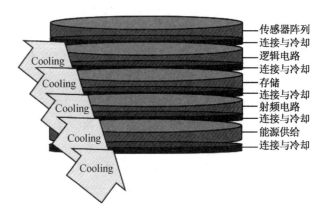

传感器阵列
连接与冷却
逻辑电路
连接与冷却
存储
连接与冷却
射频电路
连接与冷却
能源供给
连接与冷却

Cooling
Cooling
Cooling
Cooling
Cooling

图 12-9　三维集成技术

感器接口集成电路芯片和 MEMS 传感器集成化的研究起步较晚,但近年来有较大进步。接口芯片的电路集成是实现 MEMS 传感器集成化、微型化的关键技术。随着科技的进步,MEMS 集成传感器已成为国际上 MEMS 领域发展速度最快的产业之一。

3) MEMS 多传感器的集成

随着现代科技的发展,对测控系统的前端传感部件来说,由于单个传感器难以满足复杂系统中对于多个检测参数的测量工作,而多传感器的集成则很好地解决了此类问题。从测量经验可知,任何 MEMS 传感器设备都只能感知到较为有限的一部分环境信息,但将多个传感器集中于统一的集成系统之中,便可以为实际产业项目的运作提供强有力的技术支撑。

多传感器集成与融合技术实质上是一种多源信息的综合技术,对来自不同传感器的数据信息进行分析与综合,以产生对被测对象及其性质的统一的最佳估计。

多传感器集成(multisensor integration,MSI)是指某个多传感器系统,对来自传感器的信息进行综合、统一,以完成某一任务的系统控制过程和技术。它强调的是系统中不同数据的转换和流动的总体结构。多传感器融合(multisensor fusion,MSF)是指在多传感器集成过程中,完成将传感源的信息合并成统一的综合信息的任何一个具体阶段。它强调的是数据的转换和合并的具体方法与步骤。

两者的联系与区别可参考图 12-10。

MEMS 多传感器集成技术可以提高系统的性能和容错性,其优势主要表现为:

(1) 能更加准确地获得环境中某一特征或一组相关特征,所获得的综合信息比任何单一 MEMS 传感器的信息具有更高的精度和可靠性。

(2) 能获得单一 MEMS 传感器所不能获得的独立的特征信息,这主要是由于各传感器性能的互补性造成的。

(3) 与传统的单一 MEMS 传感器系统相比,以更少的代价获得相同的信息。

(4) 与传统的单一 MEMS 传感器信息系统相比,也可以用更少的时间获得相同的信息。

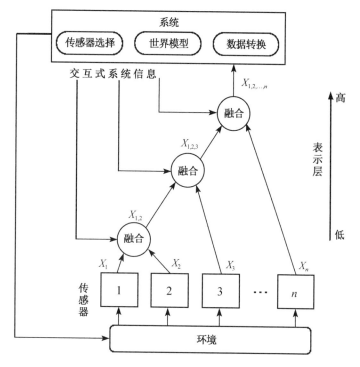

图 12-10　多 MEMS 传感器的集成与融合

通过对多传感器信息的集成而获得的对环境状态的最优估计一定不会使整个系统的性能下降；并且严格地证明了使用多传感器一般总能提高系统的性能。因此，MEMS 多传感器集成技术具有广泛的使用价值[5]。

12.4　集成式智能传感器的实例

无人驾驶汽车、物联网、可穿戴设备和机器人等无疑是未来最重要的新技术发展方向，将构成人类社会从信息社会转变到智能社会的物质基础。其中微型化的集成式智能传感器，是智能社会区别于信息社会的标志器件。在信息社会，信息的来源主要是计算机终端通过人工方式采集和输入；而在智能社会，是信息获取件，主要是集成式智能传感器。这些传感器就像人们的感官，不断将各种环境状态信息采集到电脑系统中，为各种智慧系统输入大数据。可以预见，集成式智能传感器将逐渐在信息技术发展中占主导作用，将成为各个发达国家进行技术角逐的技术高点之一。新型集成智能传感器的市场已经逐渐成为各种创新型企业乃至传统大型企业争夺的热点。可以说，信息技术和智能社会的演变，以及未来社会的需求为传感器的发展带来了良好的前景与机遇，为传感器的创新提供了极大的想象空间，也对集成传感器的研究和生产提出了前所未有的挑战。

12.4.1 集成式智能传感器的定义

集成式智能传感器是指利用现代微加工技术,将敏感单元和电路单元制作在同一芯片上的换能和电信号处理系统。敏感单元包括各种半导体器件、薄膜器件和 MEMS 器件,其功能是将被测的力、声、光、磁、热、化学等信号转换成电信号,不同传感器相当于人类对环境进行感知的感官:光学传感器如同人类的眼睛,可以看到周围环境;声传感器相当于人类的耳朵,可以听到周围环境的声音;气体传感器则相当于人类的鼻子,可以探测空气中的化学成分;化学传感器相当于人类的舌头,可以感知化学物质的酸碱盐成分;而各种力学传感器则相当于人类的肢体手足,可以感知压力及速度等力学参数的大小。但事实上,智能传感器的感知范围远远超过人类的感知能力,而且智能传感器也比人类的感官更加精确,因为现代传感器是数字化、智能化的。现代传感器不仅包括敏感单元,同时也包括由现代集成电路构成的信号处理单元,包括信号拾取、放大、滤波、补偿、模数转换、数据处理等。集成式智能传感器是现代传感器技术发展的必然趋势[1]。

12.4.2 集成式智能传感器的主要功能及特点

按照对集成式智能传感器的使用要求,它应该具有以下主要功能:

(1) 自校零、自标定、自校正功能。

(2) 自动补偿功能。

(3) 自动采集数据,并对数据进行预处理。

(4) 自动进行检验、自选量程、自寻故障。

(5) 数据存储、记忆与信息处理功能。

(6) 双向通讯,标准化数字输出或输入功能。

(7) 判断、决策处理功能。

与传统的传感器相比,集成式智能传感器有以下特点[2]:

(1) 高精度:集成式智能传感器有多项功能来保证它的高精度,如:通过自动校零去除零点;与标准点参考基础定时对比以自动进行整体系统校定;通过对采集的大量数据用统计处理来消除偶然误差的影响等。

(2) 可靠性与高稳定性:集成式智能传感器能自动补偿因工作条件与环境参数发生变化所引起的系统特性的漂移。当被测参数变化后能自动改换量程,能实时自动进行系统的自我检验、分析,判断所采集的数据的合理性,并给出异常情况的应急处理,因此可以保证高可靠性与高稳定性。

(3) 高信噪比与高分辨率:由于集成式智能传感器具有数据存储、记忆与信息处理功能,通过软件进行数字滤波、相关分析等处理,可以取出输入数据中的噪声,将有用的信号提取出来;通过数据融合、神经网络技术可消除参数状态下交叉灵敏度的影响。

(4) 较强的自适应性:集成式智能传感器具有判断、分析与处理功能,能根据系统工作情况决定各系统的供电情况,以及与上位计算机的数据传输速率,使系统工作在最低功耗状态并优化传输速率。

12.4.3　集成式智能传感器的应用实例

1）基于 MEMS 的智能集成汽车传感器

随着汽车传感器的迅速发展和 MEMS 技术的深入研究,基于 MEMS 技术的汽车传感器具有广阔的应用前景。综合运用 MEMS 技术、人工智能、信息融合、半导体加工等先进技术,研究基于 MEMS 技术的智能集成汽车传感器问题。

设计开发流程及模拟平台从研究基于 MEMS 技术的汽车传感器的基本原理着手,研究基于 MEMS 技术的汽车传感器开发设计流程的基本框架和功能结构模型,构建基于 MEMS 智能汽车传感器的设计开发及模拟平台。

（1）MEMS 传感器的开发主要从 MEMS 系统特性出发,综合考虑材料性能、工艺技术性能,以及传感单元的能力与信号测评电路等几个要素对开发设计的影响,同时考虑几个要素之间的相互交错影响,在分析和综合各自特点与联系的基础上,将这几方面有机地结合。在大多数的开发过程中,传感器系统的特性和可用技术的性能一开始被给出,之后传感单元和信号测评电路的设计会建立起来以达到整个系统的优良性能。

（2）在 MEMS 传感器的开发工作流程中,两种最基本的组织设计过程的方法是自上而下和自下而上。在开发的早期,大多数工作是自下而上,在技术发展越来越成熟,理解了 MEMS 传感器的性能,往往大多数使用自上而下的方法。

（3）在规范具体的 MEMS 传感器的开发工作流程建立起来后。选取典型的汽车传感器进行分析,特别是对具体系统的性能、材料工艺、设计需求、结构分析等进行抽象提取,建立系统信息模型和模拟方法。结合当前汽车传感器新技术发展所要求的开发创新,通过在相关汽车传感器实验开发系统上进行模拟和验证,力图在新的汽车系统应用中,探索通过构建的 MEMS 智能汽车传感器的设计开发和模拟平台。

研究智能汽车传感器的系统构成,从分析智能传感器的功能着手,将整个系统分成几个功能模块,构建传感器智能化模型,从而完成智能汽车传感器系统软硬件的实现。在当前的研究中,普遍认为智能传感器具有以下功能,如图 12-11 所示。

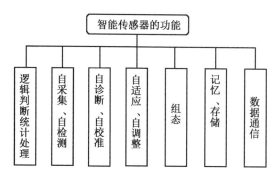

图 12-11　智能传感器的功能

通过对智能传感器系统的功能进行分析,运用系统建模的理论,将系统按功能分成五大模块:外围功能模块、信号调理模块、信号处理模块、输出接口模块和微控制器处理模块。智能汽车传感器系统结构关系如图 12-12 所示。

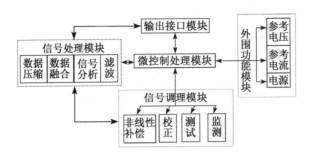

图 12-12　智能汽车传感器系统结构关系

研究智能集成汽车传感器中的信息融合理论与算法优化问题,重点研究多传感器信息融合与人工智能有机结合,以典型的汽车应用系统为例,构建多传感器信息融合模型,并根据系统特点提出实用有效的融合算法。

以典型智能集成汽车传感器应用系统——轮胎压力检测系统为例,分析不同种类传感器对被测量的数据提取,综合运用人工智能、知识工程、网络信息等先进技术构建智能集成汽车传感器的信息融合模型,利用模糊逻辑、人工神经网络、专家系统、遗传算法,对多传感器的信息融合算法进行深入研究。

运用人工智能理论中的神经网络技术将智能汽车轮胎压力检测系统分成四部分:传感器模块、预处理模块、融合中心(神经网络)模块和显示电路等。其工作过程如图 12-13 所示,传感器和预处理模块完成对输入信号的检测及信号的前处理工作,融合中心综合各传感器的信息,并进行相应的数据处理后,最终结果由显示电路显示出来。信息融合中的数据处理的算法研究是决定信息融合是否成功的关键,为此运用神经网络、模糊控制、进化算法等技术,构建智能汽车传感器中信

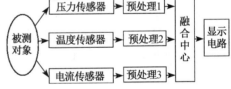

图 12-13　智能汽车轮胎压力检测系统

息融合的理论模型和不同的算法研究,结合汽车实际应用进行优化,在实验室相关汽车开发实验系统中加以验证,从而通过分析各个传感器传送的数据来获得更可靠、更有效、更完整的信息,并依据一定的原则进行判断,做出正确的结论。对于多个传感器组成的阵列,信息融合技术能充分发挥各个传感器的特点,利用其互补性和冗余性,提高测量信息的精确度和可靠性,延长系统的使用寿命,进而实现识别、判断和决策[3]。

2) 集成霍尔式传感器的智能计米器

工业中许多产品需要测量其长度,但传统的机械式计米器不能有效克服机械惯性,精度差,同时不能对长度信息进行管理,不适应当今信息化的生产环境。如采用集成霍尔传感器设计智能化计米器,便能克服机械式计米器的上述缺点。通过和上位计算机的通信可

实现生产管理、销售[4]。

系统分析与方案设计采用的是在普通机械式计米器的基础上进行改造,用于改造的机械式计米器是市面上常见的 Z96-F 型滚动式计数器。它是用于测量长度和各种机械传动的计数器,一般用于纺织、印染、塑料薄膜、人造皮革等长度的记录。其特点为：显示为五位数,转轴旋转方向可顺逆转动,顺转为递加,逆转为递减,测量长度范围为 0～9 999.9 m,精度为 0.1 m,测量轮滚动 3 圈为 1 m。于是只要通过适当的检测技术,将测量轮的转动角度测量出来,即可计算被测量物的长度。通过对市场上常用的传感器做调查后,可选用的传感器多种多样,但考虑其安装便易性、尺寸大小、性能价格等因素,本系统选用集成开关霍尔传感器。为此,本改进的测量方案是在此计数器的转轮(即检测轮)上平均安装了 5 个磁铁,即每隔 72°安装一个。并且在轮侧安装了两个用来检测的霍尔开关式传感器,当检测轮开始转动时,转轮上的磁铁接近或远离霍尔传感器,使得霍尔传感器输出脉冲。所设计的具有信息传输功能的智能计米器如图 12-14 所示。

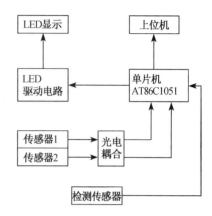

图 12-14　具有信息传输功能的智能计数器系统框图

3) 我国集成智能传感器有待加强

目前集成电路技术发展非常迅速,我国国有资金和技术等方面尚显不足,同国外的差距还很大,国外集成电路的主流工艺正由 0.35 μm 向 0.18 μm 推进,而我国还是在 1～3 μm 的工艺线上占主导地位,在未来的 10～20 年内,我国公司很难在集成电路制造领域同国外大公司抗衡。

集成智能传感器是较新的发展领域,具有十分广阔的市场空间,它主要依赖于集成电路的工艺和微机械加工技术的研究进展程度,而这些工艺比国外集成电路的主流工艺要落后两代以上。如果我国把集成智能传感器的研制和生产作为半导体工艺的主要发展方向之一,就可以在现在的集成电路工艺线和微机械加工的优势基础上另辟蹊径,使集成智能传感器的研制与生产具有一定功能模块化能力。为传感器产业的集成化智能化发展积累新的技术,并拓展应用领域的广泛性,使其成为未来传感器发展的主流[5]。

习题与思考题

12-1　简述 MEMS 集成传感器的技术特点。

12-2　集成式智能传感器的主要功能有哪些?

12-3　与传统传感器相比,集成式智能传感器有哪些特点?

12-4　试分析 MEMS 多传感器集成技术优势。

参考文献

［1］刘泽文.集成智能传感器:智能社会的五官[J].今日科苑,2017(4):51-56.

［2］曾忠,林辉,季成.集成智能传感器的研究[C]//面向制造业的自动化与信息化技术创新设计的基础技术:2001年中国机械工程学会年会暨第九届全国特种加工学术年会论文集,2001:328-330.

［3］吕良,邓中亮,刘玉德,等.基于MEMS的智能集成汽车传感器的研究[J].北京工商大学学报(自然科学版),2007(4):18-22.

［4］刘强,罗中良.用集成霍尔传感器设计智能计米器[J].西安航空技术高等专科学校学报,2004(1):12-15.

［5］我国集成智能传感器的发展还有待加强[J].集成电路应用,2004(10):78.

第 13 章　智能传感器新技术

传感器作为信息获取的源头,是信息技术的三大基础之一。传感技术是当今世界上涉及面最为广泛的高技术,也是目前各发达国家最为重视的技术,美国将传感器技术列为今后 50 年内优先发展的十大尖端技术之一。

当前,智能传感器技术的研究主要趋势表现在:(1)开发和利用新材料;(2)发现和利用新现象、新效应;(3)微机械加工技术的大量应用;(4)传感技术与无线通信技术的密切结合。

本章主要介绍目前比较重要和发展较快的一些智能传感器新技术,帮助读者尽快了解这些智能传感器新技术的基本概念、基本原理和应用特点。

13.1　机器人力触觉传感器技术

13.1.1　机器人传感器的功能、分类和特点

机器人传感器是一类具有特定用途的仿生传感器,它的作用是使机器人具有理解环境、掌握外界情况并做出决策以适应外界环境变化而进行工作的能力。

从生理学的观点来看,人的感觉可分为外部感觉和内部感觉。前者包括视觉、听觉、嗅觉、味觉和皮肤感觉;后者包括本体感觉和脏腑感觉。本体感觉有力感觉、位置感觉、运动感觉和振动感觉;脏腑感觉有痛压觉、化学感觉、压力感觉、温度感觉和渗透压感觉。

类似的,机器人传感器一般也可分为外部传感器和内部传感器两大类。机器人外部传感器又可分为视觉和非视觉两类。表 13-1 给出了机器人传感器的分类、功能和应用目的。

表 13-1　机器人传感器的分类、功能和应用目的

分类	类别		功能	应用目的
机器人外部传感器	视觉	单点视觉 线阵视觉 平面视觉 立体视觉	检测外部状况(如作业环境中对象或障碍物状态,以及机器人与环境的相互作用等)信息,使机器人适应外界环境变化	(1)对象物定向、定位; (2)目标分类与识别; (3)控制操作; (4)抓取物体; (5)检查产品质量; (6)适应环境变化; (7)修改程序
	非视觉	接近(距离)觉 听觉 力觉 触觉 滑觉 压觉		

（续表）

分类	类别	功能	应用目的
机器人内部传感器	位置 速度 加速度 力 温度 平衡 姿态(倾斜)角 异常	检测机器人自身状态,如自身的运动、位置和姿态等信息	控制机器人按规定的位置、轨迹、速度、加速度和受力大小进行工作

图 13-1 是一个安装有多种机器人传感器的机器人手腕控制系统,这是一个典型的智能型机械手。

与一般传感器相比,机器人传感器的特点在于:

（1）具有和人的感官对应的功能,因此,种类众多、高度集成化和综合化。

（2）各种传感器之间联系密切,信息融合技术是多种传感器之间协同工作的基础。

（3）传感器和信息处理之间联系密切,实际上传感器包括信息获取和处理两部分。

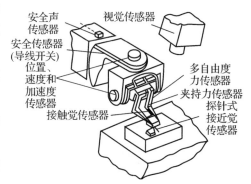

图 13-1　机器人传感器的应用
（智能型机械手系统）

（4）传感器不仅要求体积小、易于安装,而且对敏感材料的柔性和功能有特定的要求。

由于机器人视觉传感器本质上就是可安装在机器人上的图像传感器,而有关图像传感器的知识,在本书第 5 章已有详细介绍,因此本节只介绍机器人非视觉传感器。

13.1.2　机器人力觉传感器

1）力觉传感器的作用和分类

机器人力觉感知是机器人完成接触性作业任务（如抓取、研磨、装配等）的保障。力觉传感器的主要作用是感知有没有夹起了工件或是否夹持在正确部位;控制装配、研磨、抛光等接触性作业的质量;为装配提供信息,产生后续的修正补偿运动,以保证装配质量和速度;防止碰撞和卡死,以保证安全。

根据测量部位的不同,机器人力传感器可分为关节力传感器、腕力传感器、握力传感器、指状力传感器和基座力传感器。以下主要介绍机器人六维腕力传感器。这是一种最重要和最典型的机器人力觉传感器。

2）机器人六维腕力传感器

腕力传感器是一个两端分别与机器人腕部和手爪相连接的力觉传感器。当机械手夹住工件进行操作时,通过腕力传感器可以输出六维（三维力和三维力矩）分量反馈给机器人控制系统,以控制或调节机械手的运动,完成所要求的作业。国内最典型的产品是由中科

院合肥智能所和东南大学在国家高技术研究发展计划（863 计划）经费资助下完成的
SAFMS 型系列六维腕力传感器。

（1）六维腕力传感器弹性体的结构及其测量原理

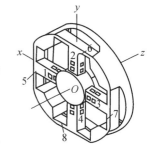

六维腕力传感器的敏感元件大都为整体轮辐式十字梁结构的
弹性体，如图 13-2 所示，十字交叉梁可分为 4 个正方棱柱形，主梁
1、2、3、4，其长度是宽度或高度的 5～10 倍。在每个主梁和轮缘的
连接处是一个薄板状的浮动梁 5、6、7、8。

图 13-2　六维腕力传感器弹性体结构

在进行弹性体结构的力学分析时，认为各分力的作用线都通
过轮毂的中心点，并认为弹性体的轮毂和轮辐为理想刚体，对于浮
动梁而言，当作用力作用于其表面的垂直方向上时，浮动梁在该方
向上的变形量很大，故可看作柔性环节；当作用力作用于其表面的水平或平行方向上时，浮
动梁在该方向上变形量很小，故可看作理想的刚体。例如：当 x 方向的力通过轮毂的中心
点作用于弹性体时，浮动梁 5、7 可看作柔性环节，而浮动梁 6、8 可看作理想的刚体。主梁
2、4 则可简化为悬臂梁结构进行分析（主梁 1、3 此时的变化量很小，可忽略不计）。

设作用于在腕力传感器上沿 x、y、z 轴的力 F_x、F_y、F_z 和力矩 M_x、M_y、M_z。其中
F_x、F_y、F_z 和 M_z 的受力分析情况相似，它们都是引起贴在主梁左、右或上、下侧面的应变
片变形，而 M_x、M_y 和 F_z 的受力分析情况也相似，它们都是引起贴在主梁前、后侧面的应变
片变形。因此，我们以 F_x 和 M_x 为例来分析受力情况。在图 13-2 中当沿 x 轴有 F_x 力作用
时，主梁 1、3 产生拉压变形，而主梁 2、4 产生弯曲变形，由于浮动梁 5、7 此时为柔性环节，主
梁 2、4 可看成是悬臂梁，这样 F_x 就可由贴在主梁 2、4 的左、右侧面的应变片组成的电桥测
得。同理 F_y 和 M_z 也可类似测得。在图 13-2 当中有 M_x 作用时，浮动梁 6、8 受到平行于表
面方向的作用力，故可看作理想的刚体；而主梁 1、3 产生扭转变形，主梁 2、4 产生弯曲变
形。主梁 1、3 的扭转变形量远小于主梁 2、4 产生的弯曲变形量，故可以忽略，但此时浮动梁
5、7 的弯曲变形与主梁 2、4 的弯曲变形差不多，主梁 2、4 已不能看成是悬臂梁，即 M_x 不能直
接测得，需要经过解耦才能得到。

（2）六维腕力传感器的组桥电路

每个弹性体主梁上贴有 8 个应变片，四个主梁上共有 32 个应变片，这 32 个应变片一般
可组成 6 个电桥，每个电桥对应一个输出分量，如图 13-3 所示，其中 E 为桥路供电电压，
$R'_1 \sim R'_{12}$ 平衡桥路的微调电阻，在分析电路时可忽略它们的影响。

当传感器受到 F_x、F_y、F_z 和 M_x、M_y、M_z 的作用后，应变片的零位阻值 R_0 将发生变
化，6 个电桥将产生分别对应于上述 6 个力/力矩的 6 个电压信号输出。

13.1.3　机器人广义触觉传感器

1）机器人触觉传感器的功能和分类

从广义上说，机器人触觉包括接触觉、压觉、力觉、滑动觉、接近觉、冷热觉等与接触有
关的感觉。从狭义上说，机器人的触觉是指接触觉和压觉，即垂直于机器人夹持器或执行

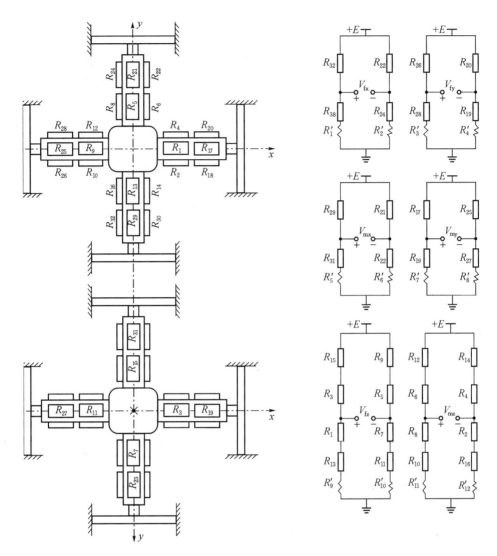

图 13-3　电阻应变电桥

器(如手爪等)和对象物接触面上的力感觉。

机器人的触觉传感器,也称为电子触觉皮肤,它主要有两个方面的功能:

(1)检测功能　对机械手与操作对象的接触状态进行检测,如接触与否、接触部位、接触力的大小、接触面上压力的分布等;对操作对象的物理性质进行检测,如光滑性、硬度、纹理特性等;对操作对象的状态进行检测,如对象物存在与否、对象物的形状、位置和姿态等。

(2)识别功能　在检测的基础上,对操作对象的形状、大小、刚度等特性进行特征提取,从而对操作对象进行分类和目标识别。

触觉传感器从功能上,可分为点式触觉传感器、阵列式触觉传感器和触觉图像传感器;从输出信号的量化水平上,可分为二值型触觉传感器和灰度型触觉传感器。

2）机器人接触觉传感器

接触觉传感器主要由以下三个部分组成：触觉表面、转换介质、控制和接口电路。触觉表面由多个敏感单元按一定的方式排列配置而成，与对象物直接接触；转换介质由敏感材料或机构组成，它将触觉表面传递来的力或位置偏移转换为可检测的电信号；控制和接口电路按一定的方式和次序收集转换介质输出的电信号，并将它们传送给处理装置进行解释。

（1）一种典型的硅电容式触觉传感器

硅电容式触觉传感器着重感受触觉表面上所受到的压力大小和对象物的形状，再通过进一步处理输出信号，最终可识别对象物，并判断它的位置和姿态。硅电容式压觉传感器采用由半导体电容敏感单元组成的阵列型结构，由于形状信息是将对象物对触觉表面的压力转换处理后得到的，所以这种传感器实际上同时体现了"接触觉"和"压觉"这两种功能。

① 敏感层　在触觉传感器中，半导体压阻式和半导体电容式常用于敏感层的设计。压阻器件比电容器件有较高的线性度和简单的封装。但是对于同样的器件尺寸，电容压力传感器的压力敏感度大约要高一个数量级，而温度灵敏度则要小一个数量级。

硅电容压觉传感器采用大规模集成电路工艺制成，它具有分辨率高、稳定性好，以及接口电路简单、测量范围较宽等优点。

图 13-4 为硅电容式压觉传感器阵列结构示意图。基本电容单元的两极构成如下：在局部蚀刻的硅薄膜上有电容单元的一块金属化极板，二氧化硅用来将硅薄膜上的金属电容极板与硅薄膜绝缘，与之对应的玻璃衬底上有另一块金属化极板。硅膜片随作用力而向下弯曲变形，从而导致电容容量的改变。采用静电作用把整个硅片封贴在玻璃衬底上，硅薄膜上的电容极板通过行导线一行行连接起来，行与行之间是绝缘的。在图中，行导线在槽里自左而右平行地穿过硅片。玻璃衬底上的金属电容极板通过列导线一列列连接起来，金属列导线垂直地分布在硅膜片槽上，它同金属电容极板是一个相连的整体。这样就形成了一个简单的 X-Y 电容阵列，它的灵敏度由极板尺寸和硅膜片厚度决定。

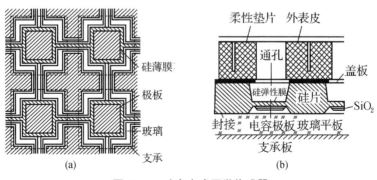

图 13-4　硅电容式压觉传感器

（a）4 个触觉敏感源；（b）剖视图

陈列上覆有带孔的保护盖板，盖板上有一块带孔的、表面覆有外表皮的垫片，垫片上开有沟槽以减少相邻触觉敏感点之间的作用力耦合(即相互干扰)。盖板孔和垫片孔连通,在通孔中填满了传递力的物质(例如硅橡胶)。垫片对整个阵列的性能影响很小。决定力灵敏度的是硅膜片,它的性能可通过工艺加以改善。这种灵敏度层对于各种应用都易于标定,而且滞后很小,时间稳定性高。

② 读出系统 图 13-5 为硅电容压觉传感器阵列的接口电路和控制电路框图。计数器分别发出行和列的地址信号,并送至译码器和多路转换器。这些地址与从 A/D 转换来的压力数据同时送给微处理器。行地址选中一行,在读操作后,来自选中行的各单元信号同时经对应的列检测放大器放大。这些放大器采用电容构成负反馈回路,而放大器输出信号以并行方式送给多路转换器。图像中各敏感元件的信号通过扫描按一定的顺序以 A/D 变换后由微处理器采集,并进行零位偏移补偿和灵敏度不均匀性补偿。

读出放大器必须能检测电容量的微小变化。图 13-6 给出了列读出方案的基本结构。设传感器电容为 C_x,基准电容为 C_R,放大器反馈电容为 C_F,调制交流电压峰值为 V_P,则放大器输出电压 V_o 为:

$$V_o = V_P \cdot \frac{C_x - C_R}{C_F} = V_P \cdot \frac{\Delta C}{C_F} \tag{13-1}$$

图中寄生电容 C_{Ps} 约等于 $(N-1)C_x$,N 是每列中敏感单元数,C_{Ps} 是所有未选右单元的电容量之和。由于该电路利用了运算放大器虚地工作原理,使 C_{Ps} 的数值对读出基本上没有影响。

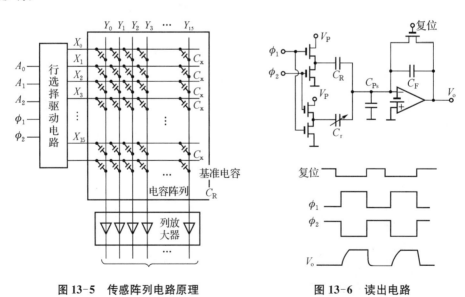

图 13-5　传感阵列电路原理　　　　图 13-6　读出电路

(2) 一种典型的石墨烯电阻式触觉传感器

石墨烯电阻式触觉传感器通过检测每个敏感单元的电阻变化情况,可感受触觉表面上每个敏感单元位置的压力大小,通过进一步信号分析,可以判断接触面上物体的形状与姿态。石墨烯电阻式触觉传感器采用由压阻敏感单元组成的阵列结构,与硅电容式触觉传感器类似,石墨烯电阻式触觉传感器得到的对象物形状、位置和姿态信息也是由对象物对触觉表面的压力转换处理后得到的,所以石墨烯电阻式触觉传感器同样也体现了"接触觉"和"压觉"这两种功能。

① 敏感层　相比于压阻器件,电容器件有较高的分辨率和良好的稳定性。但是电容器件易受环境噪声干扰,需要设置复杂的屏蔽措施来减小环境噪声的干扰,而压阻器件本身抗干扰能力极强,因此压阻器件的封装要更为简单。

石墨烯电阻式触觉传感器采用电子印刷工艺制成,它具有量程大、回差小,以及接口电路和封装简单、线性度好等优点。

图 13-7 为 4×6 石墨烯电阻式触觉传感器阵列结构示意图。整个感应面积为38 mm×22 mm,在传感器的柔性基底材料上下面分别印刷有 4 条横电极和 6 条竖电极。每条电极宽 4 mm,长度与传感器的长或宽相同,电极与电极之间的间距为 2 mm。上下垂直电极交叉重叠的部分为 24 个的感应单元,每个单元是边长为 4 mm 的正方形,形成 4×6 阵列的触觉传感器。

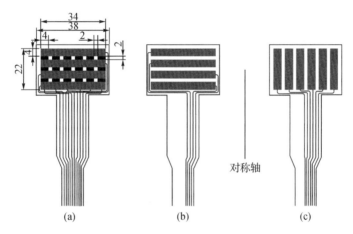

图 13-7　石墨烯电阻式触觉传感器(单位:mm)

(a) 4×6 传感器阵列;(b) 上电极层;(c) 下电极层

图 13-8 为石墨烯电阻式触觉传感器敏感单元示意图。基本压阻单元的构成如下:在上下层的柔性 PET 基底上,采用电子印刷技术将纳米导电材料印刷上去作为压阻单元的上下电极层,然后在上下电极层的中央印刷上石墨烯压阻油墨,经过干燥固化后形成压阻单元。压阻单元受到外力发生形变,导致中间石墨烯油墨的电阻率发生变化,引起压阻单元电阻值变化。所有压阻单元通过相互垂直分布的上下电极层相连,形成简单的 X-Y 压阻阵列结构。压阻单元的量程和空间分辨率由上下电极层的尺寸决定,灵敏度由中间石墨烯油墨层厚度和单元尺寸共同决定。

② 读出系统　图 13-9 为石墨烯电阻式触觉传感器阵列的接口电路和控制电路框图。微控制器发出行的地址信号,并送至多路开关,此地址选中的行上各单元信号经 A/D 转换后同时传入微控制器。行地址选中一行后,多路开关将输入电压连接至选中的行线,为该

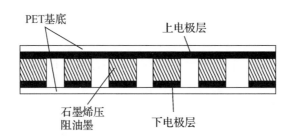

图 13-8　石墨烯电阻式触觉传感器敏感单元

行各压阻单元供电。选中行的各单元信号同时经对应的列检测分压电路进行分压,各单元经分压后的电压信号并行传入 A/D 转换器。图像中各敏感元件的信号通过扫描按一定的顺序以 A/D 变换后,由微处理器采集,并进行零位偏移补偿。

　　输出的电压 V_o 与压阻单元的阻值 R_x 关系为:

$$V_o = V_i \cdot \frac{R_0}{R_x + R_0} \tag{13-2}$$

其中,V_i 为压阻单元驱动电压,R_x 为压阻单元阻值,R_0 为固定分压电阻阻值。

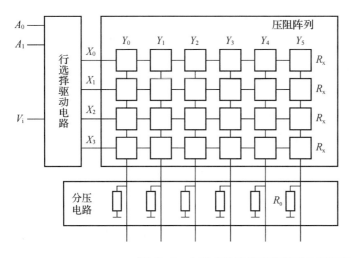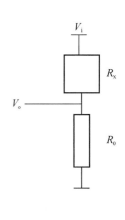

图 13-9　电阻式触觉传感器阵列电路原理

3) 机器人滑觉传感器

　　为了防止被抓取的对象物从机器人手爪中滑落,机器人滑觉传感器是必不可少的。滑觉传感器一般通过检测手爪和对象物之间产生滑移时的相对变位来检测作用于同手爪平行方向的力,从而获得滑动信息。

　　图 13-10 是滚球式滑觉传感器。小球可在任意方向旋转,小球的表面是导体和绝缘体配置成的网眼。当对象物滑动时,

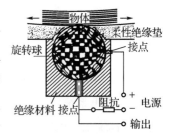

图 13-10　滚球式滑觉传感器

带动小球滚动,则在两个接点之间输出连续的脉冲电压信号。该滑觉传感器获取的信号通过记数电路和 D/A 变换器转换成模拟电压信号,可加在握持力控制系统的目标信号上,增加握持力达到消除滑动的目的。

4) 机器人接近觉传感器

机器人在实际工程过程中,往往需要感知正在接近、即将接触的物体,以便做出降速、回避、跟踪等反应。接近觉传感器就是机器人(或机械手)在几毫米至几十毫米距离内检测物体对象的传感器。

接近觉传感器分为接触式和非接触式两类。接触式接近觉传感器同触觉传感器较为相近,常用的接触式接近觉传感器为触须传感器。非接触式接近觉传感器又可分为气动式、电容式、电磁感应式、超声波式和光电式等类型的接近觉传感器。下面介绍一种触须传感器的工作原理。

触须传感器的原理巧妙、简单。图 13-11 是简易的触须传感器,当金属触须同对象物接触时,触须发生弯曲,其穿过铜板小孔的部分由于弯曲而同小孔边缘接触,从而接通电路,输出低电平信号。常用形状记忆合金制成触须,这种合金承受大的弯曲后不产生永久性变形,可以有效地保证触须传感器的长期正常工作。触须传感器可装在机器人某些表面上,以便机器人避免碰撞。触须也可安装在

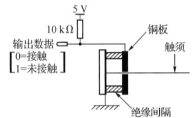

图 13-11　触须传感器

移动机器人的足底部,机器人的足降低,触须即可检测地面,从而使足在接触地面前减速。在足向前移动的整个过程中,触须都能感觉到障碍物,故可提起足,以便越过障碍物。

在非接触式接近觉传感器中,超声式避障传感器具有结构简单、可靠性能高、价格便宜、安装维护方便等优异特性,且近距范围内不受光线、颜色,以及电、磁场的影响,在恶劣作业环境下有一定的适应能力,因此广泛应用于移动机器人避障领域。以超声波作为测距手段,必须产生超声波和接收超声波,完成这种功能的装置就是超声波传感器,习惯上称为超声波换能器或超声波探头。常用的超声波传感器是利用压电效应实现电能和超声波相互转化,即在发射时将电能转换,发射超声波;而在收到回波时,则将超声振动转换成电信号。

超声波传感器避障检测的方法有渡越时间检测法、相位检测法、声波幅值检测法等。其中,渡越时间法(time of flight,TOF)应用最为广泛,其测量超声波从发射到遇到障碍物返回所经历的时间,再将其二分之一乘以超声波的速度便得到声源与障碍物之间的距离。但是在实际应用中,超声波声速随环境温度、湿度及大气压等的变化而变化,其中环境温度对声速的影响最大,因此消除由温度变化而引起的测距误差就显得尤为重要。

下面介绍一种通过安装标准校正板来消除温度等误差的超声波避障传感器。如图13-12所示,在探测仪的底板上部安装一个固定距离的标准校正板,d 表示探头到探测目标的距离,d_0 表示探头到标准校正板的距离,标准校正板可以在 A-B 平面上左右滑动,以方便进行校正和测量。设在校正段内的声速为 c_0,超声波脉冲从发射到接收所经历的时间为

t_0，则 $d_0 = c_0 t_0 / 2$；另一部分则由被测目标反射回来，其传输时间为 t，传播速度为 c，则 $d = ct/2$，因为这两段距离在同等温度条件下，因此传播速度相等，即：$c = c_0$，则可得

$$d = d_0 \cdot \frac{t}{t_0} \tag{13-3}$$

根据式（13-3）可以看出，目标距离只和 d_0、t_0、t 有关，而与超声波传播的速度 c 无关。此时目标探测距离的精度只取决于标准校正板的安装精度和回波时间的测量精度，与超声波的声速无关，因而消除了温度、湿度、粉尘、气流、气压等的影响。

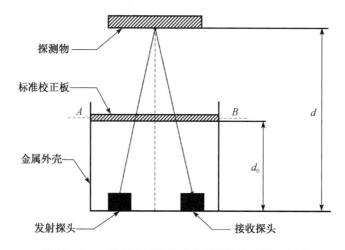

图 13-12　一种超声波避障传感器结构及测量示意图

13.2　智能结构

13.2.1　智能结构的概念和作用

智能结构（smart structure）又称智能材料结构。这一概念最早源于这样的思想：让材料本身就具有自感知、自诊断、自适应的智能功能，即材料本身就是一个智能传感器，无须再为测量材料的各种物理量而外接大量传感器。

20 世纪 80 年代，航空、航海技术的需要导致了智能结构技术的诞生和发展：一是飞机结构自主状态检测诊断；二是大型柔性太空结构形状与振动控制；三是潜艇结构声辐射控制。为了保证飞机强度、刚度和安全性要求，美国军方提出了飞机结构的完整性计划。根据该计划研制了一套将光纤传感器嵌埋于复合材料机翼表层内部，监测应变、温度等物理量的变化，进而检测结构破损，构成所谓自监测结构，从而导致了智能结构技术的萌芽。

智能结构不仅在航空、航天、航海领域有着重要的应用，而且在建筑、公路、桥梁等土木工程和运输管道、汽车、机床、机器人等机电工程领域有着广阔的应用前景和重要价值。

智能结构可如下定义：将具有仿生命功能的敏感材料和传感器、致动器以及微处理器以某种方式集成于基体材料中，使制成的整体材料构件具有自感知、自诊断、自适应的智能功能。图 13-13 为一种典型的智能结构，它把传感元件、致动元件以及信息处理和控制系统集成于基体材料中，使制成的构件不仅具有承受载荷、传递运动的能力，而且具有检测多种参数的能力（如应力、应变、损伤、温度、压力等），并在此基础上具有自适应动作能力，从而改变结构内部应力、应变分布、结构外形和位置，或控制和改变结构的特性，如结构阻尼、固有频率、光学特性、电磁场分布等。

智能结构一般可分成两种类型，即嵌入式和本征型。前者是在基体材料中嵌入具有传感、致动和控制处理功能的三种原始材料或元件，利用传感元件采集和检测结构本身或外界环境的信息，控制处理器则控制致动元件执行相应的动作；后者指材料本身就具有智能功能，能够随着环境和时间改变自己的性能，例如自滤波玻璃等。

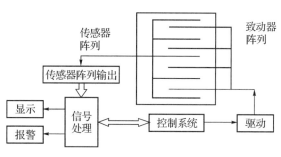

图 13-13　一种典型的智能结构

13.2.2　智能结构的组成

智能结构由三个基本功能单元组成：传感器单元、致动器单元、信息处理和控制单元。智能结构的最高级形式，不仅具有集成的传感元件和致动元件，而且实现信息处理和控制功能的微处理器和信号传输线以及电源等都集成在同一母体结构中。

1）传感器单元

传感器单元的作用是感受结构状态（如应变、位移）的变化，并将这些物理量转换成电信号，以便处理和传输，它是智能结构的重要组成部分。构成传感器单元的敏感材料是决定智能结构性能的重要因素，常用的敏感材料主要有三类：应变型材料、压电型材料、光纤。

应变型材料有电阻应变片和半导体应变片。电阻应变片价格低廉，但灵敏度太低（$0.03\ \mathrm{mV}/\mu\varepsilon$）；半导体应变片灵敏度稍高，可达 $1\ \mathrm{mV}/\mu\varepsilon$。应变型材料的缺点是难于同原结构集成一体化。

压电型应变材料主要是压电陶瓷，如锆钛酸铅（PZT），其灵敏度可达 $20\ \mathrm{mV}/\mu\varepsilon$。压电陶瓷材料易于表面粘贴或内部嵌埋，实现与原结构一体化。有些高分子聚合物，如聚二氟乙烯薄膜（PVDF）也具有压电效应，其灵敏度可达 $10\ \mathrm{mV}/\mu\varepsilon$。由于压电薄膜轻软、易于剪裁的特点，更适合做成分布式传感元件，便于与原结构一体化，受到广泛关注。

光纤是另一类广为重视的传感元件，有干涉型、光栅型和分布型等多种类型，可嵌埋于材料内部，作为应变传感元件。光纤的突出优点是灵敏度特高（$1\ \mathrm{V}/\mu\varepsilon$），而且线性度好，稳定性高，可多路复用，还具有很强的电磁抗干扰性。然而，其信号处理复杂，辅助设备庞大，限制了它在实际结构中的应用。

2）致动器单元

致动器单元的作用是在外加电信号的激励下，产生应变和位移的变化，对原结构起驱动作用，从而使整体结构改变自身的状态或特性，实现自适应功能。致动器的主要技术指标包括：最大应变量、弹性模量、频率带宽、线性范围、延迟特性、可埋入性等。

目前，可供使用的应变致动材料主要有四类：形状记忆合金、压电材料、电致和磁致伸缩材料，以及电、磁流变体。

镍钛形状记忆合金（SMA）最早被用作智能结构的致动元件，这类材料在加温超过材料相变临界温度时，能"记住"塑性变形前的形状，并恢复原状。形状记忆合金的一个突出优点是在加温前后，其弹性模量的变化可达 4～25 倍。通过温度控制达到致动，从而实现结构形状控制（如扭转和弯曲），或改变原结构的刚度特性，还可使应力重新分布，达到强度自适应的目的。SMA 的最大优点是其应变灵敏度很高，可达 2%，可导致原结构变形达 0.8%。另外，它易于加工成丝、箔状埋入原结构，实现一体化。SMA 的主要缺点是相应速度慢，致动频率带宽一般小于 0.1 Hz，难以用于动态控制。

压电材料是目前应用最广的致动元件，其最大应变量可达 0.1%，而且频带很宽，对温度不敏感。最常用的压电陶瓷（如 PZT），制成片状即可粘贴在原材料表面，或内埋于夹层材料内部，用于结构形状或振动控制。但是，其应变灵敏度还有待提高。

电致伸缩材料在电场作用下产生变形（如逆压电效应），它具有与压电陶瓷类似的指标。磁致伸缩材料能产生比电致伸缩材料更大的应变量，但需外加磁场，限制了它的应用。

电流变体是一种悬浮于绝缘介质的介电微粒，在电场中可吸附水分而具流变性质，从而改变剪切特性。其剪切弹性模量的变化可达几个数量级，而且这种变化十分迅速，因而可用于结构阻尼控制。

3）信息处理和控制单元

信息处理和控制单元是智能结构的关键组成部分，它的作用是对来自传感器单元的各种检测信号进行实时处理，并对结构的各种状态（故障、受力、温度等）进行判断，根据判断结构，按照控制策略输出控制信号，控制致动器单元。

信息处理和控制单元所完成的信号处理功能同智能式传感器的功能一致，这里不再赘述，而它所完成的控制功能较为复杂。智能结构控制的一个明显特点是分散控制，一般分成三个层次，即局部控制、全局控制和认知控制。局部控制可用于增加阻尼、吸收能量、减小残余位移；全局控制可以达到更高的控制精度，除了常规控制所需的鲁棒性，还必须充分考虑控制的分布性；认知控制则是控制的更高层次，具有主动辨识、诊断和学习功能。

13.2.3　光纤型智能结构实例

下面我们介绍一种自诊断自适应智能结构系统，其中传感器网络由光纤传感元件构成，致动器采用记忆合金框架。该智能结构可以实现大面积结构的载荷监测和损伤在线诊断，并能根据损伤诊断结构自适应控制相应区域的应力状态使其产生改变，使结构处于抑制损伤扩展的应力状态。

该智能结构总体为平板状,其中采用偏振型光纤应变传感器构成传感器网络,传感器排列方式如图 13-14 所示,呈纵横排列状布局。它具有结构简单,埋置方便,灵敏度适中的优点。当传感器的敏感光纤受到应变 ε 作用时,一小段长 ΔL 光纤中传输光的偏振态变化为

$$\Delta\varnothing = \{\beta - \beta n^2 [P_{12} - \mu(P_{21} - P_{12})]/2\} \Delta L\varepsilon \tag{13-4}$$

式中 P_{21}、P_{12} 为光纤芯的弹光常数,n、μ 为纤芯的折射率及泊松比,β 为光纤中的传播常数。通过传感器系统的检偏镜及光敏管可把 $\Delta\Phi$ 的变化转换成输出电压的变化,从而得到要检测的应变。若板上 A 处由于载荷作用或损伤造成一大应变区域,则 A 附近的四根传感元件感受的应变较大,输出也较大,而其他处传感元件的输出均较小,这样,就可以从不同位置传感元件的输出大小分布情况判别载荷或损伤的位置。

该智能结构采用形状记忆合金(SMA)作为致动元件,可使 6%～8% 的塑性变形完全回复。若形状回复受到约束,则可产生高达 690 MPa 的回复应力。为了实现结构大面积的强度自适应,SMA 在平板结构中采用组合式布置方案。图 13-15 是组合式 SMA 致动器的布局,不论损伤处于什么位置,都可以根据损伤识别的结果,通过控制电路改变 SMA 单元的连接方式,使 SMA 构成不同的回路,并激励相应的 SMA 动作,在损伤周围形成压应力区域,防止损伤的进一步发展。

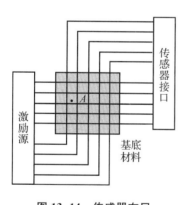

图 13-14　传感器布局

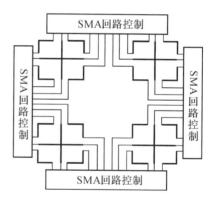

图 13-15　组合式 SMA 致动器布局

13.3　量子传感器技术

13.3.1　量子传感器简介

量子传感器是指基于物质运动中某些量子效应的新型传感器的总称。量子传感器不同于传统测量传感器,它是依据量子力学规律,对系统被测量进行其他变换。量子系统状态的检测与传统检测技术有明显区别,需要量子传感器来完成。但基于量子态的极端敏感性,要想使其切实广泛应用还有很长的路要走。

首先量子传感器利用的是量子技术,凡是遵循量子力学规律,利用量子的纠缠性或叠加性等量子效应的技术,都可以是量子技术。利用量子力学的基本性质,如量子纠缠、量子相干、量子统计等特性,可以实现更高精度的测量。量子雷达技术就运用了量子纠缠原理,这个过程包括将一系列纠缠光子对中的一半从一个物体上反弹回来,然后将返回的光子与被阻挡的光子进行比较。目的是将最初发出的辐射与强噪声源区分,有利于发现隐形飞机等普通雷达无法发现的物体。所以量子传感就是基于量子力学特性对被测量实现更高精度的测量。在量子传感器中,某些外部环境(如电磁场、温度、压力等)变化时,会与体系中的部分电子、光子、声子等发生相互作用从而改变它们的量子态,通过检测这些变化的量子态,就可以实现对外部环境的高灵敏度测量。因此,量子传感器可以这样理解:这些电子、光子、声子等量子体系的微观粒子就像一把高灵敏度的"尺子",实现高精度检测。

量子传感器可以从两方面定义:(1)利用量子效应、根据相应量子算法设计的、用于执行变换功能的物理装置;(2)为了满足对被测量进行变换,某些部分细微到必须考虑其量子效应的变换元件。随着量子控制研究的深入,对敏感元件的要求也变高,传感器有向微型化、量子型发展的趋势,量子效应将不可避免地在传感器领域发挥重要作用,各种量子传感器也将在量子控制、状态检测等方面得到广泛应用。

量子传感器的组成与传统传感器类似,由敏感元件检测被测量产生信号和信号处理的辅助仪器组成。

13.3.2 量子传感器的特性

传统传感器可以从准确度、灵敏度和稳定性等方面评价它的性能优劣,这里结合量子传感器固有属性,可以从如下几个方面来评估量子传感器的性能:

1) 实时性

根据量子控制中测量的特点,特别是量子状态的快速演变,实时性能成为量子传感器质量评价的重要指标。实时性要求量子传感器的测量结果能够更好地与被测物体的当前状态一致,必要时可以跟踪被测物体量子态的演变,在设计量子传感器时,要考虑如何解决测量滞后问题。

2) 灵敏性

由于量子传感器的主要功能是实现对微观对象被测量的变换,要求对象微小的变化也能够被捕捉,因此,在设计量子传感器时,要考虑其灵敏度能够满足实际要求,量子传感器灵敏性好是其重要的特点。

3) 稳定性

在量子控制中,被控对象的状态易受环境影响,量子传感器在探测对象量子态时也可能引起对象或传感器本身状态的不稳定,解决的办法是引入环境工程的思想,考虑用冷却阱、低温保持器等方法加以保护,因此稳定性是量子传感器需要重视的特性。

4) 非破坏性

在量子控制中,由于测量可能会引起被测系统波函数约化,同时,传感器也可能引起系统状态变化,因此,在测量中,要充分考虑量子传感器与系统的相互作用。因为量子控制中的状态检测与经典控制中的状态检测存在本质上的不同,测量可能引起的状态波函数约化过程暗示了对状态的测量已经破坏了状态本身,因此,非破坏性是量子传感器应重点考虑的方面之一。在进行实际检测时,可以考虑将量子传感器作为系统的一部分加以考虑,或者作为系统的扰动,将传感器与被测对象相互作用的哈密顿量考虑在整个系统状态的演化之中。

5) 多功能性

量子系统本身就是一个复杂系统,各子系统之间或传感器与系统之间都易发生相互作用,实际应用时总是期望减少人为影响和多步测量带来的滞后问题,因此,可以将较多的功能,如采样、处理、测量等集成在同一量子传感器上,并将合适的智能控制算法融入其中,设计出智能型、多功能量子传感器。

量子传感器具有许多经典传感器所不具有的性质,设计量子传感器时,在重点考虑将量子领域不可直接测量量变换成可测量量外,还应从实时性、灵敏性、稳定性、非破坏性、多功能性等方面对量子传感器的性能加以评估。

13.3.3　量子传感器的应用

量子传感器目前常用的应用场景有:精准重力测量、精准磁场测量、无线电频谱测量、精准脑成像测量等。量子传感器不仅有惯性导航系统与磁力测定系统在无 GPS 信号环境中的导航应用,在提升无线雷达与激光雷达在智能、监视、侦查方面也有重要作用。

1) 微小压力测量

美国国家标准与技术研究所(NIST)已经研制出一种压力传感器,可以有效地对盒子里的颗粒进行计数。该装置通过测量激光束穿过氦气腔和真空腔时产生的拍频来比较真空腔和氦气腔的压力。气体中激光频率的微小变化,以保持共振驻波反映了压力的微小变化(因为压力改变折射率)。

该量子压力传感器,加上氦折射率的第一原理计算,可以作为压力标准,取代笨重的水银压力计。还可能应用于校准半导体铸造厂的压力传感器,或作为非常精确的飞机高度计。

2) 精准重力测量

光线测量并不适用于所有的成像工作,作为新的替代补充手段,重力测量可以很好地反映出某一地方的细微变化,例如难以接近的老矿井、坑洞和深埋地下的水气管。用此方法,油矿勘探和水位监测也会变得异常容易。

利用量子冷原子所开发的新型引力传感器和量子增强型 MEMS(微机电系统)技术要比以前的设备有更高的性能,在商业上也会有更重要的应用。而低成本 MEMS 装置也在构想之中,预计它将会只有网球大小,而敏感程度要比智能手机中使用的运动传感器高100 万倍。一旦这项技术成熟,那么大面积的重力场图像绘制也就将成为可能。如图13-16所示为量子重力梯度仪在精确测量地下结构方面的应用。量子重力梯度仪的工作原理是利用量子物理原理检测微重力的变化,量子物理原理基于在亚分子尺度上操纵自然,图

13-16 是其检测某地下地形的数据,可看出量子重力梯度仪可大致测得地下形貌。

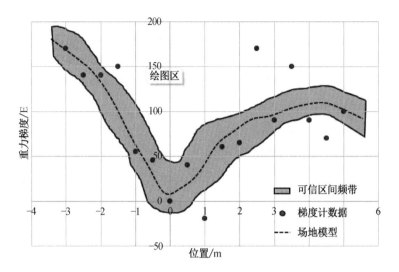

图 13-16　量子重力梯度仪可精确测量地下结构

　　另外,常规性地球遥感观测也可以通过精确重力测量来实现,监测的范围包括地下水储量、冰川及冰盖的变化。

3)精准磁场测量

　　目前,在量子控制领域所用的一些检测仪器已经具有量子传感器的雏形,它在微弱磁场测量方面也有一些应用。如 Morisawa 等人为了探测被照射的奥氏体不锈钢中由于氢引起的晶格断裂磁化系数时,也采用了超导量子干涉装置(SQUID)传感器来测量磁通密度。目前市场上主要有两种量子传感器,即 SQUID 传感器和量子霍尔传感器。SQUID 传感器是利用约瑟夫森效应设计的极其敏感的磁传感器,可用于探测 10^{-14} T 的磁场。SQUID 传感器一般由 SQUID、压差密度计和超导磁场组成。图 13-17 为 Morisawa 等人用 SQUID 传感器测量磁通密度的测量装置图。

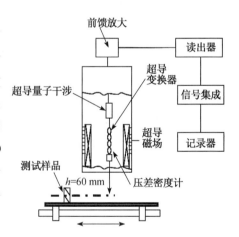

图 13-17　测量磁场属性的仪器系统图

4)无线电频谱测量

　　美国陆军研究人员研制出了一款新型量子传感器,可以帮助士兵探测整个无线电频谱——0~100 GHz 的通信信号。新型量子传感器非常小巧,几乎无法被其他设备探测到,可用作通信接收器。尽管里德堡原子拥有广谱灵敏度,但科学家迄今从未对整个运行波段的灵敏度进行定量描述。相比于传统接收器,新型量子传感器体积更小,而且其灵敏度可与其他电场传感器技术,如电光晶体和偶极天线耦合的无源电子设备等相媲美。目前,陆军科学家计划进一步锤炼最新技术,提高这款量子传感器的灵敏度,使其能探测到更弱的信号,并扩展用于探测更复杂波形的协议。然而,有关量子传感器的想象力还不止于此;量子磁性传感器的发展将大幅降低磁脑成像的成本,有助于该项技术的推广;而用于测量重力的量子传感器将有望改变人们对传统地下勘测工作繁杂耗时的印象;即便在导航领域,往往导航卫星搜索不到的地区,就是量子传感器所提供的惯性导航的用武之地。

5) 医疗健康

阿尔茨海默病:根据阿尔茨海默病协会估计,全世界每年因阿尔茨海默病而造成的经济损失约有 5 000 亿英镑,这一数字还在不断增加。而当前基于患者问卷调查的诊断形式通常会使治疗手段的选择可能性被严重限制,只有做好早期的诊断和干预才可以有更好的效果。研究人员正在研究一种称为脑磁图描记术(MEG)的技术可用于早期诊断。但问题是该技术目前需要磁屏蔽室和液氦冷却操作,这使得该项技术推广变得异常昂贵。而量子磁力仪则可以很好地弥补这方面的缺陷,其灵敏度更高、几乎不需要冷却和与屏蔽,更关键的是其成本更低。

癌症:一种名为微波断层成像的技术已应用于乳腺癌的早期检测多年,而量子传感器则有助于提高这种技术的灵敏度与显示分辨率。与传统的 X 光不同,微波成像不会将乳房直接暴露于电离辐射之下。此外,基于金刚石的量子传感器也使得在原子层级上研究活体细胞内的温度和磁场成为可能,这为医学研究提供了新的工具。

心脏疾病:心律失常通常被看作是发达国家的第一致死杀手,而该病症的病理特征就是时快时慢的不规则心跳速度。目前正在开发中的磁感应断层摄影技术被视作可以诊断纤维性颤动并研究其形成机制的工具,量子磁力仪的出现会大大提升这一技术的应用效果,在成像临床应用、病患监测和手术规划等方面都会大有益处。

6) 交通运输与导航

交通运输越发展就越需要了解各种交通工具的准确位置信息及状况,这也就对汽车、火车和飞机所携带的传感器数量提出了要求,卫星导航设备、雷达传感器、超声波传感器、光学传感器等都将逐渐成为标配。然而有了这些还远远不够,传感器技术的发展也将面对新的挑战。自动驾驶汽车和火车的定位及导航精度被严格要求在 10 cm 以内;下一代驾驶辅助系统必须可以随时监测到当地厘米级的危险路况。使用基于冷原子的量子传感器,导航系统不但可以将位置信息精确到厘米,还必须具备在诸如水下、地下和建筑群中等导航卫星触及不到的地方工作的能力。

与此同时,其他类型的量子传感器也在不断发展之中(例如工作在太赫兹波段的传感器),它们可以将道路评估的精度精确到毫米级。此外,最初为原子钟而开发的基于激光的微波源也可以提升机场雷达系统的工作范围和工作精度。

13.3.4 量子传感器的未来前景

目前,世界正处于第二次量子革命的时代。由于量子传感器具有灵敏度高、探测微弱信号能力强的优点,量子传感器得到各个国家的普遍重视和研究。能量量子化通过晶体管和激光为人类带来了现代电子技术,但随着人类操纵单个原子和电子的技术与能力迅速发展,量子传感器会逐步成熟,并将会在更多的领域得到应用。

许多从事量子传感器研究的科学家都成立了公司来将他们的技术商业化,但很少有真正的产品上市,虽然量子传感器实现量产推向市场会是"道阻且长",但相信未来随着相关技术的逐渐成熟,量子传感器将在国计民生方面得到广泛应用。

13.4 柔性可穿戴传感器技术

13.4.1 概述

随着人们进一步深入信息时代,柔性可穿戴传感器技术近年来发展迅速,它是集新材料、新工艺、新设计于一体的全方位创新技术,通过紧体的佩戴方式检测与生物物种或特定环境相关的多种信息,并提供更自然的人机交互方式,具有免提、随时开启、警示、环境识别和可拓展等多种特点。

近几年,随着人工智能、物联网等新应用的发展,柔性可穿戴智能传感系统以其多功能、可集成等特点在人类日常生活的各个方面引起了广泛的关注。传感器作为其中的核心部件,将影响可穿戴设备的功能设计与未来发展。柔性可穿戴传感器由于在医疗保健、健身运动、安全生产等领域的巨大潜力受到越来越多的关注,因此研究能够与各种可穿戴应用相匹配的柔性传感器件成为当下柔性可穿戴技术的研究热点之一。

13.4.2 柔性传感器的特点和分类

柔性传感器是指采用柔性材料制成的传感器,具有良好的柔韧性、延展性,甚至可自由弯曲或折叠,而且结构形式灵活多样,可根据测量条件的要求任意布置,能够非常方便地对复杂被测量进行检测,具有轻薄便携、电学性能优异和集成度高等特点,在电子皮肤、医疗保健、电子、电工、运动器材、纺织品、航天航空、环境监测等领域得到广泛应用。

柔性传感器种类较多,分类方式也多样化。按照用途分类,柔性传感器包括柔性压力传感器、柔性气体传感器、柔性湿度传感器、柔性温度传感器、柔性应变传感器、柔性磁阻抗传感器和柔性热流量传感器等。按照感知机理分类,柔性传感器的信号转换机制主要分为压阻式、电容式和压电式三种类型,其各自结构及机制如图 13-18 所示。

1) 压阻式

压阻传感器可以将外力转换成电阻的变化(阻值的变化量与施加压力的平方根成正比),从而可以方便地用电学测试系统间接探测外力变化,而导电物质间导电路径的变化是获得压阻传感信号的常见机理。由于其简单的设备和信号读出机制,这类传感器在可穿戴技术中得到广泛应用。

2) 电容式

电容是衡量平行板间容纳电荷能力的物理量。传统的电容传感器通过改变正对面积 S

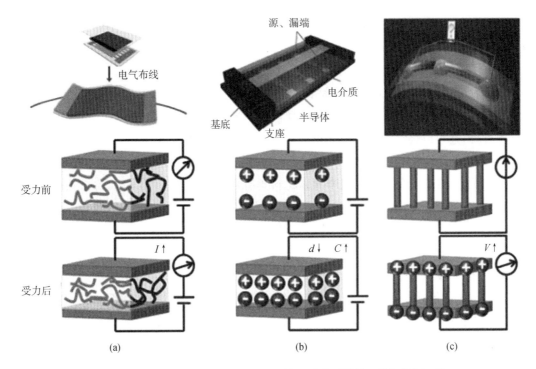

图 13-18　柔性传感器信号转换机制的三种类型器件及其机制原理图
（a）压阻式；（b）电容式；（c）压电式

和平行板间距 d 来探测不同的力，例如压力、剪切力等。电容式传感器的主要优势在于其对力的敏感性强，因此在可穿戴技术中它主要应用于低能耗检测微小静态力的场合。

3）压电式

压电材料是指在机械压力下可以产生电荷，或外加电压变化时会产生机械形变的一类特殊材料，这种能将电能和机械能进行转换的特性被称为压电特性。压电系数是压电材料所特有的物理量，它用于衡量压电材料能量转换效率的高低：压电系数越高，代表该材料能量转换的效率就越高。因此，高灵敏度、快速响应和高压电系数的压电材料被广泛应用于将压力转换为电信号的柔性传感器设计中。

13.4.3　柔性可穿戴电子的常用材料

柔性电子材料为柔性可穿戴技术的发展，特别是高性能新型柔性传感器的研发提供了基础条件。多种柔性材料产品的出现为可穿戴电子设备带来了全新的体验。目前，应用较为广泛的柔性电子材料有柔性基底、金属材料、无机半导体材料、有机材料和碳材料。

1）柔性基底

为了满足柔性电子器件轻薄、透明、柔性和拉伸性好、绝缘耐腐蚀等性质的要求，方便易得、化学性质稳定、透明和热稳定性好的聚二甲基硅氧烷（PDMS）成为人们的首选，尤其在紫外光下黏附区和非黏附区分明的特性使其表面可以很容易地黏附电子材料。目前，通常有两种策略来实现可穿戴传感器的拉伸性。第一种方法是在柔性基底上直接键合低杨氏模量的薄导电材料。第二种方法是使用本身可拉伸的导体组装器件,通常是由导电物质混合到弹性基体中制备。

2) 金属材料

金属材料一般为金银铜等导体材料,主要用于电极和导线。对于现代印刷工艺而言,导电材料多选用导电纳米油墨,包括纳米颗粒和纳米线等。金属的纳米粒子除了具有良好的导电性外,还可以烧结成薄膜或导线。

3) 无机半导体材料

以 ZnO 和 ZnS 为代表的无机半导体材料具有良好的压电特性,在可穿戴柔性电子传感器领域显示出了广阔的应用前景。利用该类材料研发的柔性压力传感器具有响应速度快、空间分辨率高等优点,是未来快速响应和高分辨压力传感器材料领域最有潜力的候选者之一。

4) 有机半导体材料

大规模压力传感器阵列对未来可穿戴传感器的发展非常重要。基于压阻和电容信号机制的压力传感器存在信号串扰,导致了测量的不准确,这个问题成为发展可穿戴传感器最大的挑战之一。由于晶体管完美的信号转换和放大性能,晶体管的使用为减少信号串扰提供了可能。因此,在可穿戴传感器和人工智能领域的很多研究都是围绕如何获得大规模柔性压敏晶体管展开的。目前,针对此研发的聚 3-己基噻吩(P₃HT)体系、萘四酰亚二胺(NDI)和苝四酰亚二胺(PDI)都是典型的有机半导体材料。与无机半导体相比,有机半导体材料的成膜技术更多、更新,并且质量更轻,而且呈现出更好的柔韧性。更重要的是,有机场效应器件的制作工艺也比无机的更为简单,这些都为用于可穿戴技术中的大规模压力传感器阵列的研发提供了可能。

5) 碳材料

柔性可穿戴电子传感器常用的碳材料有碳纳米管和石墨烯等。碳纳米管具有结晶度高、导电性好、比表面积大、微孔大小可通过合成工艺加以控制,以及比表面利用率可达100%的特点。石墨烯具有轻薄透明,导电导热性好等特点,在传感技术、移动通信、信息技术和电动汽车等方面具有极其重要和广阔的应用前景。

13.4.4 柔性可穿戴传感器的应用

柔性可穿戴传感器在人体健康监测方面发挥着至关重要的作用。近年来,人们已经在可穿戴可植入传感器领域取得了显著进步,例如利用电子皮肤向大脑传递皮肤触觉信息,利用三维微电极实现大脑皮层控制假肢,利用人工耳蜗恢复病人听力等,目前较为普遍的应用为体温、脉搏检测和运动监测。

1) 温度检测

在疫情大环境下,人们对体温的关注提升到了前所未有的高度,在红外额温、耳温枪市场火爆的同时,越来越多的制造商开始关注并尝试在手表、手环乃至耳机等可穿戴设备上增加体温监测功能,这无疑给可穿戴设备市场赋予了新的机会。

纳芯微电子公司推出的 D-NTC 系列温度传感器 NST1001 提供从 ±0.1℃到 ±0.5℃的宽范围精度并拥有出色的低功耗特性,封装尺寸小至 1.6 mm×0.8 mm。

对于可穿戴测温方案,理想情况下,需要测量皮肤温度及环境温度,并通过补偿算法计算后得出较为准确的等价腋下温度。另外,材料和热传导路径也会影响系统热导率,从而影响测量的温度值,根据傅里叶定律,热导率的定义式为

$$k_x = -\frac{q''_x}{\left(\dfrac{\partial T}{\partial x}\right)} \tag{13-5}$$

式中,x 为热流方向,q''_x 为该方向上的热通量,$\dfrac{\partial T}{\partial x}$ 为该方向上的温度梯度。对于各向同性的材料来说,各个方向上的热导率是相同的。热导率的定义是指在稳定传热条件下,1 m 厚的材料,两侧表面的温差为 1℃,在 1 s 内,通过 1 m² 面积传递的热量,单位为瓦/(米·度)(W/(m·K),此处 K 可用℃代替)。

基于温度传感器 NST1001 设计的可穿戴手环,典型的皮肤温度的最优化热传导路径如图 13-20 所示:皮肤→不锈钢→FPC(柔性电路板)→Die Temp(温度传感器芯片)。针对热传导的路径,芯片金属导入会比通过塑封体要好,而 PCB 越薄导热性能越好,因此这里使用柔性电路板 FPC 来布局温度传感器。在柔板与金属板之间可以涂敷导热硅胶或者导热硅脂,以防出现空隙,避免空气传导降低热导率。与皮肤接触的导热界面采用 304 或 316 不锈钢材料,这样生物相容性较好,而且不会引起皮肤过敏。

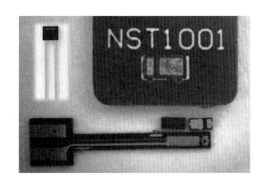

图 13-19　NST1001 芯片实物封装前后图

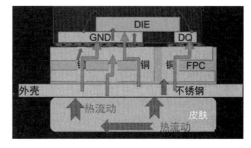

图 13-20　皮肤温度到温度传感器芯片的最优化热传导路径图

NST1001 具有脉冲计数型数字输出及在宽温度范围内高精度的特性,可直接与 MCU 连接使用,如图 13-21 中所示。NST1001 器件在 -50℃至 150℃的温度范围内具有极高的分辨率(0.062 5℃),无须借助系统校准或软硬件补偿。脉冲计数型数字接口设计用于直接连接 I/O 端口(通用输入/输出端口)或比较器输入,从而简化硬件实施,有助于进一步开发测温手表、测温手环、体温测量贴片等应用。

另外,在柔性可穿戴技术中的测温领域,电子皮肤越来越受到青睐。电子皮肤的概念最早由 Rogers 等提出,由多功能二极管、无线功率线圈和射频发生器等部件组成。这样的

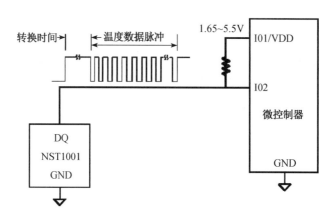

图 13-21　基于 NST1001 的温度检测框架图

表皮电子对温度和热导率的变化非常敏感,不仅可以实时测温,还可以评价人体生理特征的变化,比如皮肤含水量、组织热导率、血流量状态和伤口修复过程等。为了提高空间分辨率、信噪比和响应速度,有源矩阵设计是当下电子皮肤领域研究的热点。

2)脉搏检测

柔性可穿戴个人健康监护系统被广泛认为是下一代健康监护技术的核心解决方案。监护设备不断地感知、获取、分析和存储大量人体日常活动中的生理数据,为人体的健康状况提供必要的、准确的和长期的评估和反馈。

在脉搏监测领域,柔性可穿戴传感器具有以下应用优势:在不影响人体运动状态的前提下长时间的采集人体日常心电数据,实时地传输至监护终端进行分析处理;数据通过无线电波进行传输,免除了复杂的连线。

可以黏附在皮肤表面的电学矩阵在非植入健康监测方面具有明显优势,而且超轻超薄,利于携带。如图 13-22 所示为鲍哲楠团队研发的一款新型柔性可穿戴传感器,该款基于微毛结构的柔性压力传感器可以很好地对人体的脉搏进行实时监测。这款传感器对信号的放大作用很强,通过传感器与不规则表皮的有效接触最大化,观察到了大约 12 倍的信噪比增强。另外,这种微毛结构表面层还提供了生物兼容性,即非植入皮肤的共形附着。最后,这种便携式的传感器可以无线传输信号,即使微弱的深层颈内静脉搏动也可以被该传感器轻松捕获。

3)运动监测

在能与人体交互的诊疗电学设备中,监控人体运动的柔性应力传感器备受瞩目。监测人体运动的策略可以分为两种:一种是监测大范围运动,另一种是监测像呼吸、吞咽和说话过程中,胸部和颈部的细微运动。适用于这两种策略的传感器必须具备好的拉伸性和高灵敏度。而传统的基于金属和半导体的应力传感器不能胜任。所以,具备好的拉伸性和高灵敏度的柔性可穿戴电子传感器在运动监测领域至关重要。

通过干纺法在柔性基底上制备而成的高度取向性的碳纳米管纤维弹性应力传感器具有超过 900% 的拉紧程度,另外它灵敏度高,响应速度快,持久性好。用该类传感器设计的

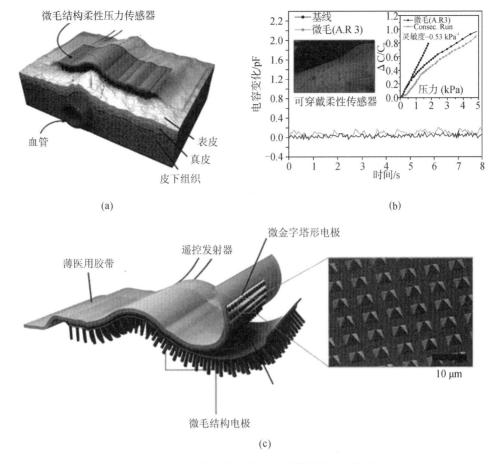

图 13-22 柔性电子传感器在脉搏监测上的应用

（a）使用微毛结构传感器监测人体颈部脉搏的示意图；（b）桡动脉脉搏波测量曲线和传感器灵敏度随压
力的变化曲线；（c）微毛结构传感器的横截面图

高弹性应变仪在不同体系中具有巨大应用潜力，如人体运动和柔性可穿戴传感器。

当定向排列的单壁碳纳米管薄膜被拉伸时，碳纳米管破裂成岛-桥-间隙结构，形变可以达到280%，是传统金属拉力计的50倍。将这种传感器组装在长袜、绷带和手套上，可以监测不同类型的动作，比如移动、打字、呼吸和讲话等。

柔性传感器虽然在人体健康监测方面已取得了一定的成果和进展，然而，实现柔性可穿戴电子传感器的高分辨率、高灵敏度、快速响应、低成本制造和复杂信号检测目前仍然是一个很大的挑战。

在实际应用方面，柔性可穿戴电子传感器在实现新型传感原理、多功能集成、复杂环境分析等科学问题上，以及制备工艺、材料合成与器件整合等技术上的突破，还有很大的前景和拓展空间。首先，亟须新材料和新信号转换机制来拓展压力扫描的范围，不断满足不同场合的需要；其次，发展低能耗和自驱动的柔性可穿戴传感器，电池微型化技术也亟待升级，信息交互的过程是高耗能的，要延长设备一次充电的工作时间；再次，提高柔性可穿戴传感器的性能，包括灵敏度、响应时间、检测范围、集成度和多分析等，提高便携性，降低柔性可穿戴传感器的制造成本;最后,发展无线传输技术,与移动终端结合,建立统一的云服务,实现数据实时传输、分析与反馈。

我们应进一步拓宽柔性传感器的功能,特别是在医疗领域,如健康监测、药物释放、假体技术等。随着科学技术的发展,特别是纳米材料和纳米技术的研究不断深入,柔性可穿戴传感器技术也必会展现出更为广阔的应用前景。

习题与思考题

13-1 简述传感器新技术的发展趋势。

13-2 简要说明机器人力觉、触觉传感器的作用。

13-3 试举例说明机器人接近觉感知的原理及方法。

13-4 什么是智能结构? 简要说明智能结构的组成单元。

13-5 与传统的传感器相比,量子传感器有什么特别之处? 哪些应用环境下只能用量子传感器?

13-6 举例说明什么是柔性可穿戴技术。

13-7 谈一谈你所了解的智能传感器新技术。

参考文献

[1] 贾伯年,俞朴,宋爱国.传感器技术[M].3 版.南京:东南大学出版社,2007.

[2] 兰羽.具有温度补偿功能的超声波测距系统设计[J].电子测量技术,2013,36(2):85-87.

[3] 卜英勇,何永强,赵海鸣,等.一种高精度超声波测距仪测量精度的研究[J].郑州大学学报(工学版),2006(1):86-90.

[4] 李海龙.超声波传感器技术改进要点[J].电子技术与软件工程,2018(12):85.

[5] 袁茂鸿,王姝,林心如.基于超声波传感器的扫地机器人避障技术研究[J].南方农机,2021,52(10):100-101.

[6] 王琥.量子传感器:SQUID[J].自动化技术与应用,1983(1):82-94.

[7] 董道毅,陈宗海,张陈斌.量子传感器[J].传感器技术,2004(4):1-4,9.

[8] 枭枭.一文读懂量子传感器技术与应用[EB/OL].[2022-07-28].https://www.sensorexpert.com.cn/article/5855.html.

[9] 段宏宇,李荷.惯性技术之窗:科技智能可穿戴技术应用概述[J].海陆空天惯性世界,2019(7):151-152.

[10] 颜延,邹浩,周林,等.可穿戴技术的发展[J].中国生物医学工程学报,2015,34(6):644-653.

[11] 段建瑞,李斌,李帅臻.常用新型柔性传感器的研究进展[J].传感器与微系统,2015(11):1-4.

[12] Tee B C K, Chortos A, Berndt A, et al. A skin-inspired organic digital mechanoreceptor[J]. Science, 2015, 350(6258): 313-316.

[13] 彭军,李津,李伟,等.柔性可穿戴电子应变传感器的研究现状与应用[J].化工新型材料,2020,48(1):57-62.

第 14 章　智能传感器的设计与应用

14.1　智能传感器设计概述

　　智能传感器通常用于检测某个系统自身状态及其与外部环境可能的交互作用。传感器的检测信息除了作为设计系统操作和控制参数的依据,还可以提供监控、警示等信息。随着科技的不断进步,传感器在自动化、机器人、医疗等领域中的应用也越来越广泛。针对这些复杂的应用场景,普通的单一传感器通常无法完整、准确、可靠地提供信息,传感器越来越趋向于智能化和系统化。

　　智能传感系统包括多种类型的传感器、数据处理和信息融合算法,以及其他功能性元件,通过将多个传感器的数据结合以提高系统感知的准确性和完整性。设计和建立一个给定应用的智能传感系统是一个系统工程过程,包括基于模型和任务的系统要求分析、系统架构设计、传感器选型与布局等。在此基础上整合硬件元件,开发传感器信息处理融合算法和相应的软件模块,对系统的多传感器数据进行融合和解释。完成软硬件集成后,对智能传感系统中不同传感器元件和系统整体的感知性能分别进行调试、分析和测试,以满足给定应用对智能传感系统的要求。智能传感系统设计的一般流程如图 14-1 所示。

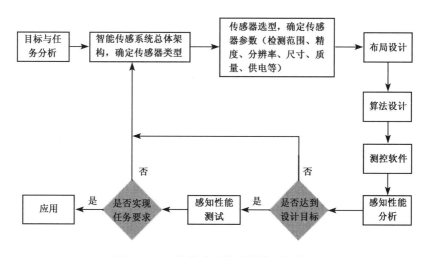

图 14-1　智能传感系统设计的一般流程

14.2 室内环境智能感知设计实例

室内环境智能感知应用的主要目标是设计基于时空位置信息的室内环境多源感知分析系统,即利用室内定位技术、无线物联网技术、多源传感器技术设计室内环境感知框架,该智能环境感知框架可以支持多个传感器同时接入,能对数字信号和模拟信号进行采集处理,进一步能基于时空信息与其他室内应用设备实现联动控制。

14.2.1 应用背景

随着我国经济的不断发展和城市化水平的不断提高,人们对美好生活的追求不断被满足,享受着现代化带来的社会繁荣。与此同时,建筑、家具、装修、家电等造成的室内环境污染问题和能耗问题日益突出,引起全球各国的广泛关注[1]。据相关统计,大多数城市居民有接近 70% 的时间是在室内度过的[2],不达标的室内环境容易导致各类疾病[3]。因此,加强室内环境监测,建立室内环境智能感知系统对保障人的身体健康至关重要[4]。室内环境感知技术在室内环境质量监测、室内建筑健康监测、室内节能优化控制等方面起着重要作用[5]。

室内环境不仅关系到室内人员的健康舒适,同时也决定了建筑能耗的高低,进而影响了建筑的智能化水平。通过监测仪器获取室内各方位环境参数、不断完善的室内环境评价指数模型来给出室内环境质量、采光程度、温湿度等评价等级,同时还可以与物联网平台相结合,用户可以远程监控、远程操作等。建筑物消耗已经成为近年来最大的能源消耗者[6],能源费用已成为建筑物维护和运营预算中最大的开销[7]。室内智能感应可以促进建筑节能,在提供充分服务的同时避免不必要的浪费,例如通过室内定位技术获取室内人员分布信息,基于室内人员分布分析,结合智能预测控制策略,对室内灯光、通风、供暖、空调等进行控制,在满足室内人员正常生活、工作需求时减少功耗[8]。室内环境感知已成为智能家居及智慧楼宇产品发展的趋势之一,如通过光敏传感器联动空调和窗帘电机来自动控制其开启和关闭等,但目前的应用产品缺乏对周围环境的感知能力,智能化程度有待提高。

14.2.2 系统组成及关键技术

室内环境的保护与治理与社会发展及个人人体健康息息相关,了解室内环境状况并方便有关部门制定相应的环保政策,因此室内环境的动态监测是十分必要的。室内环境感知应用最主要的技术是智能感知技术、室内定位技术、控制技术、信息技术和通信技术等。目前,通信技术、控制技术和信息技术应用基本成熟,但是智能感知技术、室内定位技术、多源信息融合技术等尚处于研究阶段。

室内环境智能感知系统主要分为硬件与软件两部分。硬件部分用于采集环境和时空数据,软件部分分为算法和应用平台,算法用于分析处理多源环境数据,应用平台用于发布室内环境状态。室内环境智能感知系统实现的主要功能包括:搭建一种便携式环境数据采

集平台,实现监测室内环境的各个参数,并且通过无线模块将数据实时共享出来;将该平台
搭载在巡检人员、移动设备或固定监测点上,实现采集和共享不同路线上的室内环境质量
数据;在服务器端对采集的数据进行滤波、插值、聚类等处理,分析室内环境参量分布情况,
并使用评估算法对室内环境质量进行等级评估,从而得到一个直观且科学估计的室内环境
状态;最后,将处理好的数据及结果进行可视化,并发布到网页、App 上,使得用户能够了解
监测区的室内环境质量。室内环境感知系统的设计框架如图 14-2 所示。

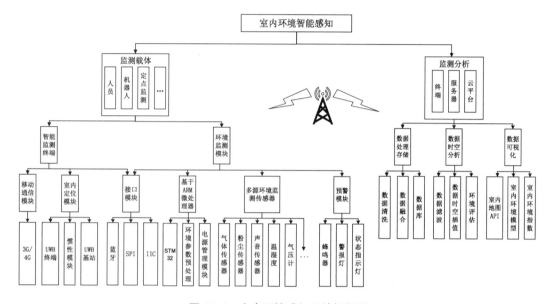

图 14-2　室内环境感知系统框架图

其中,硬件部分包含的模块主要有:

① 室内定位模块,用于采集点的定位。

② 室内环境质量传感器,可以采用多合一的空气质量传感器,用于采集多项环境质量
参数。

③ 无线通信模块,用于远距离传输数据文件。

算法部分包含的流程有:

① 误差的分析与矫正,用于提高数据精度。

② 滤波处理,用于对数据进行平滑,降低噪声干扰。

③ 插值处理,用于对数据进行扩充,探究分布情况。

④ 聚类分析,用于对数据进行无监督分类,查找污染源。

⑤ 相关性分析,用于探究各种参数之间的相关性。

⑥ 内梅罗指数评估,用于计算综合污染指数,给出评价标准。

应用部分包含的平台有:

① 网页,用于发布热力图,传感器数据。

② App,用于实时监测室内环境质量。

移动环境监测在室内环境质量监测领域和建筑管理领域具有广阔的应用前景。为了合理高效地设计出一套完整的移动室内环境质量监测、数据传输、数据处理、数据呈现系统，本实例计划将整个系统的设计工作分为四个子系统的设计。四个子系统分别为：数据采集子系统、数据传输子系统、数据处理子系统、数据呈现子系统。前两个子系统主要是硬件部分的实现工作，后两个主要是软件部分的处理工作。这样，每个子系统都有相对独立的功能，本实例就可以相对独立地完成每个子系统，最后拼接成完整的系统。每个子系统的设计工作如下：

（1）数据采集子系统：本实例计划组建一套以 STM32 单片机为核心的数据采集系统，使用气体传感器、超宽带（ultra-wideband，UWB）定位模块作为外设，接收并整合它们输出的数据。其主要工作内容包括了解气体多功能传感器的性能和使用方法、学习室内定位模块 UWB 定位原理和使用方法、学习 STM32 集成开发板的编程和开发，以及研究气体传感器、UWB 和 STM32 集成开发板之间的连接通信方法等。

（2）数据传输子系统：本实例计划使用 4G-DTU 作为传输数据的通信模块，将 STM32 接收整合后的数据传输到网页 https://cloud.alientek.com/，再使用 Python 爬虫在线爬取数据，并以文本格式存到本地。其主要工作内容包括了解 4G-DTU 通信模块的使用方法、学习 4G-DTU 通信模块和 STM32 的连接方式、编写 python 爬虫在线爬取的程序等。

（3）数据处理子系统：本实例计划使用 python 对获取到的数据进行筛选、滤波等预处理，再对比各种插值算法的插值结果，选择最适合插值算法对数据进行二维坐标系下的插值，得到合适密度的室内环境质量数据。其主要工作内容包括使用 Python 编写程序，实现文件数据读取、数据筛选、滤波算法和插值算法等各种功能。

（4）数据呈现子系统：本实例计划使用处理后的数据绘制热力图，并将其发布于在线网页上，初步完成与手机或电视互联，然后通过 App 进行互通操作。本实例中，系统将检测到的数据进行处理后，自行对周围环境进行感知判断并采取相应措施、反馈，旨在实现环境智能感知与分析。

14.2.3 多源感知设备硬件设计

基于位置的室内移动环境监测系统可以分为 4 个子系统：数据采集系统、数据传输系统、数据处理系统和数据可视化系统。移动环境监测系统的监测终端通过传感器和室内定位模块对移动终端进行实时的监测，以获得室内环境质量数据和地理位置，并存储在单片机的存储器中；通过 4G 通信技术将数据传输到计算机端；计算机端将数据加以融合输入算法和模型中进行一定程度的处理；处理后的数据生成室内环境污染物浓度的热力图，进行室内环境质量显示。系统整体设计如图 14-3 所示。

14.2.3.1 数据感知模块

数据采集系统主要通过环境传感器和室内定位模块采集室内环境信息和位置信息。室内环境移动众包的数据采集系统可以分为 3 个部分：传感器采集模块、室内定位模块和单片机处理模块。在室内定位模块中，可以利用伪差分定位技术提高定位精度。在传感器

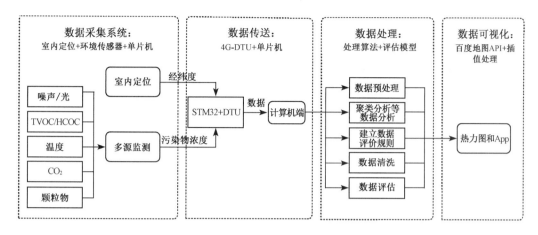

图 14-3 基于位置的室内移动环境监测系统整体设计

采集模块中,设计了基于室内位置信息的多源环境移动众包监测与模式识别方式,环境监测数据采集系统设计图如图 14-4 所示。

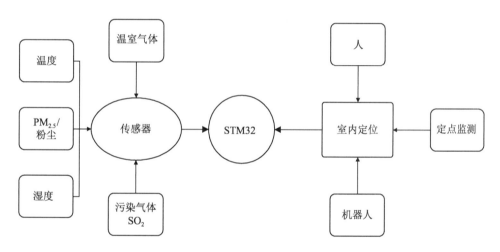

图 14-4 环境监测数据采集系统

1) 室内环境感知模块

气体传感器是室内环境测量的核心,传感器数据分析是环境检测评估的关键。

本实例使用 M702 空气质量检测传感器,如图 14-5 所示。这是一款多合一气体传感器模组,即可以同时测量多种气体指标。传感器模组内置的激光颗粒物传感器、红外非分光二氧化碳传感器,以及最新的电化学和半导体原理相结合的传感器,分别用于颗粒物浓度、二氧化碳和有毒气体浓度的获取。传感器模组还内置有温湿度传感器芯片。多种参数将以数字接口的形式统一输出。本传感器模组通过

图 14-5 M702 空气质量检测
传感器实物图

优化内部结构,使得模组内部的路径与各传感器的取样接口更好地结合,既减小的模组的尺寸,又使各传感器的灵敏度得到保障。

该传感器是一款高性价比的数字传感器,采用 UART 串口电平输出模式,集 CO_2、甲醛、TVOC、激光粉尘 $PM_{2.5}$、PM_{10} 颗粒物、温度、湿度监测于一体,可对其所处环境进行实时全面的监测。

M702 规格参数如表 14-1 所示。

表 14-1 M702 规格参数

类别	测量分辨率	测量范围
CO_2	$1\ \mu g/m^3$	$400 \sim 2\ 000\ \mu g/m^3$
CH_2O	$1\ \mu g/m^3$	$0 \sim 1\ 000\ \mu g/m^3$
TVOC	$1\ \mu g/m^3$	$0 \sim 2\ 000\ \mu g/m^3$
$PM_{2.5}$	$1\ \mu g/m^3$	$0 \sim 999\ \mu g/m^3$
PM_{10}	$1\ \mu g/m^3$	$0 \sim 1\ 000\ \mu g/m^3$
温度	$0.01℃$	$-40 \sim 100℃$
湿度	0.04%	$0 \sim 100\%$

该传感器的测量分辨率和测量范围能够满足本实例需求,测量精度偏低,后期需通过算法处理提高精度。

该传感器通信协议如表 14-2 所示。

表 14-2 M702 通信协议

字节	名称	说明
B1	帧头 1	固定值 3CH
B2	帧头 2	固定值 O_2H
B3	数据	eCO_2 高字节
B4	数据	eCO_2 低字节
B5	数据	eCH_2O 高字节
B6	数据	eCH_2O 低字节
B7	数据	TVOC 高字节
B8	数据	TVOC 低字节
B9	数据	$PM_{2.5}$ 高字节
B10	数据	$PM_{2.5}$ 低字节
B11	数据	PM_{10} 高字节
B12	数据	PM_{10} 低字节
B13	数据	温度整数部分

字节	名称	说明
B14	数据	温度小数部分
B15	数据	湿度整数部分
B16	数据	湿度小数部分
B17	校验和	校验和

该传感器 UART 接口定义如表 14-3 所示。

表 14-3　M702 UART 接口定义

接口	名称	功能
1	5 V	接电源 5 V
2	GND	电源地
3	N/A	悬空
4	TXD	UART 数据输出引脚

该传感器数据流格式如表 14-4 所示。

表 14-4　M702 数据流格式

波特率	9 600 b/s
数据位	8 位
校验位	无
停止位	无

2）室内定位模块

近些年来,室内定位的相关技术被广泛应用。室内环境下卫星信号受到墙体及其他室内物品的遮挡或影响,难以获取有效的位置解算,因此卫星导航定位系统在室内定位中不适用。室内定位技术主要采用射频信号、超声波、惯性导航、地磁信号、视觉、声波等技术,从而实现对目标位置感知。每项技术都有自身优势,但也存在着一定程度的弊端。例如 Wi-Fi 定位技术,其硬件水平已经到达相对成熟阶段,设备安装简单且操作便捷,中短距离内所覆盖范围相对较广,但其弊端在于信号的多途径传播和快速衰减导致定位精度较低;蓝牙定位技术硬件设备体积较小且安装部署简易,有易操作、低耗能、低成本的优势,但其也存在信号带宽较窄、信号衰减快、传播速度慢、通信距离相对较短等弊端,只适用于小范围低精度定位;超声波定位技术虽定位精度较高,但较易受到多路径传播的影响,且设备成本较高;ZigBee 定位技术虽设备成本低且耗能较少,但信号的穿透能力和衍射能力较差;多轴 MEMS 惯性传感器航迹推算技术,其优势在于不依赖信号的收发,主要通过加速度计、磁力计、陀螺仪的组合或是集成的惯性测量单元估计目标载体的运动情况,但存在初始误差且加速度计和螺旋仪的解算误差随时间累积,影响定位精度。

本实例采用 UWB 定位技术,例如采用 Nooploop 公司开发的 LinkTrack 系统进行定位实验,硬件模块型号为 LinkTrack P,实物及组网如图 14-6。

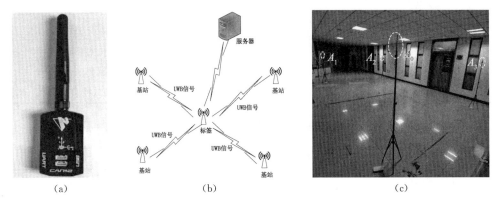

（a）　　　　　　　　　　（b）　　　　　　　　　　（c）

图 14-6　UWB 定位实例设计图

（a）UWB 节点实物图；（b）UWB 组网示意图；（c）UWB 定位实验布置图

UWB 定位技术具备抗干扰性强、穿透能力强、耗能量低、成本低、系统容量大、安全系数高等优势。UWB 技术通过系统基站同目标对象标签间的距离测量来实现定位,通信方式是采用频谱非常宽的非正弦波窄脉冲,数据传输速度快,定位精度在视距情况下甚至可以达到厘米级别。但 UWB 定位技术同样存在弊端,例如定位精度容易受到多径影响和非视距误差影响等。在定位方面,可以用滤波算法来解决室内部定位不准确的问题。UWB 定位算法无法处理因误差引起的跳点和轨迹偏移等问题,通常需要采用滤波算法结合上一时刻的先验信息,对下一时刻进行预测和更新,本章提出采用扩展卡尔曼滤波算法,减少定位中的异常突变点;同时室内很多非视距是由于固定建筑结构的遮挡造成的,本章基于此先验信息,提出基于梯度提升决策树回归的误差修正算法,通过机器学习回归模型建立 4 个基站测距信息与定位误差的映射关系来对定位误差进行修正。

14.2.3.2　数据处理模块

室内环境感知的方式主要分为固定监测和移动监测。固定监测可以将环境传感器网格化布置在室内特定区域,用于实现对室内环境的高时空分辨率监控;移动环境感知可以将传感器安装在相应的移动载体上,考虑到便携性和实用性,可将移动环境监控设备安装在可穿戴设备、移动机器人、小型移动机器人上。相比于固定监测,移动环境感知能提供更灵活的空间数据,并且可以实现室内环境质量和污染源的立体监测。本实例以实时监测 PM10、PM2.5 和其他室内环境污染物浓度,并选取不同区域作为室内环境测试场景,分别采用人员手持、机器人携带、定点测量的方式,如图 14-7 所示,实验设计如表 14-5 所示。

表 14-5　实验设计

实验编号	测量方式	监测场景	监测高度	位移速度
1	人员手持	室内	1 m 左右	1 m/s
2	机器人携带	室内	1 m 左右	2.5 m/s
3	定点测量	室内	20 m	0 m/s

 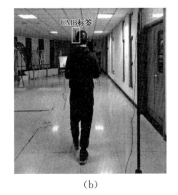 

(a) (b) (c)

图 14-7 室内环境感知方式实物图

(a) 定点测量；(b) 人员手持；(c) 机器人携带

单片机模块是数据采集系统的处理器,通过串口接收传感器采集的室内环境信息和室内定位模块发送的位置信息,并通过串口将信息传送给 4G-DTU 模块,实现了数据接收和发送的中转功能。为了最大化系统的性能,轻松实现多项数据控制处理,本实例采用单片机 STM32F103ZET6 增强型芯片,它采用了 CM3 核心 CPU,拥有最高 72 MHz 主频、256 KB 的 SRAM,带有功能灵活的多种外设,扩展功能丰富,可以轻松应对多个模块的工作。

（1）位置信息处理

三种定位算法的定位效果对比如图 14-8 所示。

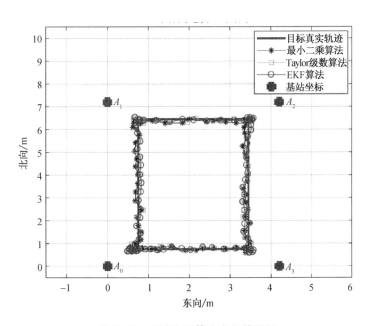

图 14-8 三种定位算法定位效果图

（2）环境数据处理

在环境数据处理过程中,可能会因为硬件本身出现的偶然误差,或者是因为数据传送时出现错误,导致采集到的传感器数据出现错误值、缺失值和重复记录的情况。因此,我们需要根据传感器数据格式建立数据评价规则对数据进行清洗,调整和丢弃部分不合理数据。在数据清洗完成之后,从传感器数据中提取出 $PM_{2.5}$、PM_{10} 和其他室内环境污染物浓度,并和室内定位数据关联起来建立数据集。最后对数据集进行聚类分析,使某一地点的室内环境污染物浓度数据对象相似度最大,获取目标数据集。环境数据处理流程示意如图14-9所示,环境参数处理结果如图 14-10 所示。

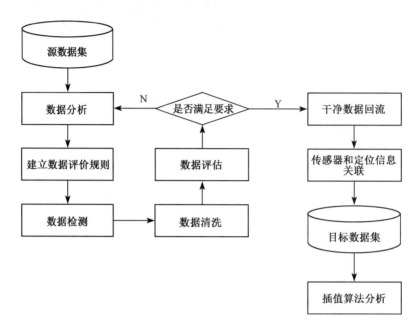

图 14-9 环境数据处理流程示意图

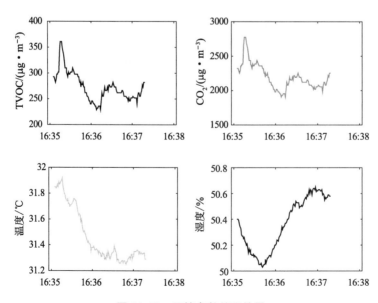

图 14-10 环境参数处理结果

（3）基于空气质量建立室内评估模型

参照《环境空气质量标准》（GB 3095—2012），基本污染物有以下六种：O_3、$PM_{2.5}$、PM_{10}、NO_2、CO 和 SO_2。本实例中相应的浓度限值及评估可以参考表 14-6。

表 14-6　室内环境污染物基本实例浓度限值

序号	污染物实例	平均时间	浓度限值		单位
			一级	二级	
1	二氧化硫（SO_2）	年平均	20	60	$\mu g/m^3$
		24 小时平均	50	150	
		1 小时平均	150	500	
2	二氧化氮（NO_2）	年平均	40	40	
		24 小时平均	80	80	
		1 小时平均	200	200	
3	一氧化碳（CO）	24 小时平均	4	4	mg/m^3
		1 小时平均	10	10	
4	臭氧（O_3）	日最大 8 小时平均	100	160	
		1 小时平均	160	200	
5	可吸入颗粒物（PM_{10}）	年平均	40	70	$\mu g/m^3$
		24 小时平均	50	150	
6	细颗粒物（$PM_{2.5}$）	年平均	15	35	
		24 小时平均	35	75	

为客观评价室内空气质量，可以将上述六种基本污染物指标作为评价因子，建立各污染因子的评价标准集和权重集，再运用模糊综合评价的方法对室内环境质量进行客观综合的评价。

14.2.3.3　数据传送模块

本实例设计中，选用 4G 和蓝牙无线通信模块。

1）4G 模块

采用 4G 模块通过串口接 STM32 单片机，接收单片机传来的传感器和室内位置数据，并将数据传送到云服务器，实现了数据采集到云服务器的远距离传输。通过 4G 传输到电脑端的数据，可以进行数据的处理和可视化。STM32 单片机作为处理信息的核心系统，通过 4G 通信系统将获取的环境信息，传至电脑端，系统模式如图 14-11 所示。

为了处理单片机从传感器和定位模块获取的环境信息，我们需要通过通信模块，将环境和位置信息传至电脑端。本设计中我们采用 4G-DTU 通信模块，支持 TCP/HTTP 等协议，支持连接云服务器，支持 TCP/HTT 数据透传，支持自动定时采集任务，支持基站定位，支持上位机/AT 指令/短信/透传指令配置参数，并且支持 RS-232 和 RS-485 两种串行接

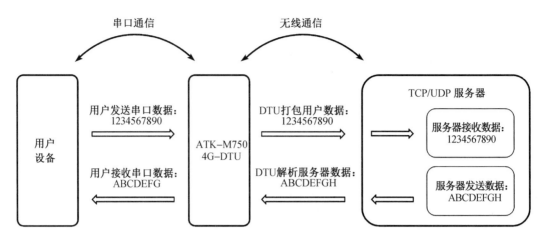

图 14-11　数据传送系统模式图

口。该系统具有高速率、低延迟、易用稳定的特点,能够接入原子云服务器,其具体功能特点如下:

（1）支持五模十四频:支持移动、联通 4G/3G/2G 接入,支持电信 4G 接入。

（2）支持 4 个网络同时在线,支持 TCP 长连接、TCP 短连接和 UDP。

（3）支持多种工作模式:NET/HTTP/MQTT/RNDIS。

（4）支持多种配置方式:AT 指令、短信配置、透传指令、上位机。

2）蓝牙模块

本实例使用蓝牙模块实现与手机或模块与模块之间的数据传输,例如用 JDY-18 蓝牙模块。JDY-18 透传模块是基于蓝牙 4.2 协议标准,工作频段为 2.4 GHz 范围,调制方式为 GFSK,最大发射功率为 0 dB,最大发射距离 60 m,采用进口原装芯片设计,支持用户通过 AT 命令修改设备名、服务 UUID、发射功率、配对密码等指令,方便快捷使用灵活。JDY-18蓝牙模块可通过 I/O 选择 UART 或 IIC 通信方式,通过简单的配置即可快速使用 BLE 进行产品应用。其主要功能有:微信透传、App 透传、iBeacon 模式、传感器模式、主机透传模式、主机观察者模式、PWM 模式、I/O 模式、室内定位应用、RTC 功能。

14.2.3.4　数据可视化

可以将室内坐标数据转化为经纬度格式,并借助于网络浏览器实现处理数据和地图调用,例如百度地图 API 绘制系统的热力图,通过 Python 编程实现室内定位数据、传感器模块数据与百度地图的结合。百度地图 API 可以提供地图展示、搜索定位等功能,适用于本系统的应用开发。

在地图 API 注册应用,取得相应的 AK 值,就能使用百度地图静态图 API 实现地图调用,完成坐标转换并绘制热力图。通过不同的控件显示测量点的数据信息、不同的颜色显示测量区域的污染程度,即可实现在百度地图上热力图的绘制。将百度地图以图片形式嵌入到网页中,不仅能够满足基本的地图信息浏览,而且又能加快网页访问速度。热力图绘制的大致流程如图 14-12 所示。

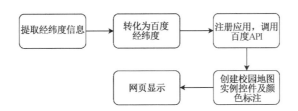

```
提取经纬度信息  →  转化为百度        →  注册应用，调用
                  经纬度              百度API
                                          ↓
网页显示       ←  创建校园地图
                  实例控件及颜
                  色标注
```

图 14-12　热力图绘制流程图

14.2.3.5　基于 Arduino 的采集硬件设计

本实例基于 Arduino 的硬件采集平台主
要由 Arduino、M702 七合一空气传感器、JDY-
18 蓝牙透传模块和 4G 模块组成，蓝牙用于无
线传输数据给手机，也可以使用 ESP8266 在
局域网内进行数据传输，集成硬件实物图如图
14-13 所示。

14.2.3.6　基于 STM32 的集成式采集硬件
　　　　　设计

本实例基于 STM32 的硬件采集平台主要
由 STM32 微处理器、M702 七合一空气传感

图 14-13　Arduino 室内多源气体感知
硬件实物图

器、ATK-M751、UWB 定位模块，以及显示屏组成。使用 STM32 对上述传感器进行数据
的接收与发送，并通过显示屏来监视实时数据。基于前述传感器，绘制 PCB 板，将三个传感
器整合在一起，达到集成式、便携化的目的。该集成式硬件采集平台使用双层结构，下层为
室内环境质量传感器部分，上层为室内定位模块和 GPRS 模块。其 PCB 板实物图如图
14-14 所示。

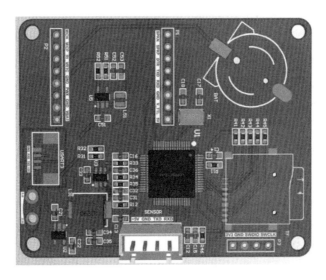

图 14-14　PCB 板实物图

该集成式硬件采集平台使用 TCP 协议进行数据传输,其 TCP 通信协议如表 14-7 所示。

表 14-7　通信协议

字　节	名称	说明
B1	帧头 1	固定值 3CH
B2	帧头 2	固定值 O_2H
B3	数据	eCO_2 高字节
B4	数据	eCO_2 低字节
B5	数据	eCH_2O 高字节
B6	数据	eCH_2O 低字节
B7	数据	TVOC 高字节
B8	数据	TVOC 低字节
B9	数据	$PM_{2.5}$ 高字节
B10	数据	$PM_{2.5}$ 低字节
B11	数据	PM_{10} 高字节
B12	数据	PM_{10} 低字节
B13	数据	温度整数部分
B14	数据	温度小数部分
B15	数据	湿度整数部分
B16	数据	湿度小数部分
B17	校验和	校验和
B18	数据	纬度最低字节
B19	数据	纬度低字节
B20	数据	纬度高字节
B21	数据	纬度最高字节
B22	数据	经度最低字节
B23	数据	经度低字节
B24	数据	经度高字节
B25	数据	经度最高字节

14.2.4　感知信息分析平台设计

14.2.4.1　网页设计

本系统网页端的工作流程大致如图 14-15 所示,首先由分布在室内各处的移动测量终端上所搭载的传感器模块和 UWB 模块采集污染物浓度及相应的地理位置信息,并通过 4G-DTU 模块将测得的原始数据实时发送至正点原子提供的原子云服务器进行暂时存储。在系统的服务器端,则设定好更新间隔,通过爬虫定时从原子云爬取最近的一组测量数据,并进行滤波、插值等相关处理。发布端的网页、App 等则可以从服务器得到最新处理后的数据,从而实现热力图的绘制、传感器数据发布等相关功能。

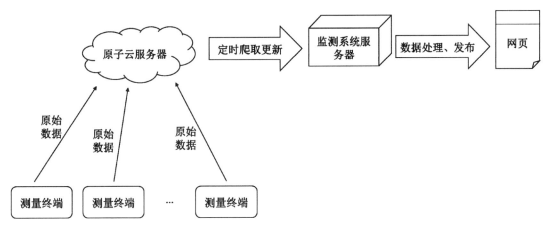

图 14-15　网页端流程图

14.2.4.2　App 端流程设计

本系统 App 端的工作流程大致如图 14-16 所示,首先室内环境传感器采集环境状态数据,通过串口将数据传递到 Arduino,Arduino 将帧数据解析、处理后通过蓝牙发送到手机,手机通过 App 进行实时监测。

图 14-16　App 端流程图

本实例的 Web 前端网页采用 HTML＋CSS＋JavaScript 编写,目前主要实现了热力图绘制并在百度地图上显示,以及传感器测量数据显示等简单功能。

1) 数据交互

服务器端在每次更新数据并进行相应处理后,会将各传感器经滤波的测量值,以及用于绘制热力图的插值数据等存入相应的 json 文件,浏览器端需要从这些文件中获取数据,并将其用于相关显示。由于对于不同种类污染物绘制的热力图也不同,为了能够实现在同一网页上的动态切换显示,本实例主要通过 AJAX 实现浏览器与服务器之间的数据交互。AJAX 即"Asynchronous JavaScript and XML"(异步 JavaScript 和 XML)的缩写,是一种创建交互式网页应用的网页开发技术,其原理如图 14-17 所示。

图 14-18 是读取用于绘制热力图的插值网格数据的部分代码,为了便于编写,本实例通过调用 jQuery 库中封装好的 $.ajax() 函数实现。使用的 jQuery 版本为 jquery-3.1.1. min.js。

由于后续热力图图层的绘制需要在数据读取完成后才能进行,故此处 ajax 请求采用同步的方式,即将 async 属性设置为 false。请求成功后会将相应 json 文件中数据写入变量 points,用于后续热力图的绘制。其中的每个对象拥有三个属性"lng""lat"和"count",分别

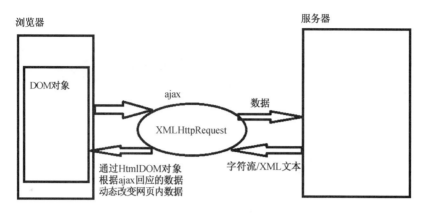

图 14-17 ajax 工作原理

```
139          //读取插值网格数据
140  ∨    var points = (function() {
141          var p = null;
142  ∨        $.ajax({
143              'async':false,
144              'global': false,
145              'url':filepath,
146              'dataType': "json",
147  ∨            'success': function (data) {
148                  p = data;
149              }
150          });
151          return p;
152      })();
```

图 14-18 ajax 部分代码

```
» points
← ▼ (10000) […]
  ▼ [0…99]
    ▶ 0: Object { lng: 118.8009153839161, lat: 32.07202037012213, count: 50.32341750757234 }
    ▶ 1: Object { lng: 118.80083071351497, lat: 32.07202037012213, count: 50.256900988755156 }
    ▶ 2: Object { lng: 118.80074604311382, lat: 32.07202037012213, count: 50.19220959118246 }
    ▶ 3: Object { lng: 118.80066137271268, lat: 32.07202037012213, count: 50.129595266146225 }
    ▶ 4: Object { lng: 118.80057670231155, lat: 32.07202037012213, count: 50.06930445500652 }
    ▶ 5: Object { lng: 118.8004920319104, lat: 32.07202037012213, count: 50.0115770824009 }
    ▶ 6: Object { lng: 118.80040736150926, lat: 32.07202037012213, count: 49.95664556847841 }
    ▶ 7: Object { lng: 118.80032269110811, lat: 32.07202037012213, count: 49.904733863286026 }
    ▶ 8: Object { lng: 118.80023802070697, lat: 32.07202037012213, count: 49.85605650656428 }
    ▶ 9: Object { lng: 118.80015335030583, lat: 32.07202037012213, count: 49.81081771544378 }
    ▶ 10: Object { lng: 118.80006867990468, lat: 32.07202037012213, count: 49.76921050287416 }
    ▶ 11: Object { lng: 118.79998400950355, lat: 32.07202037012213, count: 49.73141582903064 }
```

图 14-19 json 文件读入变量

表示插值点经度、纬度和相应的污染物浓度数值。

2）热力图绘制

热力图的绘制主要通过百度地图 API 以及 heatmap.js 库实现。其中通过百度地图 API 绘制地图作为基底,再将变量 points 中的数据通过 heatmap.js 中的相关函数进行可视化,绘制出热力图图层叠加在百度地图之上,具体效果如下图 14-20 所示。

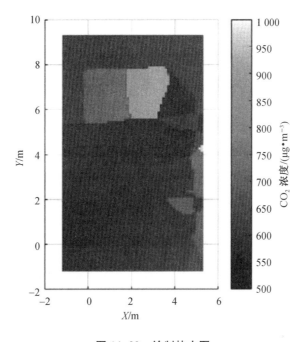

图 14-20　绘制热力图

如图 4-21 所示为用于绘制热力图的部分代码。热力图的相关属性如透明度、颜色梯度区间等可通过调整"opacity""gradient"等参数的值进行设置。

```
192    var gdt={0:'#00ddff',
193        0.25:'#06ff00',
194        0.5:'#ffff00',
195        0.75:'#ff9f03',
196        1:'#ff0000'};//设置热力图颜色梯度
197    heatmapOverlay = new BMapLib.HeatmapOverlay({"blur":0.1,"radius":15,"opacity": 0.9,"gradient":gdt})
198    map.addOverlay(heatmapOverlay);
199    heatmapOverlay.setDataSet({data:points,max:64});
```

图 14-21　绘制热力图的部分代码

3）网页发布

要让普通用户能够访问到本实例的数据分析结果,需要将热力图网页发布出去。本实例租用了阿里云服务器,并在阿里云服务器上部署了免费的 3W 服务器 tomcat 来进行网页的发布。将写好的 html 文件存放到 tomcat 安装目录下的 webApps 文件夹中,个人用户便可以通过 ip 地址与端口号进行环境监测数据网站的访问。

访问的网址为：http://106.15.51.197:8080/srtp/HeatMap.html

本实例 App 实时监测功能借助物联网开发平台 blinker 实现，该平台能够通过蓝牙或者 ESP8266 连接到 Arduino。本实例通过 Arduino 对传感器的串口数据进行译码，然后利用蓝牙芯片 JDY-18 将处理好的数据传输到手机 App，从而实现对用户周围室内环境的实时监测。

```
#define BLINKER_BLE
#include <Blinker.h>

BlinkerNumber CO2("num-co2");
BlinkerNumber PM25("num-pm25");
BlinkerNumber CH2O("num-ch2o");
BlinkerNumber TVOC("num-tvoc");
BlinkerNumber TEM("num-tem");
BlinkerNumber HUM("num-hum");
```

图 14-22　Arduino 调用 blinker 库

在 Arduino 中调用 blinker 官方库：blinker.h，该库文件包含了多个类，能够满足物联网实时监控的要求。在手机 App 端，需要添加相对应的控件，该控件能够匹配 Arduino 中对应变量的名称进行数据显示，效果图如图 14-23 所示。

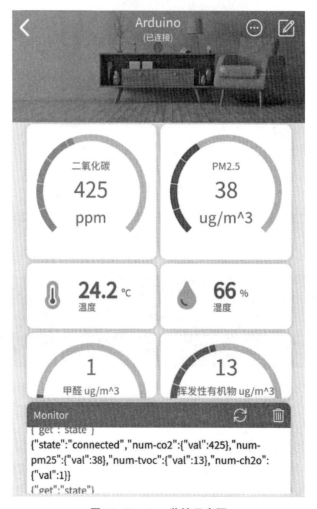

图 14-23　App 监控示意图

14.2.5　室内环境智能感知小结

本实例通过室内定位、单片机、传感器相结合的数据采集系统对室内环境信息进行采集,并通过通信模块将信息传输至电脑端,最后通过评估模型对信息进行处理、评估,同时将信息同步为热力图和 App 信息。该采集系统基于环境和位置信息,自行对周围环境进行感知判断并采取相应措施并进行反馈,实现室内环境智能感知。

该智能传感器实例涉及传感器、数据处理、室内定位、计算机网络等专业知识,使人们的室内生活工作环境智能化,但依然有很多不足之处可以改进。

终端模块上可以做出的改进包括:

(1) 使用更加专业的测量仪器,对传感器采集的数据进行校准,这样采集到的传感器数据会更加准确可靠;

(2) 增加硬件模块的扩展性,连接更多的传感器和可控设备;

(3) 改进硬件模块程序,增加故障处理功能,提高硬件模块程序的健壮性。

服务器端可以增加查看历史数据记录的功能,可以查看最近一周、一个月或一年的传感器数据。

14.3　移动探测机器人智能感知实例

机器人是感知与行动之间智能连接的一门科学,传感与控制是机器人系统设计的核心。在底层,反馈控制必须要感知机器人自身和作业对象及环境的状态。在上层,传感是以任务为导向的传感器数据解释,通过融合传感器信息来促进决策和规划。机器人系统中,传感器的功能是提供作业对象、工作环境及自身状态信息,作为控制、决策,以及与环境中其他单元(例如人、物)进行交互的基础。在实际应用中,移动机器人感知系统通常包括两个部分:一是机器人自身物理状态的感知即本体感受,如姿态、位置、速度、工况等;二是与外部世界关联的感知,即外感受,如视野、距离、力触觉等。

基于传感器的感知型机器人已经在多个领域得到应用,如移动探测、医疗手术等。对于一个给定的机器人系统,适合的传感器子系统设计高度依赖于系统的任务和目标。本节以移动探测机器人为例,介绍以任务为导向的机器人传感器子系统设计。

14.3.1　移动探测机器人智能感知系统任务分析

移动探测机器人是一个集传感、决策和执行于一体的系统,感知、建图、运动规划和控制是移动探测机器人研究的核心[9]。由于移动探测机器人的工作环境复杂多样,特别是未知或部分未知的环境,需要在进入现场后第一时间捕获现场的真实情况,为快速展开探测并执行作业任务提供决策依据。面对外界复杂未知的环境,移动探测机器人方面要有很强的环境适应能力和环境感知能力。因此,机器人搭载了许多用于环境感知的传感器,通过多传感器信息融合,实现自身感知、环境建模和动态系统控制,包括自身姿态感知、自定位、环境感知与地图构建、动态通障、导航规划、机械臂作业信息感知等任务。

首先,移动探测机器人工作全程都需要实时感知自身状态,包括位置、姿态、速度、移动距离等,实现自身状态监测和预估,用于评估机器人本身的状态及处境。

其次,移动探测机器人需要建立周围环境的地图。当移动机器人进入某个工作环境时,需要增量式地建立环境地图,而且从不同位置建立的局部地图需要融合到一张组合的统一地图中,因此定位与建图必须同时实现。移动探测机器人进入作业环境,假设一开始对环境一无所知,需要立即感知环境信息,机器人可能接收激光扫描信号等多传感器信息来阐述工作环境的初始模型。

此外,移动探测机器人在运动过程中需要实时观测和评估外部环境信息。对于工作在室外环境中的移动探测机器人,障碍物可定义为不平坦地形上难以通过的区域,包括大型石块、陡坡、坑洞等;对于室内探测机器人,障碍物主要包括墙壁、家具、楼梯等。同时,根据移动探测机器人的运动速度、安全距离及响应时间等综合因素,通常要求在较远距离处即能检测是否存在障碍物并进行预估,在较近距离处能准确判断障碍物的相对位置及大小。对于崎岖地形和楼梯的坡度,也要求能进行测算,以判断是否能够通行。

最后,移动探测机器人达到目标位置后,配置的机械臂和机械手爪完成对目标物体的抓取、移动、放置等一系列操作任务。在此接触性作业过程中,需要对机械臂末端及手爪的抓取状态进行感知和分析,以判断是否为安全、稳定的抓取和移动。

综合上述分析,移动探测机器人的智能传感系统需要包括本体感知、环境感知、接触感知三个基本功能模块。基于上述三类感知模块的多传感器信息融合,实现移动探测机器人在未知或部分未知环境中的运动控制和作业。

14.3.2 移动探测机器人智能传感系统架构

1) 传感器选型分析

针对移动探测机器人智能传感系统的设计目标和任务要求,需要选择合适的传感器类型和参数。根据前述分析,智能传感系统需具有以下几类传感器:

(1) 位置和姿态传感器:主要实现移动探测机器人的本体状态感知和运动检测,确定自身位置、姿态和速度等。可实现此类目标的常见传感器主要为导航定位和惯性传感器,比较典型的有里程计、全球导航卫星系统 GNSS(GPS/北斗)、惯性导航系统 INS(加速度计、陀螺仪、IMU)等[10]。

(2) 距离传感器:主要用于基于移动探测机器人自身位置的周围环境检测,实现周围环境三维结构获取和环境建模。可实现此类目标的常见传感器主要有超声波测距传感器、激光雷达、红外传感器、结构光传感器、ToF 相机等。

(3) 视觉传感器:主要用于移动探测机器人周边环境视场的显示和观察。可实现此类目标的常见传感器是相机,包括单目相机、双目立体相机、长焦相机等。

(4) 力触觉传感器:主要实现移动探测机器人机械臂末端与环境交互作用力及手爪抓

握状态检测,可实现此类目标的常见传感器主要有多维力传感器、触觉传感器等。

以任务为导向的移动探测机器人智能传感系统主要传感器类型及其作用和特点如表 14-8 所示。

表 14-8　移动探测机器人智能传感系统传感器类型分析

目标	要求	传感器类型		主要作用及特点
本体感知	旋转运动角度(速度)、行进距离	码盘里程计		轴式编码器,安装于移动轮电机轴,通过测量移动轮转速提供航迹推演,但打滑、间隙等情况下计算行进距离存在较大误差
	车体姿态及定位	姿态传感器 IMU(Mini-IMU)		可估算移动车体的姿态,长期运转后有累积误差,可利用 GPS 提供外部校正
		GPS/北斗定位模块(UM220-3 N)		通过间接利用外部参考系统实现自我运动估测和位置预测,特殊环境下(如深谷、密林、隧道、高层建筑内等)不能稳定工作
环境感知	全局视场观察	长焦相机或全景相机		用于检测移动探测机器人周边的全局视场图像
	前方视场观察	双目相机(ZED)		模拟人的视觉方式提供移动探测机器人前方的双目视觉场景显示
	地形感知与地图构建	激光雷达(Velodyne 16 线)		利用多信息融合算法及 SLAM 算法,用于构建地图并进行轨迹规划
	障碍物/目标物体检测与判断,满足安全距离、紧急反应时间等要求	远距离(3～100 m)	激光雷达(Velodyne 16 线)	可以实现对环境物体非接触式的探测、跟踪和识别,较早预估(预判)远距离的物体信息,实现较远距离的物体信息检测,但远距离检测精度受限
		近距离(1～15 m)	单线激光雷达(杉川 LiDAR)	主动测距,实时监测移动探测机器人近距离周边障碍情况,提供环境障碍物大小、距离等准确信息
		短距离(0.49～10 m)	双目相机(小觅)	用于周边短距离目标物体检测,提供环境障碍物大小、距离等准确信息
交互信息感知	机械臂末端受力	6 维力/力矩传感器(东南大学机器人传感与控制技术研究所研制)		检测机械臂末端执行器与作业对象的多维交互力和力矩:F_x、F_y、F_z、M_x、M_y、M_z
	机械臂末端手爪抓握力	触觉传感器(东南大学机器人传感与控制技术研究所研制)		检测手爪抓握的法向抓握力、接触位置等信息,判断抓取是否安全稳定

分析表 14-8 中各传感器的参数及特点,初步判断可满足移动探测机器人对智能传感系统的要求。

2)移动探测机器人智能传感系统布局设计

智能传感系统集成了多种不同类型的传感器,每种传感器具有各自的作用,且不同传感器的感知范围、精度等均有各自的优点和局限性,当前感知系统发展的趋势是通过多传感器信息融合技术,弥补单个传感器的缺陷。此外,传感器的安装位置、角度等因素也极大地影响其检测信息的精度和范围。因此,如何针对移动探测机器人的任务需求和传感器选型进行布局设计,使其更好地实现预定的目标,是智能传感系统设计的重要环节。下面针对上述各传感器特点及功能,分析智能传感系统的安装布局。

(1) 2个双目摄像头:ZED双目相机用于模拟人眼观察和显示前方视场,为保证较大视野,安装高度不宜过低;小觅双目相机用于检测近距离环境物体,视野靠近机器人本体前下方,由于障碍物多位于地面,需安装在低处。

(2) 16线激光雷达:用于扫描移动探测机器人100 m内的障碍和地形,安装在较高、靠前位置。

(3) 单线激光雷达:用于扫描移动探测机器人15 m左右近距离的障碍,安装位置不宜过高,位置靠前。

(4) 全景相机:用于采集移动探测机器人的周边环境,应安装在前部较高的位置。

(5) GPS和IMU:用于机器人自身定位和姿态检测,安装于机器人本体中部。

(6) 多维力触觉传感器:用于机械臂末端交互作用力感知和手爪抓取状态检测,多维力传感器安装于机械臂与末端执行器连接处,触觉传感器安装于手爪内侧。

综合上述分析,移动探测机器人智能传感系统布局如表14-9所示。

表14-9 移动探测机器人智能传感系统布局

功能模块	布局要求
16线激光雷达	顶部居中安装,靠外侧
单线激光雷达	前后左右各一个,外侧安装
小觅双目摄像头	中前部低处,靠近机器人本体安装
ZED双目摄像头	顶部居中安装
全景相机	顶部居中安装
GPS和IMU	机器人内中部安装
多维力传感器	机械臂腕部
触觉传感器	机械臂末端执行器手爪内面

根据上述分析,智能传感系统所需传感器的位置布局如图14-24所示。16线的激光雷达安装在移动探测机器人顶部位置,四个单线雷达则安装在移动探测机器人的四周位置上,小觅双目相机安装在移动探测机器人前下方位置。在移动探测机器人行进过程中,机械臂处于收拢状态,各相机可以不受遮挡地工作。

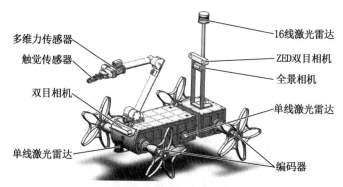

图14-24 移动探测机器人智能传感系统布局图

14.3.3　移动探测机器人智能传感系统功能实现

1) 功能架构

移动探测机器人运行在复杂变化的环境下,为了保障移动探测机器人稳定、安全地完成探测任务,需要对环境进行感知和检测。智能传感系统读取多种传感器信息,包括 16 线激光雷达、IMU、全景相机、双目相机等传感信息。激光雷达传感器通过网络通信传输 UDP 数据,测控系统通过抓取 UDP 数据包来获取环境点云数据;全景相机通过网络视频服务器模块生成 RTSP 数据流,测控系统通过抓包和解码来采集全景图像;双目相机和 IMU 传感器采用的是 USB 通信接口,测控系统通过 USB 通信来获取双目信息。此外,测控系统对采集到的多种传感器信息进行处理和分析,包括预处理、环境感知、信息提取等。移动探测机器人智能传感系统整体架构如图 14-25 所示。

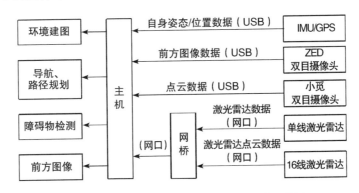

图 14-25　移动探测机器人智能传感系统架构图

2) 主要传感器感知范围分析

传感器的位置按照如图 14-24 所示位置进行安装后,对智能传感系统的检测范围进行分析,进一步判断是否满足系统任务要求。全景相机和 ZED 双目相机主要用于显示和观察移动探测机器人周围环境和前方视场,对检测范围没有严格的要求。对于移动探测机器人来说,环境建模和障碍物检测是确保系统安全运行和作业的前提。根据前述智能传感系统的设计要求,主要计算环境感知传感器的检测范围,如图 14-26 所示。Velodyne VLP-16 激光雷达检测范围可达 100 m,如 14-26(a)所示,能够基本覆盖移动探测机器人周围的大部分区域,且满足移动探测机器人远距离障碍物警示需求。如图 14-26(b)展示的是 4 个单线激光雷达(杉川激光雷达 LiDAR)和小觅双目相机的检测范围。移动探测机器人启动时,需要即时观测是否满足通行要求,但 16 线雷达和安装于高处的 ZED 双目相机近距离检测存在盲区,需利用单线激光雷达和小觅双目相机用来提供视野作为补充,通过多个传感器信息的融合实现周围环境的全范围覆盖观测。

针对移动探测机器人作业环境中障碍物的检测,根据障碍物与机器人的距离有不同的要求。当距离较远时,要求能够及时探测到障碍物的存在,提示移动探测机器人减速。根据移动探测机器人的运动速度、安全距离和响应时间,通常要求 50~100 m 范围内能探测

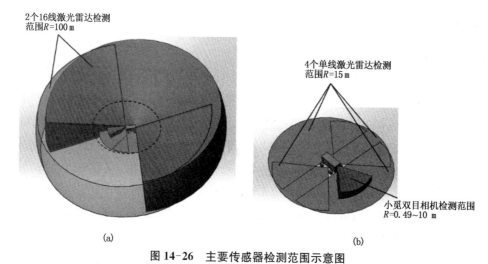

2个16线激光雷达检测
范围R=100 m

4个单线激光雷达检测
范围R=15 m

小觅双目相机检测范围
R=0.49～10 m

(a)　　　　　　　　　　　　　(b)

图 14-26　主要传感器检测范围示意图

(a) 传感器检测范围；(b) 4 个单线激光雷达和小觅双目相机检测范围

到障碍物；当距离较近时，要求能够准确检测障碍物的大小、高度等信息，以判断是否可通行。鉴于此需求，基于 16 线激光雷达、单线激光雷达和双目相机的特点，结合不同传感器的测距范围互相补充，进行分阶段检测。

移动探测机器人在运动过程中利用多传感器信息主动感知外部环境。本传感系统中，16 线激光雷达 VLP-16 的测量距离最大可达 100 m，根据安装高度 0.8 m 计算，其测量范围为 2.99～100 m，短距离检测存在盲区。因此，距离车体 2.99～100 m 范围内存在障碍物时，16 线激光雷达可检测到障碍物并进行测量。根据 16 线激光雷达的工作原理进行建模，障碍物的可测量宽度达百米；障碍物高度的可测量范围与精度和障碍物至机器人的距离相关，如图 14-27 所示。本应用中最远可检测 100 m 处的目标，但检测误差较大，只能用于粗略预估；障碍物在 45.83～100 m 内，静态最小可测高度为 1.70 m，最大可测高度 27.59 m。障碍物在 15.26～45.83 m 内，静态最小可测高度为 0.57 m。车体在行进中可通过 16 线激光雷达多次扫描的点云图得到的三维模型进行障碍物高度的测算。

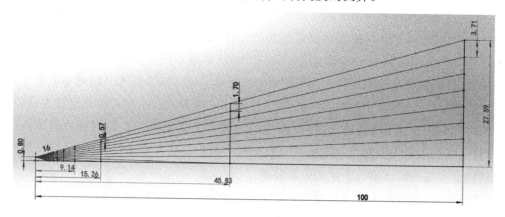

图 14-27　16 线激光雷达可测范围图(远距，单位：m)

障碍物距离移动探测机器人 3～15 m 时，16 线激光雷达静态(静止不动)最小可测高度为 0.11 m，即可检测到高度为 0.11 m 的环境物体，如图 14-28 所示，小于该尺寸的环境物体可能存在漏检。

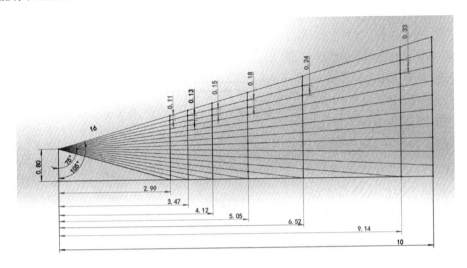

图 14-28　16 线激光雷达可测范围图(近距，单位：m)

在移动探测机器人行进过程中，单线激光雷达还用于侧边环境物体的检测。当环境物体至机器人距离在 0.5～16 m 范围内，若障碍物在左前侧或右前侧(不在双目摄像头可视范围内)，使用单线激光雷达对障碍物进行检测，但只可测量障碍物的宽度且测量范围理论上无限，且不能测出障碍物的高度；高度可结合 16 线激光雷达测量，最小可测高度与障碍物距车体距离相关。反之则使用双目摄像头检测，障碍物的最小可测宽度为 1 cm，最小可测高度为 1 cm。

单线激光雷达选用杉川激光雷达 LiDAR(图 14-29)，测量范围 16 m，用于弥补本智能传感系统中 16 线激光雷达无法检测近距离障碍物的不足，并与其互相补充校验提高环境感知的准确性和可靠性。

双目摄像头选择小觅双目立体相机视频深度感知摄像头(深度范围 0.5～20 m)，用于近距离的障碍物检测，如图 14-30 为小觅双目立体相机。

图 14-29　杉川单线激光雷达 LiDAR

图 14-30　小觅双目立体相机

3) 移动探测机器人自身位姿检测

机器人自身的姿态感知可通过姿态传感器进行检测和分析,选用集成好的 Mini IMU 模块作为姿态传感器,其硬件结构如图 14-31 所示。Mini IMU 选用 STM32F103T8 作为主控制芯片,其内核是 ARM32-bit CortexTM-M3,有着 20 KB 的运行内存和 64 KB 的闪存存储器。内部集成了 7 通道的 DMA,7 个定时器,通过板子上的 8 MHz 晶体和 STM32 内部的 PLL,控制器可以运行在 72 MHz 的主频上,可以以更快的处理速度解算姿态这样大量数据的工程程序。模块上面的传感器通过 I²C 与其相连接,同时传感器的数据中断引脚与 STM32F 的 I/O 相连。使得传

图 14-31 Mini IMU 姿态传感器硬件设计图

感器在完成 ADC 轮换后,STM32F 在第一时间读取最新的数据,快速响应姿态变化。这样的连接使得主控器有着最大的主动权,最快地获取各传感器的状态和转换结果。

模块上带有 3 轴陀螺仪、3 轴加速度计 MPU6050、3 轴地磁传感器 HMC5883L、气压高度计 BMP180 等传感器芯片,完成数据采样工作。

Mini IMU 模块固定回传的数据格式是两种:一种是解算好的姿态信息,如表 14-10 所示;另一种是原始数据,即未经解算的信息,如表 14-11 所示。表 14-10 中,字节 0～1 是传输协议约定的起始字节,字节 2～4 是报文头字节,字节 5～18 分别表示解算后的偏航、俯仰、翻滚和高度、温度、气压和解算速度数据,字节 19 为校验字节,字节 20 为报文尾。表 14-11 中,字节 0～1 中传输协议约定的起始字节,字节 2 是报文头字节,字节 3～20 分别表示未解算的 x、y、z 三个自由度上的加速度、角速度和地磁力数据,字节 21 为校验字节,字节 22 为报文尾。两种数据交替发送,由于上位机需要的是解算好的数据,所以这里必须滤去回传的原始数据,方法就是对其报文头的三个字节进行检测,只将解算好的数据帧转发至上位机。本应用中上位机要求的姿态信息是偏航(Yaw)、俯仰(Pitch)、翻滚(Roll),同时还可以通过此模块,得到高度、温度、气压的信息。

表 14-10 Mini IMU 解算后的数据帧

传感器	0	1	2	3～4	5～6	7～8	9～10	11～12	13～14	15～16	17～18	19	20
内容	0xA5	0x5A	0x12	0xA1	偏航	俯仰	翻滚	高度	温度	气压	解算速度	校验	0xAA

表 14-11 Mini IMU 原始数据帧

传感器	0	1	2	3～4	5～6	7～8	9～10	11～12	13～14	15～16	17～18	19～20	21	22
内容	0xA5	0x5A	0x16	ACCx	ACCy	ACCz	GYROx	GYROy	GYROz	Mx	My	Mz	校验	0xAA

下位机用 Mini IMU 做了姿态反馈模块,上位机接收到指令后,为了可以可视化地让操

作人员实时感知机器人的姿态信息,图 14-32 展示了虚拟机器人实时姿态反馈场景。

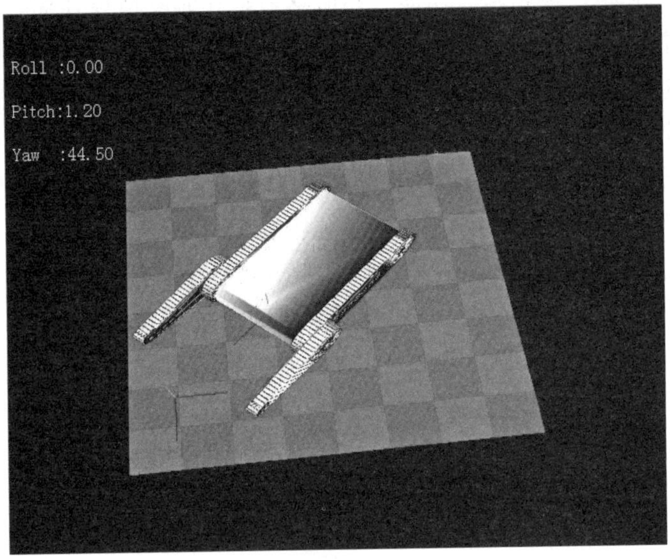

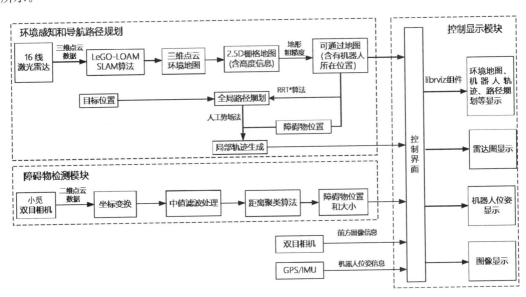

图 14-32　机器人姿态反馈场景

4) 基于智能传感系统的环境感知与路径规划

智能传感系统设计可以分为自身姿态感知、环境感知和导航路径规划设计、障碍物检测设计和控制界面显示模块四个模块。感知系统算法及软件设计的整体流程图如图14-33所示。

图 14-33　智能传感系统算法整体流程图

移动探测机器人工作于复杂未知的环境,为了顺利完成探测任务,需要知道自身所处的位置,以便实现对其位置的定位,保证在行驶过程中能够顺利返回到控制中心。

环境感知和导航路径规划模块主要包括环境地图构建和导航路径规划两大部分设计，分别完成环境建图和路径规划两大功能。环境感知和导航路径规划部分主要用到的传感器是16线激光雷达，因此主要信号输入是16线雷达扫描提供的3D点云数据。

使用激光雷达的SLAM与先验地图的交叉对比定位。利用移动探测机器人自带的GPS和IMU做出大概位置判断，然后用预先准备好的高精度地图与激光雷达SLAM云点图像与之对比，配对成功后可确认移动探测机器人位置。该定位方法根据先验地图的精度，可达厘米级定位，同时，根据点云还有三角化密度可调，刷新率在$10\sim20$ Hz。

环境感知所需要构建的环境地图需要用到SLAM技术，考虑到本移动探测机器人需要完成的是面向室外环境的3D激光SLAM，目前使用比较多且效果较好的SLAM方案是LOAM算法。选择在LOAM算法基础上发展而来的更加轻量级和增加地面优化的LeGO-LOAM算法作为本系统的SLAM算法。关于SLAM的更多内容见文献[11-12]。

LeGO-LOAM系统总体框图与算法各模块具体方法介绍如图14-34所示。

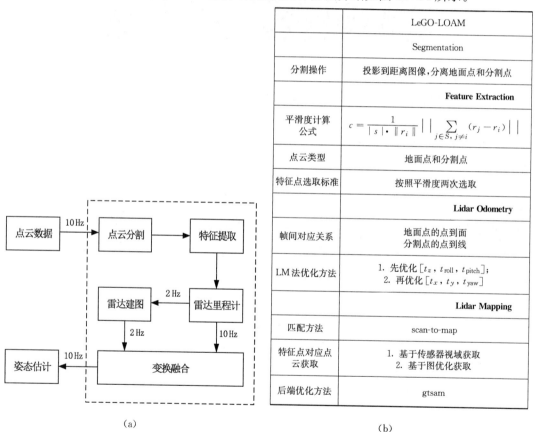

	LeGO-LOAM
	Segmentation
分割操作	投影到距离图像，分离地面点和分割点
	Feature Extraction
平滑度计算公式	$c = \dfrac{1}{\| s \| \cdot \| r_i \|} \left\| \sum\limits_{j \in S, j \neq i} (r_j - r_i) \right\|$
点云类型	地面点和分割点
特征点选取标准	按照平滑度两次选取
	Lidar Odometry
帧间对应关系	地面点的点到面 分割点的点到线
LM法优化方法	1. 先优化 $[t_z, t_{roll}, t_{pitch}]$； 2. 再优化 $[t_x, t_y, t_{yaw}]$
	Lidar Mapping
匹配方法	scan-to-map
特征点对应点云获取	1. 基于传感器视域获取 2. 基于图优化获取
后端优化方法	gtsam

（a）

（b）

图14-34 LeGO-LOAM系统

（a）LeGO-LOAM系统总体框架；（b）LeGO-LOAM各模块具体方法

在完成环境点云地图的构建和移动探测机器人的运动姿态估计后，还需要建立环境的可通过地图，以及对给出的目标点进行导航路径规划算法设计。该部分软件设计中首先将环境点云地图进行处理生成显示障碍物位置和高度的可通行栅格地图，然后调用ROS的导航功能包完成导航路径规划。栅格地图如图 14-35 所示,运动过程中地图构建与自身定位如图14-36 所示。

图 14-35　基于智能传感系统构建的移动探测机器人工作环境栅格地图

图 14-36　移动探测机器人运动轨迹与自身定位

5) 移动探测机器人 GPS 导航定位测试

移动探测机器人在室外执行任务时,需要基于 GPS 模块的信息实现自身定位,并运动到给定坐标位置。首先,假设需要在图 14-37 中的标记点执行任务,如图可见,目标位置的坐标点为（Latitude：32.056232°N，Longitude：118.790941°E）。

移动探测机器人从预定开始的地方出发,打开 GPS 定位,通过控制中心可以实时查看到机器人目前处在的经纬度坐标,通过和最终目标的对比,不断修正,直到机器人所在点的坐标和最终目标的经纬度误差小于 0.000 1,则认为机器人找到最终目标位置。如图 14-38(a) 所示,是机器人出发时所在的位置坐标,出发地点（Latitude：32.058 288°N，Longitude：118.789 144°E）。机器人通过移动达到近似的最终目标,如图 14-38

图 14-37　目标地点坐标

(b)所示,其坐标为(Latitude：32.056 221°N，Longitude：118.790 801°E），误差在可接受范围内,视为其到达目的地。图中的散点图即为机器人走过的路径。

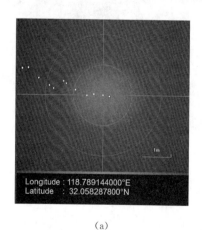

(a)

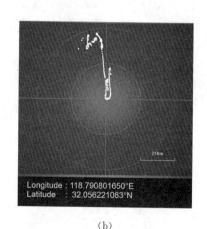

(b)

图 14-38　机器人位置坐标图

(a) 机器人出发位置；(b) 机器人到达位置

6) 基于激光雷达的梯度测试

移动探测机器人在行进过程中,若对于野外陡坡或室内楼梯的倾斜度判断不准很有可能造成爬楼倾翻的现象,对于此必须测算出陡坡或楼梯的倾斜度。可采用移动探测机器人安装的激光雷达扫描和测算陡坡或楼梯的梯度,如图 14-39 所示为检测楼梯梯度的场景[13]。

（a） （b）

图 14-39 移动探测机器人用激光雷达测算楼梯梯度

（a）木质楼梯；（b）水泥楼梯

　　实验分别对两个斜率不同的楼梯进行测试，首先将机器人移动在木质楼梯前方，用激光雷达测得木质楼梯的扫描图，再将机器人移动至水泥楼梯测得水泥楼梯的扫描图，如图 14-40 所示。

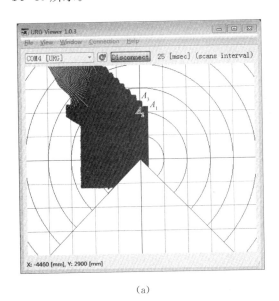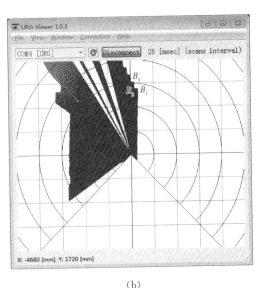

（a） （b）

图 14-40 两种楼梯的扫描图

（a）木质楼梯；（b）水泥楼梯

　　由于楼梯离激光雷达越远，在扫面的图中变形越大，所以应选择距离激光雷达最近的点来计算。如图 14-40,这里只需得到两个图里 A_1、A_2、A_3 和 B_1、B_2、B_3 六个点的坐标即可以测得楼梯的斜率。这里需要在回传的数据中快速定位到这三个关键点,可以捕捉的规律如下:从起始点到 A_1 的过程中极坐标的长度一直是一个递增的过程,到了 A_1 之后开始进入一个递减的区间,到了 A_2 后则又将进入一个递增的区间,到了 A_3 后又将进入一个递减区间,所以 A_1、A_2、A_3 三个点就是这些离散数变化的拐点。利用以上分析,定位到 A_1 是序列号 509 的点,长度 2 230 mm,同样得到 A_2 是(532, 2 224),A_3 是(536, 2 463);图 14-40(b) 中 B_1(516, 2 780)、B_2(524, 2 782)、B_3(528, 3 055)。 全部转换为极坐标如下:

$$A_1(2\ 230,\ 97.75°)、A_2(2\ 224,\ 92°)、A_3(2\ 463,\ 91°)$$
$$B_1(2780,\ 96°)、B_2(2\ 782,94°)、B_3(3\ 055,\ 93°)$$

再将所有的极坐标转换进直角坐标系中,得到以下的坐标值:

$$A_1(-300.7,\ 2\ 209.6)、A_2(-77.6,\ 2\ 222.6)、A_3(-43.0,\ 2\ 462.6)$$
$$B_1(-290.6,\ 2\ 764.8)、B_2(-194.1,\ 2\ 775.2)、B_3(-159.9,\ 3\ 051.6)$$

根据文献[13]的算法,分别求出点 A_1 和 A_2 之间的距离 D_{A1},A_2 和 A_3 之间的距离 D_{A2};B_1 和 B_2 之间的距离 D_{B1},B_2 和 B_3 之间的距离 D_{B2}:

$$D_{A1} = \sqrt{(-300.7+77.6)^2 + (2\ 209.6-2\ 226.6)^2} = 223.5\ (\text{mm})$$
$$D_{A2} = \sqrt{(-77.6+43)^2 + (2\ 222.6-2\ 462.6)^2} = 242.1\ (\text{mm})$$
$$D_{B1} = \sqrt{(-290.6+194.1)^2 + (2\ 764.8-2\ 775.2)^2} = 97.1\ (\text{mm})$$
$$D_{B2} = \sqrt{(-194.1+159.9)^2 + (2\ 775.2-3\ 051.6)^2} = 278.5\ (\text{mm})$$

由此再求得两组楼梯的倾斜角分别为:

$$\varphi_A = \arctan\left(\frac{223.5}{242.1}\right) \approx 41.7°$$

$$\varphi_B = \arctan\left(\frac{97.1}{282.6}\right) \approx 19.2°$$

两个楼梯的倾斜角分别为 41.7° 和 19.2°。将此梯度反馈给移动探测机器人控制器,即可判断是否可通行,为后续爬坡或绕行提供决策和控制依据。

对于移动探测机器人机械臂末端及手爪与环境对象交互信息感知的多维力传感器和触觉传感器,设计和测试信息详见本书"13.1 机器人力触觉传感技术"。

习题与思考题

14-1 智能传感系统设计的一般流程是什么?

14-2 简述室内环境感知的特点和应用场合。

14-3 何谓室内定位技术?简述其工作原理及应用。

14-4 简述主要室内环境质量传感器数据的测量单位。

14-5 举出熟悉的气体传感器应用实例,画出原理结构图并简单说明原理 。

14-6 设计定位信息和室内环境质量传感器信息融合的结构组成。

14-7 简述激光雷达与视觉传感器是如何实现信息融合的。

参考文献

[1] Kishi R, Ketema R M, Ait Bamai Y, et al. Indoor environmental pollutants and their association with sick house syndrome among adults and children in elementary school[J]. Building and Environment, 2018, 136: 293-301.

[2] Höppe P. Different aspects of assessing indoor and outdoor thermal comfort[J]. Energy and Buildings, 2002, 34(6): 661-665.

[3] Jafari M J. Association of sick building syndrome with indoor air parameters[J]. Tanaffos, 2015, 14 (1):55.

[4] Choi J H. Investigation of human eye pupil sizes as a measure of visual sensation in the workplace environment with a high lighting colour temperature[J]. Indoor and Built Environment, 2017, 26 (4): 488-501.

[5] Dong B, Prakash V, Feng F, et al. A review of smart building sensing system for better indoor environment control[J]. Energy and Buildings, 2019, 199: 29-46.

[6] Olsen D R. Proceedings of the 27th International Conference Extended Abstracts on Human Factors in Computing Systems[C]. ACM, 2009.

[7] Nalley S, LaRose A. Annual Energy Outlook 2022 (AEO2022)[R].2022.

[8] Dong B, da Yan, Li Z X, et al. Modeling occupancy and behavior for better building design and operation—A critical review[J]. Building Simulation, 2018, 11(5): 899-921.

[9] 西西利亚诺,哈提卜.机器人手册[M].《机器人手册》翻译委员会,译.北京:机械工业出版社,2016.

[10] Dissanayake G, Sukkarieh S, Nebot E, et al. The aiding of a low-cost strapdown inertial measurement unit using vehicle model constraints for land vehicle applications[J]. IEEE Transactions on Robotics and Automation, 2001, 17(5): 731-747.

[11] Bailey T, Durrant-Whyte H. Simultaneous localization and mapping (SLAM): Part II[J]. IEEE Robotics & Automation Magazine, 2006, 13(3): 108-117.

[12] Durrant-Whyte H, Bailey T. Simultaneous localization and mapping: Part I[J]. IEEE Robotics & Automation Magazine, 2006, 13(2): 99-110.

[13] 曹宇.危险复杂环境遥操作机器人测控系统研究[D].南京:东南大学,2016.